사진 & 일러스트로 보는 꿈의 자동차 기술 Motor Fan illustrated

Motor Fan
illustrated Vol. 16

브레이크 안정성 테크놀로지
Brake Technologies stability

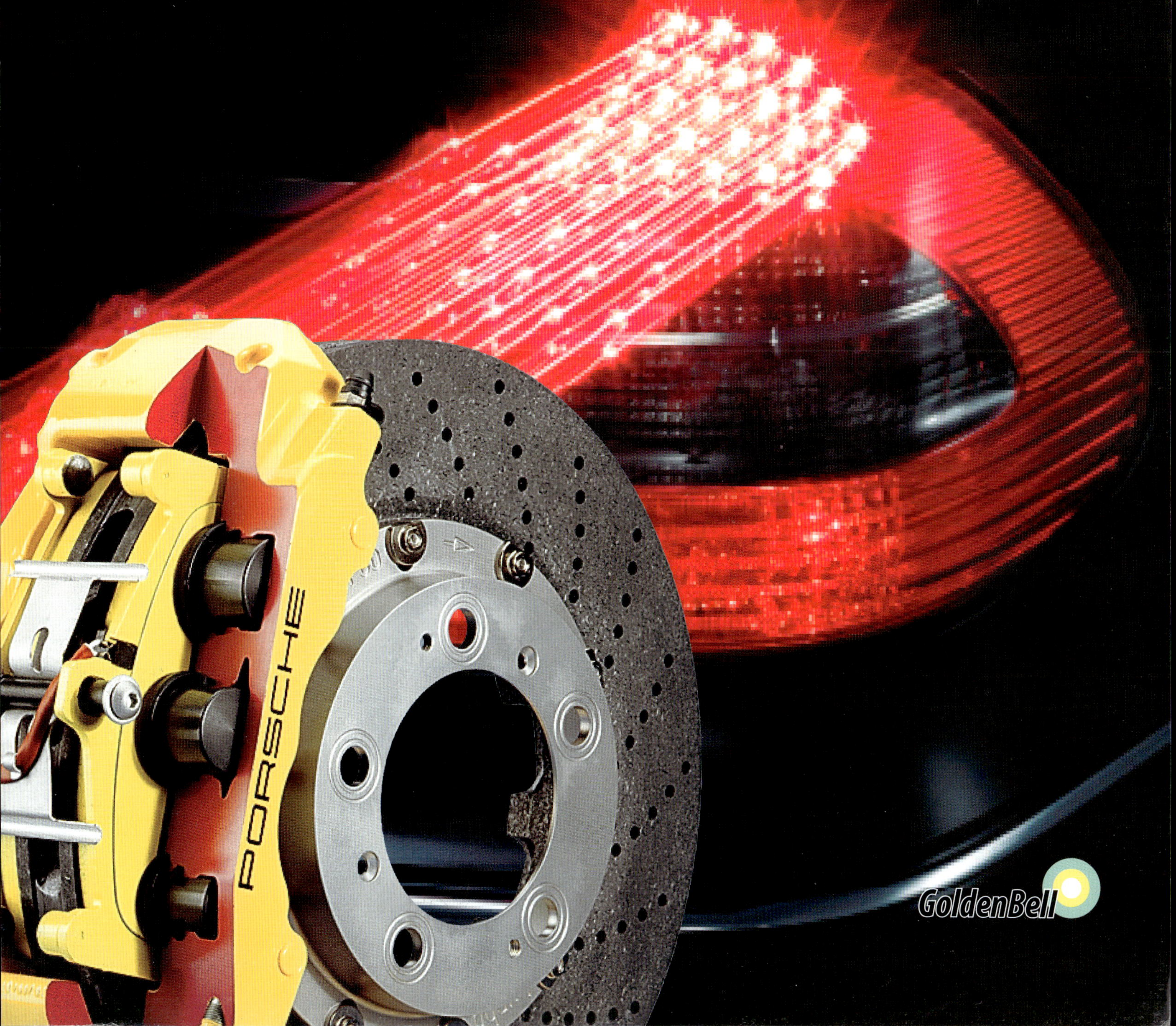

GoldenBell

도해특집 **브레이크의 테크놀로지**

EV의 등장, 연비 요구, 운전자의 고령화, 모든 것이 비즈니스의 찬스다.

046 도해특집 VEHICLE DYNAMICS Ⅰ

092 도해특집 충돌 직전의 안전기술

도해 특집 : 브레이크의 테크놀로지

BRAKE Technology

브레이크의 기초 이론과 최신 기술

자동차의 기본은 「주행·선회·정지」라고 말한다.
브레이크는 「정지」하기 위한 장치이지만 본래는 「속도를 조정하는 장치」라고 말하는 것이 옳다.
1톤을 초과하는 중량물이 고속으로 움직일 때의 에너지 량은 엄청나게 크다.
그 운동 에너지를 전기 에너지로 변환하는 새로운 브레이크도 탄생하고 있다.
이번 호에는 브레이크의 기초와 최신 기술을 소개한다.

취재협력 : ADVICS/아케보노 브레이크

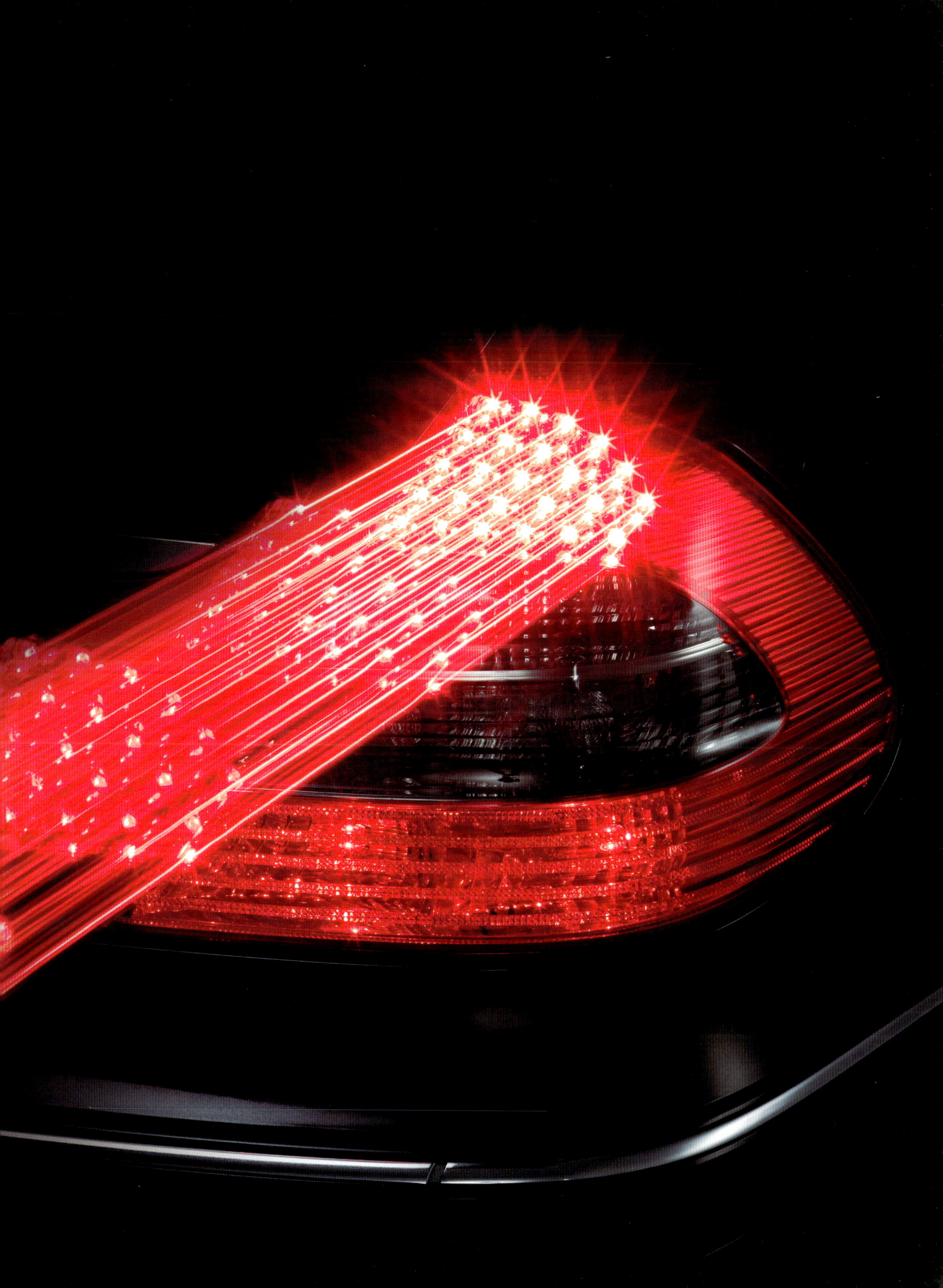

Illustration Feature
BRAKE Technology

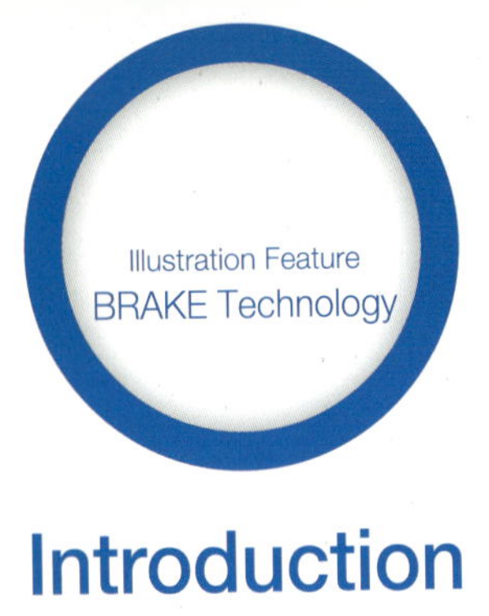

Introduction

브레이크 페달을 밟으면 어떤 일이 일어날까?

일반적으로 「브레이크 페달을 밟으면 자동차가 정지된다」라고 생각한다.
그러나 사람의 발로 100km/h로 주행하고 있는 중량 1톤의 물체를 정지시키는 것은 불가능하다.
브레이크 시스템에서는 어떠한 일이 일어나고 있는 것일까········

본문 : 마키노 시게오 그림 : 쿠마가이 토시나오 사진 : Continental/쿠마가이 토시나오

● 브레이크 성능(제동력)은 모두 곱한다.

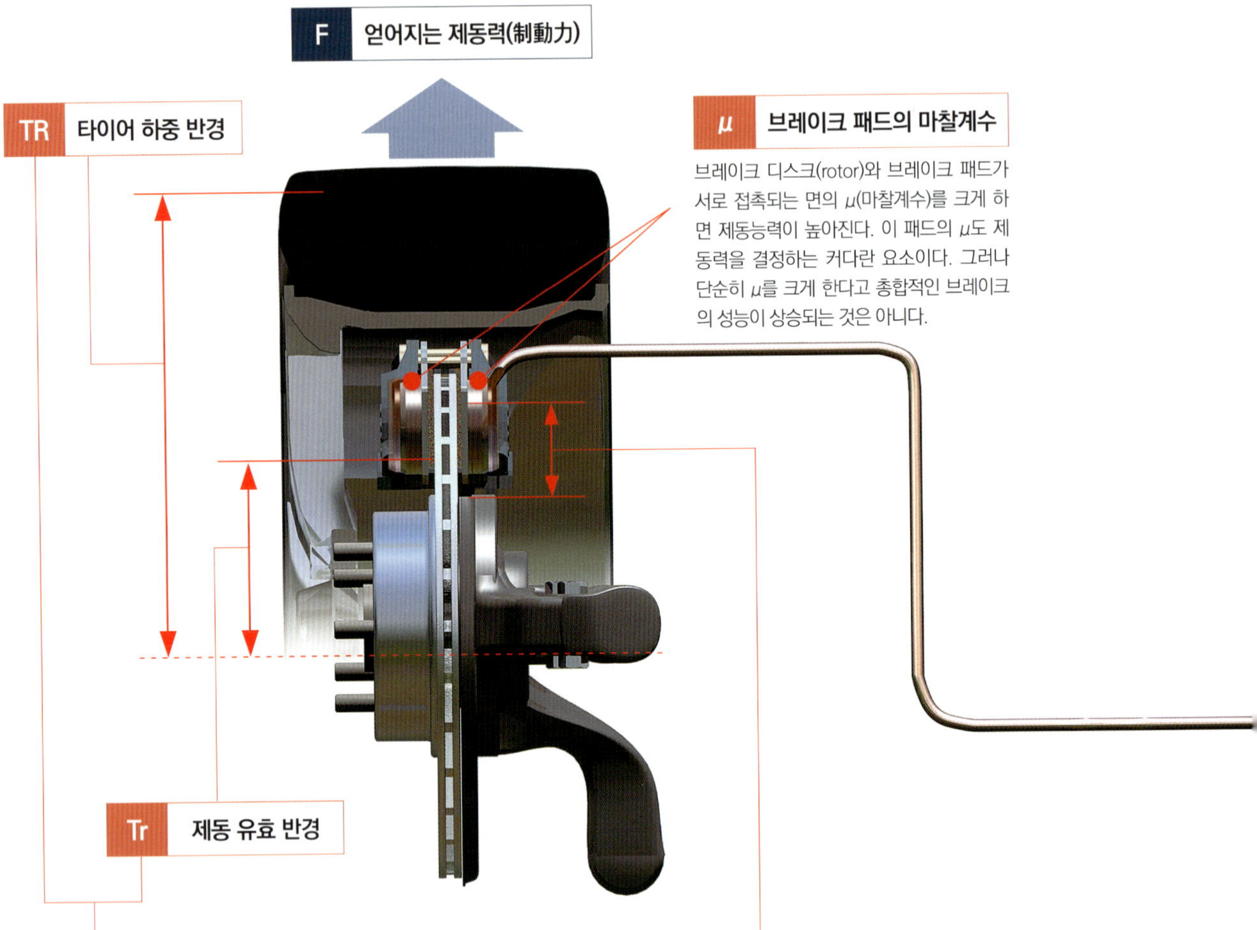

브레이크 디스크(rotor)와 브레이크 패드가 서로 접촉되는 면의 μ(마찰계수)를 크게 하면 제동능력이 높아진다. 이 패드의 μ도 제동력을 결정하는 커다란 요소이다. 그러나 단순히 μ를 크게 한다고 종합적인 브레이크의 성능이 상승되는 것은 아니다.

타이어 지름에 대하여 브레이크 디스크(rotor) 지름의 유효반경이 어느 정도일까. 디스크의 지름이 클수록 그만큼 열용량이 커진다. 동시에 디스크 주위에 배치하는 피스톤에 의한 제동 효율도 높아진다. 타이어를 편평화하여 휠(wheel)의 지름을 크게 하는 이유가 여기에 있다.

● 발의 힘은 이정도로 거대하게 된다.

예를 들면...

Rp = 3.5
Fb = 5
Aw/Am = 6.6
μ = 0.35
Tr/TR = 0.36

등으로 설계된 브레이크를 ▶▶ f = 15kg 으로 밟는다고 하자.

※ 원래는 이렇게 생각해야 하지만 식을 간소화 해 보았다.

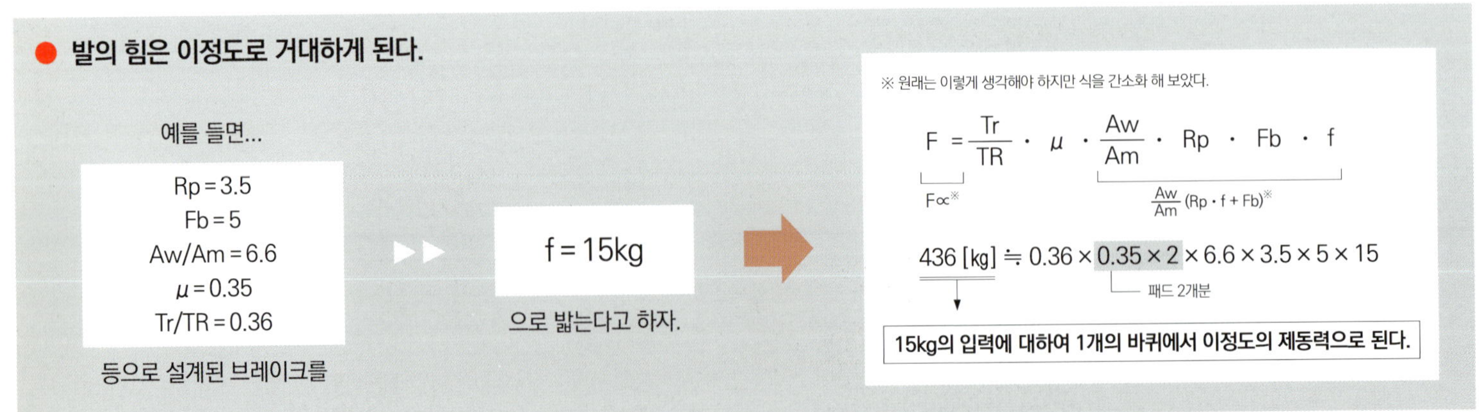

$$F = \frac{Tr}{TR} \cdot \mu \cdot \frac{Aw}{Am} \cdot Rp \cdot Fb \cdot f$$

F∝※ $\frac{Aw}{Am}(Rp \cdot f + Fb)$※

436 [kg] ≒ 0.36 × 0.35 × 2 × 6.6 × 3.5 × 5 × 15 (패드 2개분)

15kg의 입력에 대하여 1개의 바퀴에서 이정도의 제동력으로 된다.

자동차의 브레이크 장치는 대부분이 유압을 이용하고 있다. 운전자가 「브레이크 페달을 밟는다」고 하는 동작을 4개의 바퀴에 곧바로 전달하기 위해서는 유압장치가 가장 적합하기 때문이다. 바꿔 말하면 125년에 걸친 자동차의 역사에서 지금껏 유압을 대신할 다이렉트하고 신뢰성이 뛰어난 전달기구는 나타나지 않고 있다는 것이다. 운전자가 브레이크 페달을 밟는 힘(踏力)을 가감하면 그것이 유압 증폭 기구에 충실히 반영되어 바퀴 측에 장착된 휠 실린더의 브레이크 압력이 증감한다. 이 단순한 기구야말로 자동차의 「최고속도로부터 제로까지」의 속도 관리를 자유자재로, 게다가 발의 조작만으로 실행되는 필요충분의 기구인 것이다.

하나 더, 브레이크는 자동차를 구성하는 시스템 중에서 가장 「힘이 좋은」것이다. 엔진의 힘만으로는 자동차를 발진·가속시킬 수 없기 때문에 변속기(트랜스미션)가 필요하다. 그 엔진과 변속기가 만들어내는 구동력과 운동하는 물체로서의 자동차가 갖는 관성력을 브레이크는 완전하게 그리고 단시간에 상쇄시킬 수 있다. 그만큼의 힘을 브레이크는 갖추고 있는 것이다.

Fb 부스터 보조력

운전자가 브레이크 페달을 밟을 때 엔진의 「흡기다기관」부압을 이용하여 운전자의 밟는 힘이 증가되는 듯한 효과를 얻는 기구가 진공 배력장치(vacuum booster)이다. 어느 정도의 배력으로 할 것인가는 설계의 포인트이다.

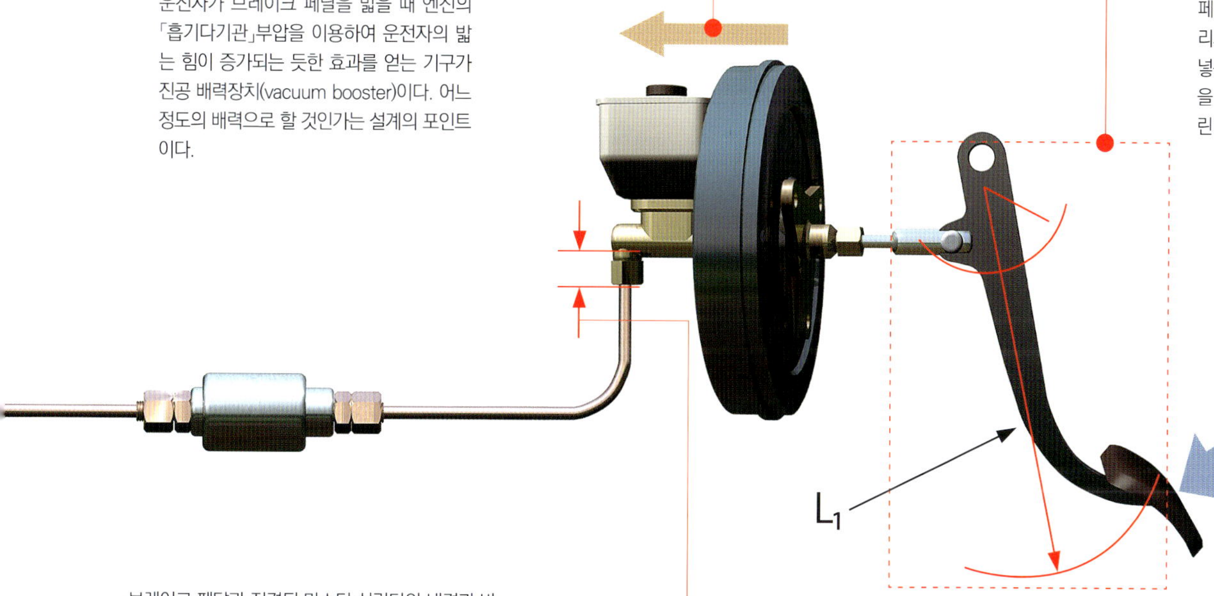

브레이크 페달과 직결된 마스터 실린더의 내경과 바퀴측에 있는 휠 실린더의 내경의 비율은 「어느 정도의 힘으로 휠 실린더를 밀 수 있는 지」를 결정하는 요소이다. 물총을 떠올린다면 지름이 큰 마스터 실린더와 지름이 작은 휠 실린더라는 관계를 이해할 수 있을 것이다. 액체의 압력은 4개의 바퀴에 분배된다.

Am 마스터 실린더 면적

Rp $$페달비 = \frac{L_1}{L_2}$$

페달의 회전축 중심에서 페달을 밟는 면까지의 거리와 페달 회전축 중심에서 마스터 실린더를 밀어 넣는 푸시로드까지의 거리 관계는 운전자가 페달을 밟는 힘을 어느 정도의 힘으로 하여 마스터 실린더로 전달할 것인가를 결정하는 요소이다.

F 운전자의 밟는 힘

인간의 발의 힘은 「팔의 5배」라고 하지만 시속 100km로 주행하고 있는 중량 1톤의 물체를 정지시키기 위해서는 밟는 힘을 30배 정도로 하여야 한다. 항목마다 각각 「몇 배로 할 것인가」가 브레이크 성능을 설계하는 포인트이다.

L_1

대부분의 자동차에 사용되고 있는 일반적인 「유압 브레이크」에 대하여 브레이크 페달에서 브레이크 디스크·브레이크 패드까지가 어떻게 연결되고 있는지를 표준이 되는 전형적인 형식의 일러스트이다. 브레이크 페달의 바로 앞에서부터 바퀴 측의 피스톤까지 「오일」이 가득 채워져 있다. 오일은 압축을 하더라도 체적이 변하지 않는 액체이므로 페달에서부터 바퀴까지 아무리 멀어도 「운전자가 페달을 밟은」것은 곧바로 바퀴 측까지 전달이 된다.

● **자동차의 운동에너지를 「열」로 바꾼다.**

$$\frac{1}{2} M (V_1^2 - V_2^2) = m \cdot c \varDelta \theta \cdot J$$

운동에너지   열에너지

질량(M)과 속도(V)의 2승에 비례한다.   브레이킹에 의하여 운동에너지는 열에너지로 되어 대기로 방출된다.

M : 차량중량
V_1 : 제동전 차량속도(브레이크 페달을 밟기 직전의 차속)
V_2 : 제동후 차량속도(브레이크 작동에 의하여 감속한 결과의 차속)

m : 브레이크 디스크(rotor)의 질량
C : 디스크의 비열(比熱)
$\varDelta\theta$: 1회 제동에 따른 온도상승
J : 열의 일 당량(當量)

예를 들면……

보통의 승용자동차가 100km/h로 주행하고 있을 때 급브레이크를 걸면 2리터의 물이 3초 만에 비등하는 만큼의 열이 발생한다. 200km/h에서의 급브레이크 5회인 경우는 180리터의 물이 30초에 42℃가 된다. 즉, 30초에 욕조의 물을 끓게 하는 열량을 얻을 수 있다는 것이다. 이 정도의 에너지이므로 열로서 버리지 않고 재이용하려는 것은 당연하다. 그 하나가 회생브레이크로서 운동에너지를 전기에너지로 변환한다.

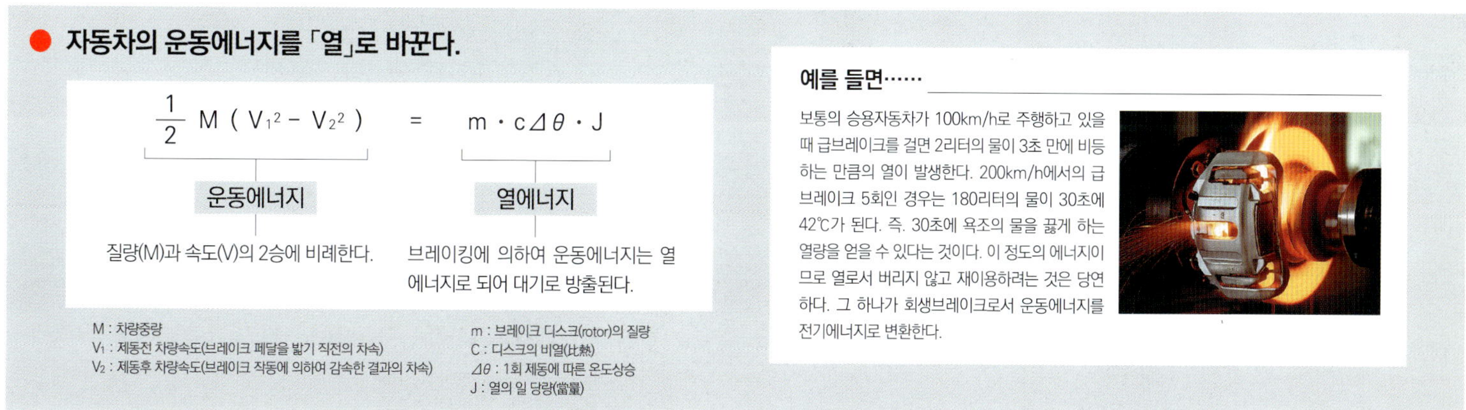

Chapter 1

브레이크의 기능과 구조

자동차는 1톤이 넘는 중량을 갖고 있으며, 시속 100km가 넘는 속도로 움직이는 것이 가능한 기계이다.
그 만큼의 운동에너지를 억제하고 차속의 조정부터 정지까지를 확실하게 실행한다.
그런 역할을 담당하는 브레이크 시스템은 자동차를 반사회적인 존재로 만들지 않도록 하기 위해 「생명」을 지키기 위한 매우 중요한 기구인 것이다.

브레이크 페달

페달은 레버에 장착되어 있으며, 그 앞에 있는 컨트롤 로드(푸시로드)를 조작하기 위하여 발로 밟아 조작한다. 서비스 브레이크를 작동시키고 또한 그 효력을 조정할 수 있는 인간과 기계(human-machine)의 인터페이스(interface) 부품이다.

파킹 브레이크 레버

주차 중인 자동차에서 「바퀴가 움직이지 못하도록 괴는 고임목」같은 효과를 발휘하는 브레이크로서 뒷바퀴에만 장착되어 있다. 드럼 브레이크의 경우는 그 구조를 이용하며, 디스크 브레이크의 경우는 해트(hat)부에 드럼 브레이크와 동일한 기구가 장착된다.

ESC(Electronic Stability Control) 유닛

4륜 각각의 브레이크 힘(제동력)을 전자제어에 의해 자유자재로 조정함으로써 차량이 언더 스티어(understeer)에 의한 헤드 아웃의 움직임이나 스핀 모드가 되는 것을 방지하고 안정 상태로 이끄는 기구이다. 사고를 회피하는 유효성이 인정되어 장착의 의무화가 진행되고 있다.

마스터 실린더

마스터 실린더는 브레이크 페달의 밟는 힘에 따라 브레이크 오일 라인으로 유체를 방출하는 기구이다. 단, 발로 밟는 힘만으로는 부족하기 때문에 조작을 위한 압력에 「배력의 효과」를 주는 장치로 브레이크 부스터를 장착한다.

브레이크 부스터

광범위한 사용자층의 누구라도 소정의 제동 성능을 발휘할 수 있도록 브레이크 시스템은 페달을 밟는 힘이 50kg 정도를 기준으로 설계된다. 그 만큼의 힘으로는 충분한 브레이크 유압을 방출할 수 없으므로 밟는 힘에 「배력의 효과」를 주는 장치가 브레이크 부스터이다.

프런트 디스크 & 캘리퍼

허브에 고정되어 바퀴와 같은 축에서 회전하는 원반 형상의 브레이크 디스크를 좌우에서 마찰재(브레이크 패드)로 감싸 잡듯이 제동하는 브레이크이다. 방열성이 뛰어나기 때문에 현재의 승용자동차는 모두 프런트에 디스크 브레이크를 채용한다

파킹 브레이크 와이어

파킹 브레이크는 드럼 브레이그(또는 같은 기구)를 사용하기 때문에 와이어를 이용하여 브레이크 슈를 끌어당기면 드럼 쪽으로 확장이 되어 제동이 된다. 레버나 발로 밟는 페달은 브레이크 와이어를 당기기 위한 장치이며, 전동식의 경우도 모터에 의해서 브레이크 와이어를 당긴다.

브레이크 오일라인

유압식 브레이크 오일을 프런트 측 및 리어 측으로 공급하기 위한 배관이다. 단, 캘리퍼나 드럼 직전의 부분에는 어느 정도의 유연성을 갖는 배관인 '브레이크 호스'가 이용된다. 총칭해서 '브레이크 라인'이라고도 불린다.

리어 디스크 & 캘리퍼

C segment 이상의 클래스에서는 리어에도 디스크 브레이크의 채용이 일반화 되고 있다. 좌우 브레이크 힘의 밸런스를 잡기 쉬운 점, 차체가 대형화되고 중량화가 진행됨으로써 높은 방열성이 요구되는 점 등이 그 이유이다.

리어 드럼 브레이크

B segment 이하의 클래스에서는 리어에 드럼 브레이크를 채용하는 것이 대부분이다. 「평범한 기술」이므로 공급 자측도 새롭게 개발을 실시하지 않고 낮은 가격으로 공급할 수 있다는 점이 비용 경쟁이 극심한 B segment 이하의 요구에 맞는 것이 커다란 이유이다.

프런트 디스크 & 캘리퍼

B segment 이하에서도 프런트에는 디스크 브레이크를 채용한다. 최근에는 이 클래스에서도 15인치 이상의 휠이 표준이므로 디스크 지름도 그 나름의 사이즈를 확보할 수 있도록 되어 왔는데 치열한 비용의 절감 요구로 인하여 뛰어난 제품을 만들어 내기에는 어려움도 많다.

브레이크 시스템

Brake System

인간의 발에서부터 브레이크 패드까지 속도 조절을 위한 디바이스

글 : 마츠다 유지(Yuji Matsuda) 사진 : VW/ Peugeot

브레이크 시스템의 구조

현재의 승용자동차는 「서비스 브레이크」와 「파킹 브레이크」로 이루어진 브레이크 시스템을 탑재하고 있다.

서비스 브레이크는 주행 중에 브레이크 페달을 발로 밟아서 제동효과를 얻는 기구이다. 단순히 [브레이크]라고 말하는 경우는 보통 서비스 브레이크를 나타내며, 그 밖에 「주 브레이크」「풋 브레이크」등으로도 불린다. 유압을 이용한 「디스크 브레이크」와 「드럼 브레이크」가 주류이지만, EV나 HEV에서는 더불어 에너지의 회생을 위하여 발전기를 돌리는 힘을 이용하여 제동효과를 얻는 「회생 브레이크」를 병용하는 것이 일반적이다 . 그리고 유압이 아니라 전기적인 구조로 작동하는 「전동 브레이크」도 실용화되고 있다.

파킹 브레이크는 주차 중의 자동차가 움직이지 않도록 하기 위한 기구이다. 조작용 레버가 실내의 중심부, 운전자 쪽에서 보면 옆쪽에 주로 위치하는 것에서 「사이드 브레이크」라고도 불리지만 요즘음은 레버식으로 바뀌고 발로 밟는 식이나 전동식 등이 증가하고 있다.

오랜 세월에 걸쳐 「제동」과 「주차」를 위한 기구였던 브레이크 시스템이지만 1990년대 중반 이후는 Anti-lock Brake System(ABS) 기구의 회로를 원용(援用)하여 언더 스티어나 스핀을 회피하는 ESC(Electronic Stability Control : 사이드 슬립(橫滑) 방지장치)의 장착이 진행되어 많은 지역에서 의무적으로 탑재되고 있다. 브레이크는 「정지시키는 장치」에서 「어떠한 경우에서라도 차량의 자세를 안정시키는 장치」로 변모하고 있다.

Disk Brake

구조와 성능, 비용 등에서 현재의 주류(主流)로

글: 마츠다 유지(Yuji Matsuda)
사진 : 세야 마사히로(Masahiro Seya)/ADVICS/AUDI/BMW/GM/PORSCHE/DAIMLER

ADVICS 2 피스 디스크 (piece rotor)

Hat(벨이라고도 불린다)부분에는 그다지 높은 강도와 강성은 불필요하다. 그래서 2 피스 구조로 하여 hat 부분에 경량의 소재를 사용하거나 플로팅 마운트(floating mount)로 하여 열에 의한 변형을 방지하는 대책을 실시하는 경우가 있다.

벤트 홀(vent hole)

디스크 내부를 중공의 구조로 하여 공기를 통과시키는 것으로 냉각을 촉진시키는 타입을 「벤틸레이티드 디스크 (ventilated disk)」라고 부른다. 냉각핀 사이의 공간을 벤트 홀이라고 부른다.

냉각 핀(cooling fin)

디스크의 회전 자체를 이용하여 방열을 촉진시키기 위한 「공력(空力)부품」. 핀의 구조와 형상에는 여러 가지 타입이 존재하며, 자세한 것은 오른쪽 페이지의 그림을 참조하길 바란다.

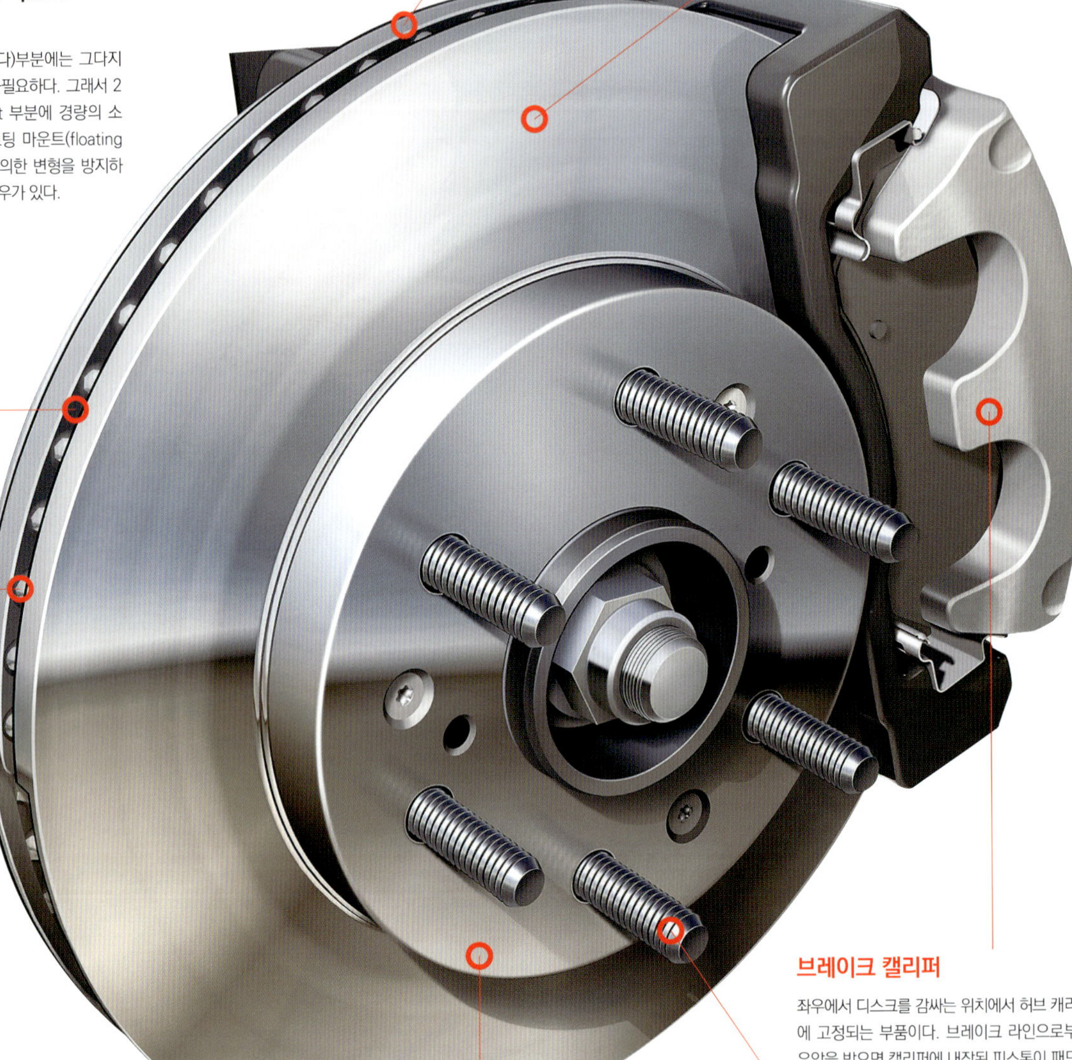

inner 슬라이딩 면

디스크 사이즈에 대하여 「17인치 브레이크」등으로 불리기도 하지만 디스크의 직경 자체가 17인치가 아니고 「시스템 전체가 17인치 휠에 들어가는 사이즈」란 의미이다.

outer 슬라이딩 면

디스크 자체에 요구되는 성능은 축열(heat storage) 용량의 크기, 방열 성능, 내마모성 등이다. 마찰에 의하여 표면이 마모되는 소모품으로 신품의 상태에서 0.8~ 1mm정도 마모되면 교환하여야 한다.

브레이크 캘리퍼

좌우에서 디스크를 감싸는 위치에서 허브 캐리어에 고정되는 부품이다. 브레이크 라인으로부터 유압을 받으면 캘리퍼에 내장된 피스톤이 패드를 디스크 방향으로 밀어내어 마찰을 일으킨다.

hat부(部)

디스크의 중앙부는 휠 허브를 장착하기 위한 형태로 돌출되어 있어 그 형상으로부터 「hat」라고 불린다. 캘리퍼가 대향 피스톤인 경우는 이 부분을 별도로 성형한 2피스 구조의 플로팅 마운트로 하여 열변형의 영향을 저감시키는 경우도 있다.

스터드 볼트(stud bolt)

휠을 허브에 고정하기 위한 볼트이다. 이 볼트 자체는 디스크의 고정에는 관계되지 않는다. 유럽의 자동차에서는 허브 측에 너트의 기능을 갖도록 하여 휠 측에서 볼트로 조이는 타입도 많다.

▶ Brake Disk

브레이크 디스크

소재 · 냉각 · 경량화 … 디스크 진화의 방향성

현재의 승용자동차에 이용되는 브레이크 시스템은 바퀴와 같은 축에 고정되어 같은 방향으로 회전하는 회전자(디스크)에 여러 가지 방법으로 마찰재(패드)를 밀착시킨다. 마찰재가 디스크의 표면에 접촉하여 생기는 마찰을 통하여 바퀴의 운동에너지를 열에너지로 변환해 가면서 저감시킨다.

주류는 「디스크 브레이크」이다. 회전자로 원반 형상의 「디스크」를 사용하여 그것을 좌우에서 감싸는 「캘리퍼」에 내장된 피스톤의 움직임에 의하여 마찰재(패드)를 디스크 표면에 밀착시킨다. 기구 전체가 대기 중에 노출되어 방열성이 뛰어나기 때문에 모든 승용자동차가 부하가 큰 프런트 브레이크에 이것을 채용하고 있다.

브레이크 디스크의 구조와 열 변형(熱變形)

브레이크 디스크는 마찰에 의하여 상당히 높은 온도로 가열된다. 그 열에 의하여 전체가 팽창하고 변형되는 「열 변형」의 대책으로는 2피스 구조가 효과적이지만 1피스 구조라도 단면의 형상에 따라 열 변형의 정도나 발생 상황이 달라진다. 오른쪽 그림은 3종류의 단면 형상에 따른 열 변형의 영향에 대한 차이를 나타낸 것이다. 홈이 없는 경우는 이 정도로 까지 변형이 되지만 V홈 형이나 이너 해트(inner hat)형으로 하면 변형을 크게 억제시킬 수 있다.

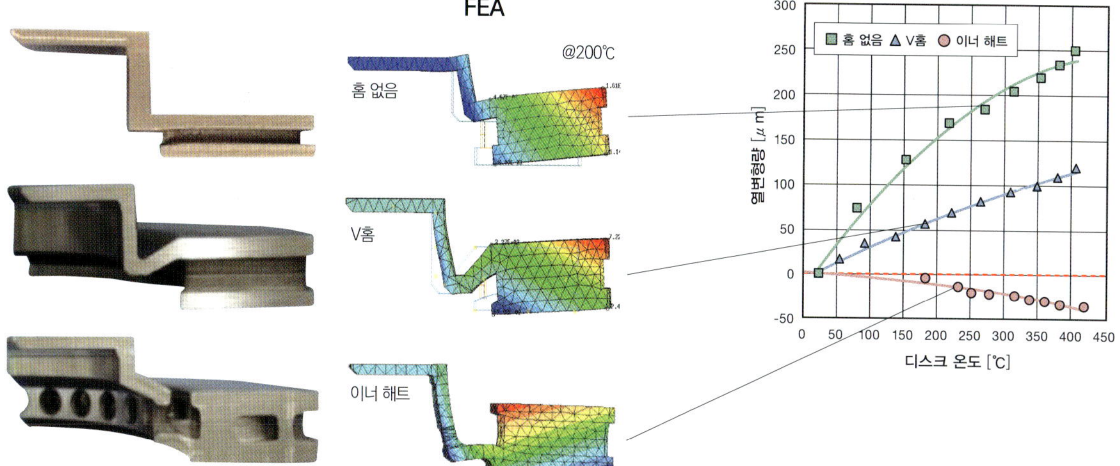

브레이크 디스크의 냉각

근래에는 엔진의 출력이 향상되어 자동차의 속도 범위가 높아짐에 따라 자동차 중량의 증가와 더불어 충돌안전 대책으로서 브레이크에 요구되는 성능 요건이 더욱 엄격해지고 있다. 특히 스포츠 주행을 염두에 둔 고성능 자동차에서는 페이드(fade) 현상을 방지하는 성능의 확보가 중요한 과제가 된다. 그러므로 자동차의 전방에 브레이크 냉각용의 공기 도입 구멍을 설치하여 가이드나 덕트(duct)를 통하여 브레이크 주변으로 적극적으로 새로운 공기를 흐르게 하는 기구의 채용이 증가되고 있다. 일반적인 승용자동차에서도 주변 부품의 형상에 대한 연구 등으로 브레이크 주변으로 새로운 공기를 흐르게 하는 구조를 채용한 예는 많다.

PORSCHE CAYMAN S

디스크 내부에 설치되어 있는 냉각핀의 형상은 정말로 여러 가지이다. 왼쪽은 Audi에서 현재의 모델에 채용하고 있는 패턴이다. A6의 솔리드 디스크(solid disk)는 필러(pillar)형이라고 부르는 방열성이 뛰어난 형상이다. 2피스 구조의 A8은 나선형 핀(spiral fin)이라고 불리는 형상으로 hat 접합부로부터 직접 공기가 흐르는 구조이다. R8은 보다 복잡한 구조로 공기 유량을 크게 확보한다.

브레이크 디스크의 경량화

Mercedes-Benz

디스크의 소재는 덕타일 주철(FCD)이나 회주철(FC)이 대부분이다. 비중이 무거우므로 직경의 대형화에 따른 중량의 증가로 스프링 아래 중량이 증가되어 운동의 성능에 대한 악영향이 문제가 된다. 대책으로서 일부 차종에서는 세라믹이나 카본 복합재 등을 채용하여 경량화 하고 있다.

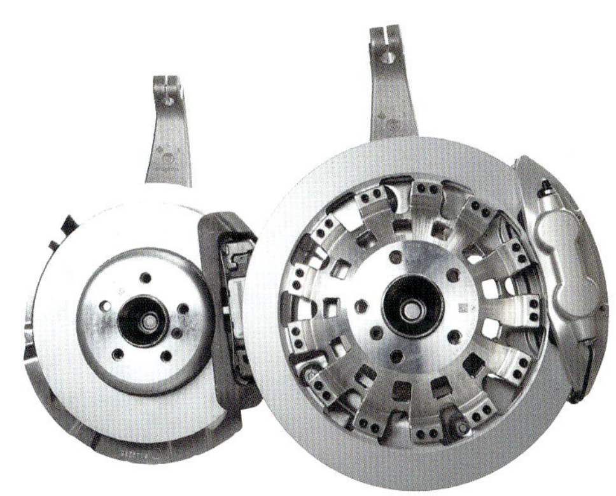

BMW

2011년 4월의 이벤트에서 공개된 「light weight slim rim」의 프로토타입(prototype)이다. 직경의 대형화에도 슬라이딩 면을 최소한으로 억제하고 hat부(部)를 알루미늄 2피스 구조로 하여 4륜 전체에서 종래 대비 8kg의 경량화를 실현하였다.

브레이크 캘리퍼

부동형/대향 피스톤형과 더불어 세밀한 기술의 혁신이 지속되고 있다.

글 : 마츠다 유지(Yuji Matsuda)
사진 : 세야 마사히로(Masahiro Seya)/ADVICS/AUDI/BMW/PORSCHE/DAIMLER

PORSCHE 911

고출력의 자동차에는 동력의 성능에 알맞은 제동 성능이 필요하다. PORSCHE 911은 프런트 브레이크에 직경이 큰 디스크에 상응한 넓은 패드의 면적을 유효하게 디스크에 밀착시키기 위하여 6포트 캘리퍼를 채용. 패드의 면압을 균일화하기 위하여 입구 측의 피스톤 직경은 작고 출구 측의 피스톤 직경은 크다.

Opposed Piston Caliper

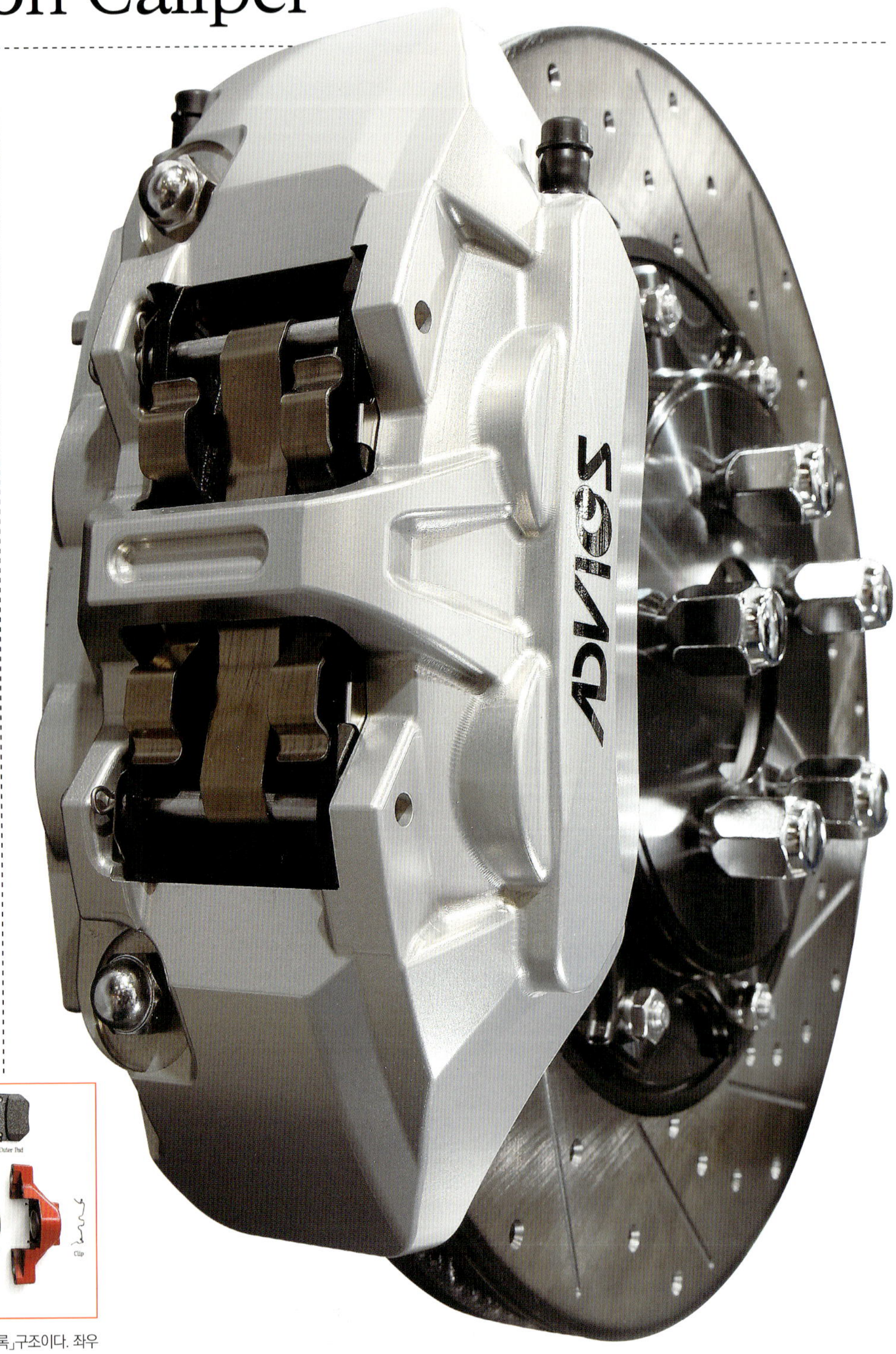

대향 피스톤형 캘리퍼의 구조

캘리퍼의 좌우 양측에서 서로 마주보는(대향하는) 위치에 유압 실린더와 피스톤을 설치하고 양측에서 피스톤을 디스크 쪽으로 밀어내는 구조이다. 작동 중에 캘리퍼 본체는 움직이지 않으며, 캘리퍼를 좌우 양측에서 고정이 가능하기 때문에 설치부의 강성을 높게 유지할 수 있으므로 알루미늄 소재 등의 사용도 가능하다.

단단히 고정된 상태로 양측에서 직접 패드를 밀기 때문에 조작할 때의 터치(touch)를 양호하게 설정할 수 있다. 특히 고속 영역에서의 감속 시에 있어서 캘리퍼의 변형이 작기 때문에 경질(硬質)의 조작감을 유지할 수 있다. 그리고 패드의 끌림 가능성을 낮출 수 있는 장점도 있다. 그러나 절대적인 제동력이 높아지는 것은 아니며, 부품 가짓수의 증가에 따른 비용 상승 때문에 스포츠카 등 제한된 차종에서만 장착되는 경향이 있다.

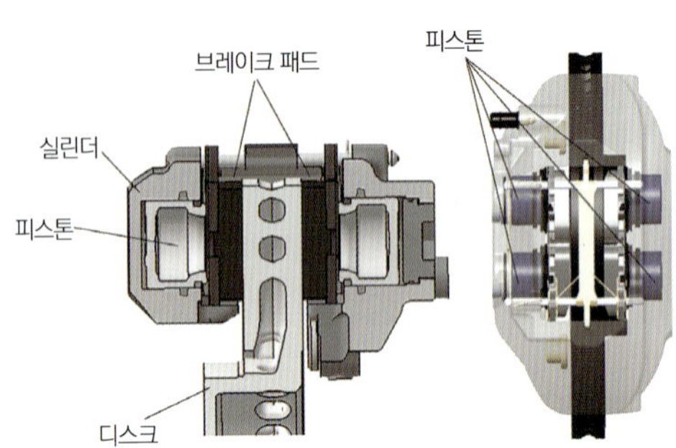

대향 피스톤형 캘리퍼의 주요 구성부품

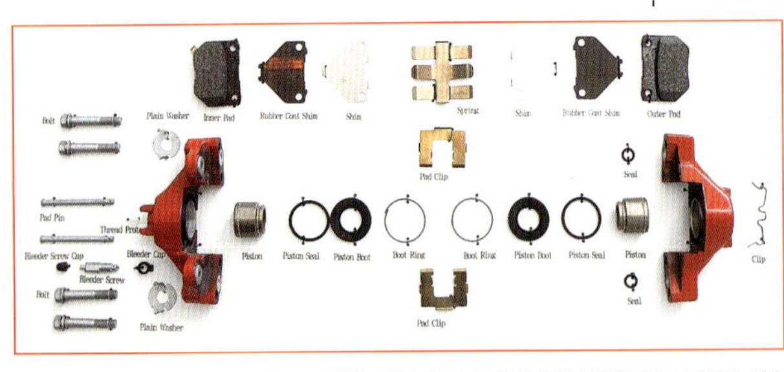

이 샘플은 캘리퍼 본체가 좌우 별도로 성형한 것을 나사로 고정시켜 조립한 「2블록」구조이다. 좌우 측 각각에 1개의 실린더와 피스톤이 설치된 「2포트」방식이다.

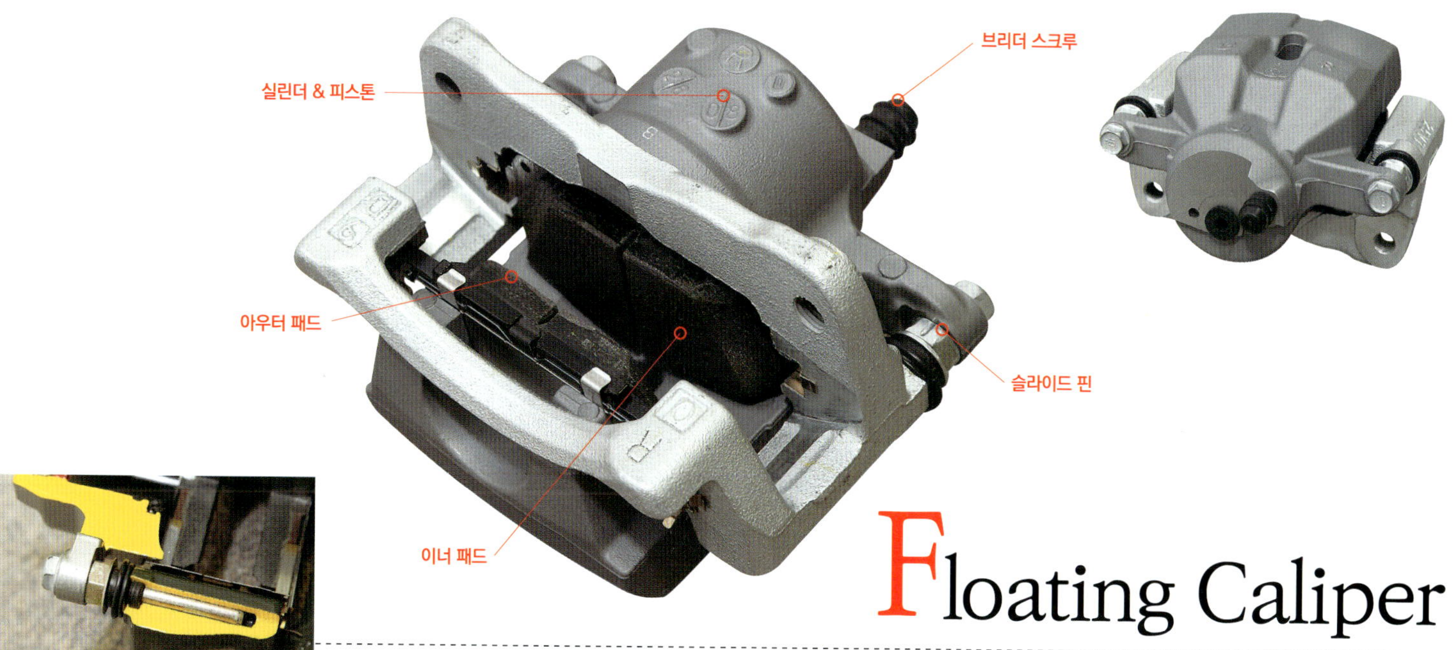

Floating Caliper

부동형 캘리퍼의 구조

「슬라이딩 캘리퍼」「편압 캘리퍼」라고도 불리는 타입이다. 실린더와 피스톤은 캘리퍼의 한쪽(보통은 안쪽)에만 설치되어 있다. 아래 왼쪽 그림의 피스톤과 캘리퍼 보디의 사이가 실린더 부분이다. 여기서 유압을 받아 피스톤을 디스크 측으로 밀착시키는데 우선 이너 패드가 디스크에 접촉된다. 더욱 유압을 증가시키면 이너 패드는 그 이상 앞으로 나아가지 않으므로 캘리퍼 전체가 슬라이드 핀을 따라 내측으로 슬라이드 하여 아우터 패드가 디스크에 접근한다. 최종적으로는 양측의 패드가 디스크의 슬라이딩 면에 접촉되어 마찰력을 발생시킨다. 구조가 간단하고 부품의 가짓수가 적으므로 경량화와 비용 절감의 면에서 유리하지만 작동할 때 캘리퍼의 변형이 커지므로 안정성이나 컨트롤(control) 면에서는 대향형에 비하여 한 발 뒤처진다.

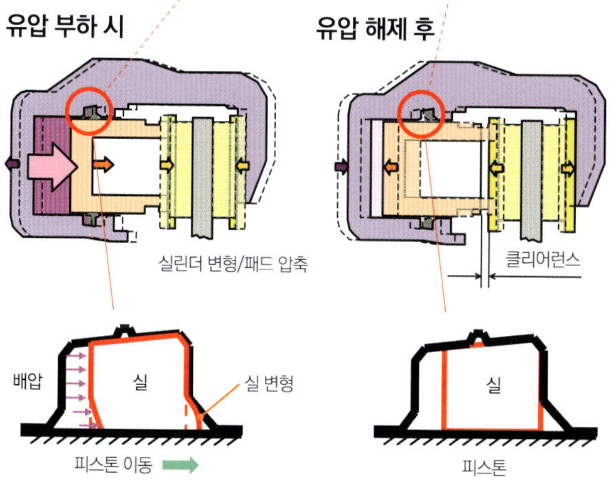

동그라미 처진 움푹 들어가 있는 부분이 실린더에서 오일의 누설을 방지하기 위하여 피스톤 실을 캘리퍼 보디에 고정하기 위한 홈이다. 이 홈의 형상과 피스톤 실(seal)의 형상 및 경도 등을 파라미터로 하여 롤백(rollback)의 특성을 튜닝한다. 매끄럽고 확실한 특성이 요구된다.

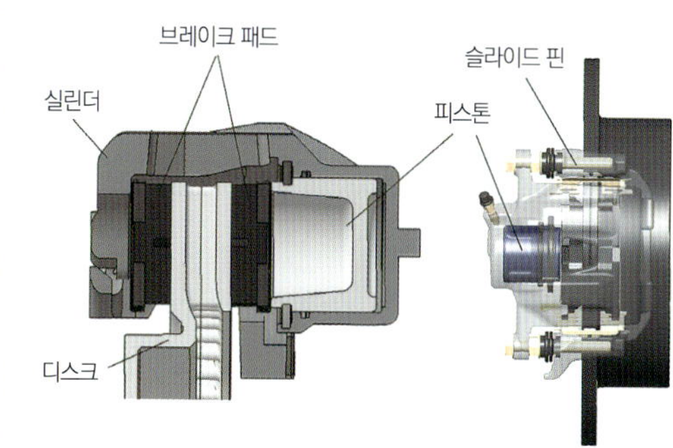

유압 부하 시

유압 해제 후

플로팅(floating)식 캘리퍼의 주요 구성 부품

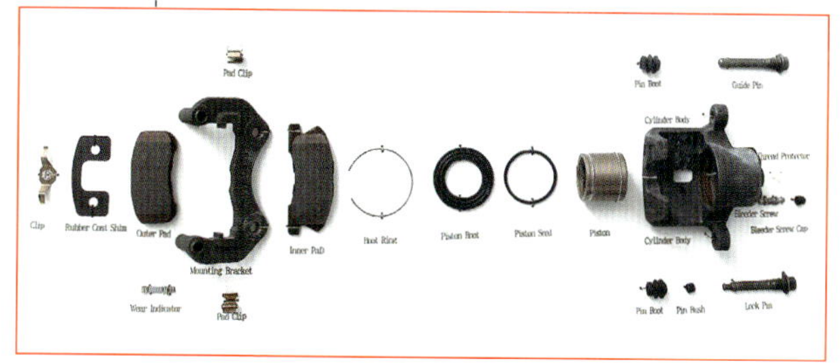

실린더와 피스톤이 1개만 설치되어 있으므로 대향형과 비교하여 구성 부품의 수는 상당히 적다. 슬라이드 핀의 배치나 캘리퍼의 구조 등 세부적으로 개량이 계속되고 있다.

피스톤 실에 의한 피스톤 리턴 기구

디스크 브레이크에는 드럼 브레이크와 같은 리턴 스프링을 이용한 강제적 리턴 기구가 설치되어 있지 않다. 그래도 피스톤이 원래의 위치로 되돌아오는 것은 피스톤 실의 「롤백(rollback)」덕분이다. 실린더 부에서 오일이 누설되지 않도록 피스톤 주위를 실로 감싸고 있다. seal은 피스톤의 움직임에 따라 변형되지만 유압이 낮아지면 원래의 형상으로 되돌아가면서 피스톤을 함께 리턴시킨다.

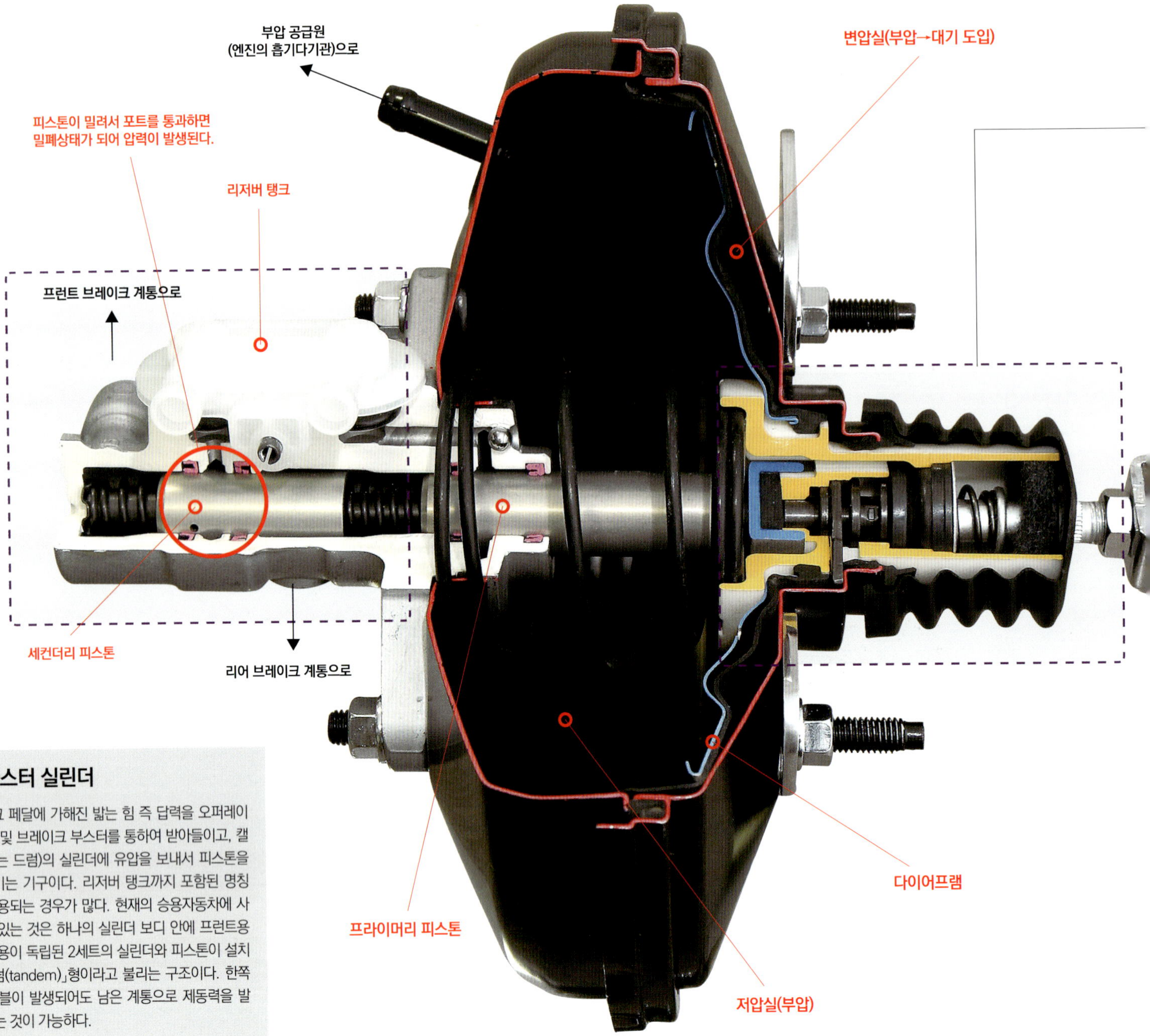

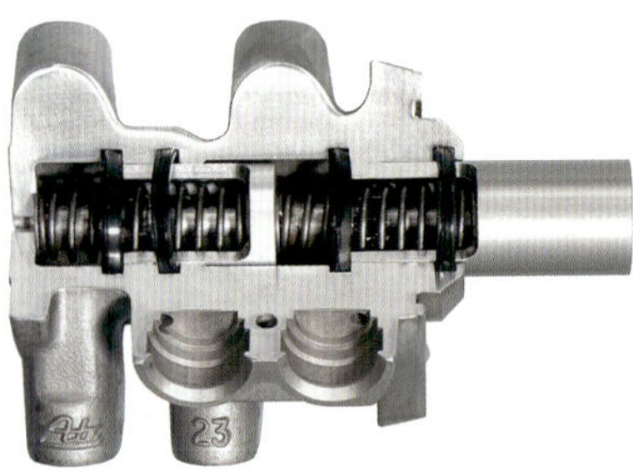

● 마스터 실린더

브레이크 페달에 가해진 밟는 힘 즉 답력을 오퍼레이팅 로드 및 브레이크 부스터를 통하여 받아들이고, 캘리퍼(또는 드럼)의 실린더에 유압을 보내서 피스톤을 작동시키는 기구이다. 리저버 탱크까지 포함된 명칭으로 사용되는 경우가 많다. 현재의 승용자동차에 사용되고 있는 것은 하나의 실린더 보디 안에 프런트용과 리어용이 독립된 2세트의 실린더와 피스톤이 설치된 「탠덤(tandem)」형이라고 불리는 구조이다. 한쪽에 트러블이 발생되어도 남은 계통으로 제동력을 발휘시키는 것이 가능하다.

ABS나 ESC 등 여러 가지의 디바이스에 대한 대응이 가능한 「플런저형」탠덤 마스터 실린더의 구조이다. 중앙부의 세로방향으로 배치된 것은 프라이머리 측과 세컨더리 측의 실린더를 나누는 격벽이다. 나선 형상의 것은 피스톤의 리턴 스프링이다.

▶ Master Cylinder & Brake Booster

마스터 실린더
& 브레이크 부스터

배력은 종래의 진공이나 유압 또는 전동으로

글 : 마츠다 유지(Yuji Matsuda)

사진 : 세야 마사히로(Masahiro Seya)/ADVICS/CONTINENTAL

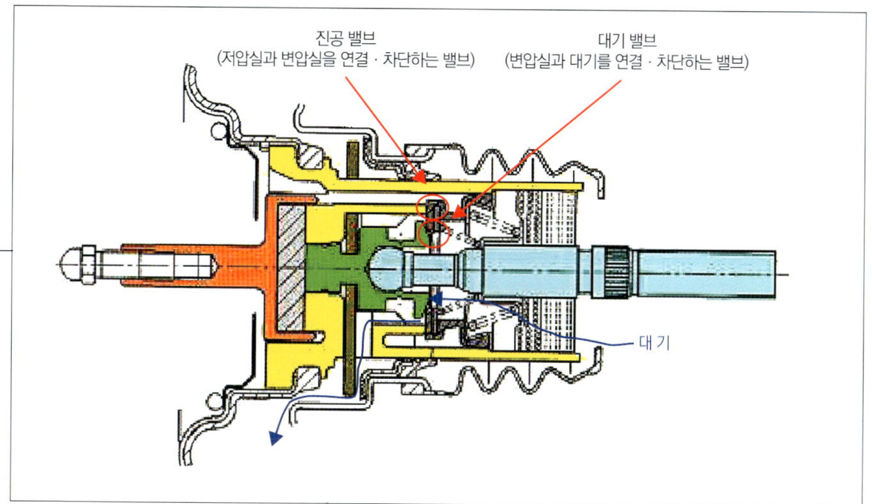

디스크 브레이크는 같은 체적에 설치되는 드럼 브레이크보다 마찰 슬라이드 면적이 작고 셀프 서보 효과(self-servo effect)도 발생되지 않는다. 그러므로 동등한 제동력을 얻기 위해서는 캘리퍼에 보다 큰 유압이 공급되어야 하지만 그것은 이미 인간의 발의 힘만으로는 커버할 수 없는 레벨이다. 그래서 무엇인가의 수단을 사용하여 페달의 답력을 증강시킨 후 마스터실린더로 전달하는 기구가 필요하다. 현재의 승용자동차에서는 엔진의 흡기다기관에 형성되는 부압을 이용하여 오퍼레이팅 로드를 「끌어당김」으로써 배력 작용을 하는 「진공식」의 부스터 기구가 주류를 이루고 있다.

브레이크 부스터의 작동

부스터 내의 정압실에는 흡기다기관으로부터 부압이 걸려있다. 브레이크 페달의 조작에 의하여 오퍼레이팅 로드가 움직이면 선단의 「플런저」부가 리액션 디스크에 부딪쳐서 힘을 일으킨다. 그러면 대기 밸브가 열려 오히려 변압실에 대기압이 흘러들어감으로써 정압실과의 사이에 커다란 압력차가 발생된다. 이 압력차에 의하여 다이어프램이 전방으로 밀려가면서 압력차와 다이어프램 면적의 곱에 해당되는 「배력의 효과」를 수반하여 푸시로드의 출력으로 된다.

진공 브레이크 부스터의 특성

진공식 부스터에서는 변압실에 대기압이 흘러들어간 순간에 배력의 효과가 시작되어 출력만이 증가한다. 이것을 [점프인]이라고 부르며, 시작되는 량의 크기가 브레이크가 작동하기 시작하는 순간의 특성과 감촉을 좌우한다. 특성은 A점 사이의 간극을 조정하는 것으로 조정이 가능하다.

거기로부터 보조력의 한계점까지 입출력 비를 「서보비」라고 하며, B부분의 직경을 변경하는 것으로 설정의 튜닝이 가능하다.

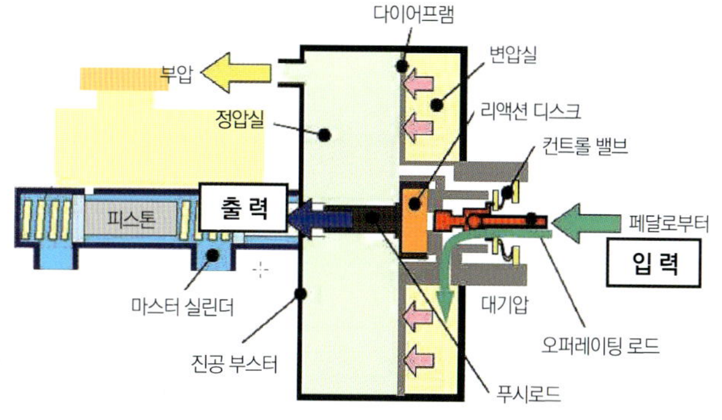

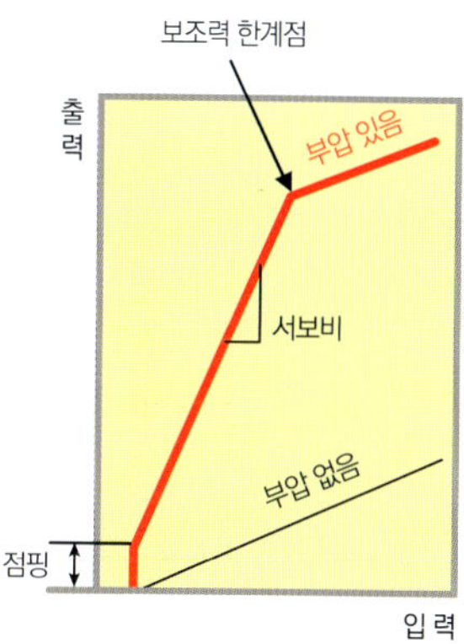

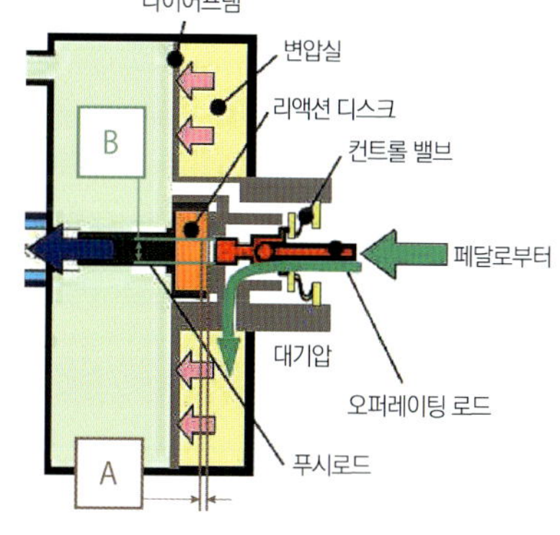

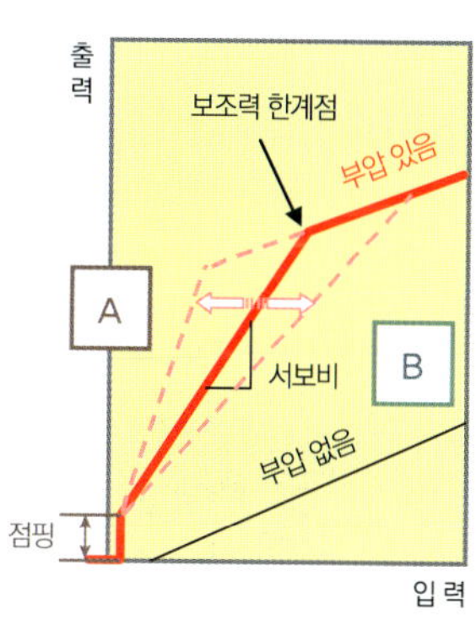

점핑이란 출력만이 증가하는 힘을 말한다.
서보란 입출력의 비를 말한다.

CONTINENTAL

콘티넨탈 테베스(Continental Teves)가 인도 등의 신흥시장을 위해 엔트리 카(entry car) 용으로 개발한 저비용의 마스터 실린더＆부스터 유닛이다. 이것은 컨벤셔널 타입이어서 전자제어 기구와는 연동이 불가능하다.

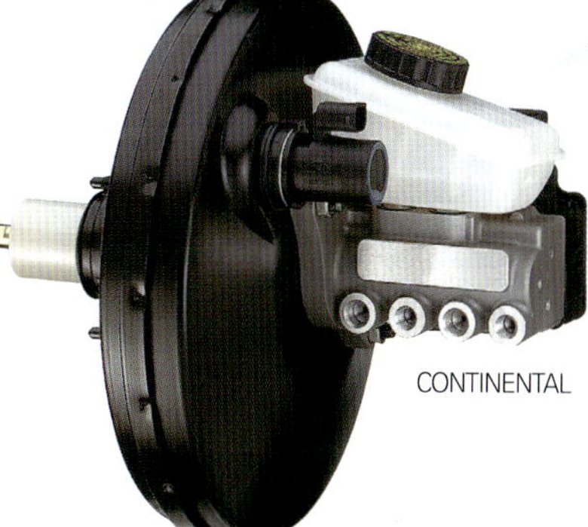

CONTINENTAL

이쪽도 신흥시장의 엔트리 카 용으로 개발한 제품이지만 미래에 장착이 의무화되는 경우에 대한 대응을 예측하여 ABS 유닛을 일체화한 것이다. 모듈화에 의하여 생산라인에서의 조립 공수도 감소시킨다.

● 하이드로 부스터(Hydro booster) : ADVICS

글 : 마츠다 유지(Yuji Matsuda) 사진 : 세야 마사히로(Masahiro Seya)/ADVICS

Advics의 「하이드로 부스터」는 마스터 실린더에서 앞 브레이크 유압의 증강(배력화)에 엔진의 부압이 아닌 고압의 유압을 사용하는 배력 장치이다. 배력화의 효율이 높고 구조적으로 브레이크 감각의 튜닝 자유도가 높기 때문에 현재는 주로 중형자동차급 이상에 장착되지만 엔진에 의지하지 않으므로 EV에도 대응할 수 있다. 그리고 자동차의 중량에 대하여 상대적으로 엔진의 배기량이 적거나 진공에 의존하는 것이 어려운 HEV에서도 적절한 배력화를 실현할 수 있다.

배력용의 작동유는 전동 펌프에 의해 20MPa 정도까지 가압되어 어큐뮬레이터에 비축된다. 브레이크 페달을 밟으면 레귤레이터를 통하여 작동유가 부스터실로 유입되고 마스터 피스톤을 정압으로 마스터 실린더 측으로 밀어냄으로써 배력의 효과를 실현시킨다. 작동 컨트롤용 밸브는 전자적으로 제어 되지만 물론 전력을 상실할 때를 대비하여 페일 세이프(fail-safe) 회로도 설치되어 있다.

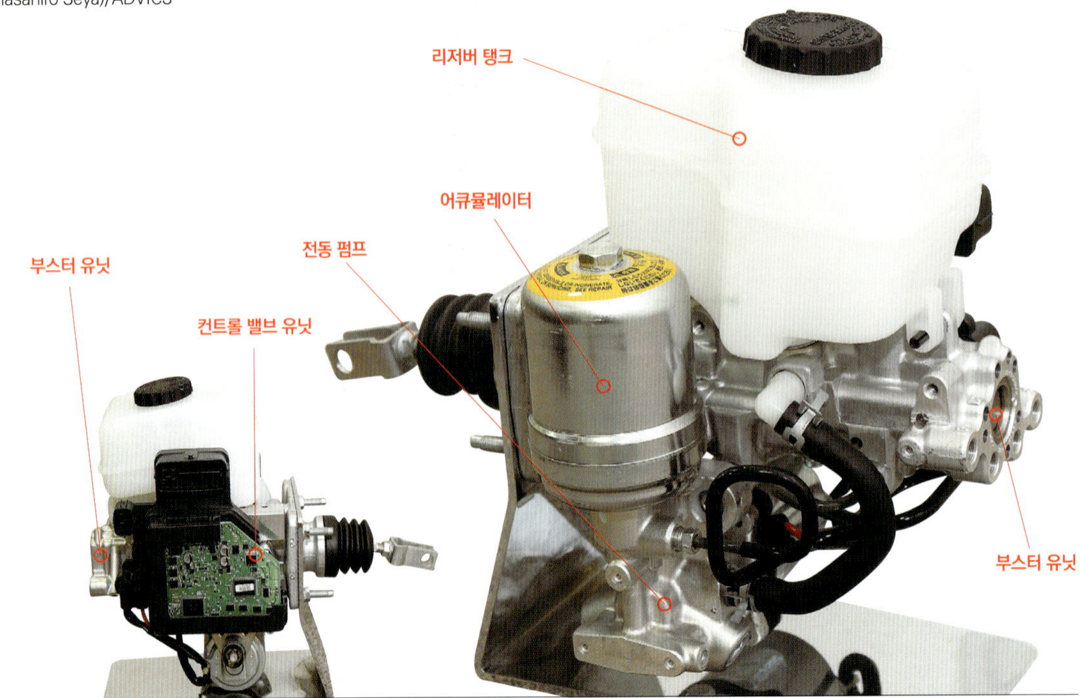

컨트롤 밸브는 유압 센서로부터의 정보를 바탕으로 전자제어 된다. 그래서 제어용 회로의 구성도 일체로 유닛화 하였다. 이 유닛에 의해 ABS, TCS, ESC 등의 제어 기능도 실현할 수 있다.

마스터 실린더에 모터 구동의 유압 펌프와 어큐뮬레이터를 추가하여 전체를 구성하였다. 필요에 따라 어큐뮬레이터로부터 레귤레이터를 통하여 마스터 피스톤 바로 앞의 부스터 실(booster chamber)로 유압을 공급한다.

하이드로 부스터의 유압 회로도 및 구성

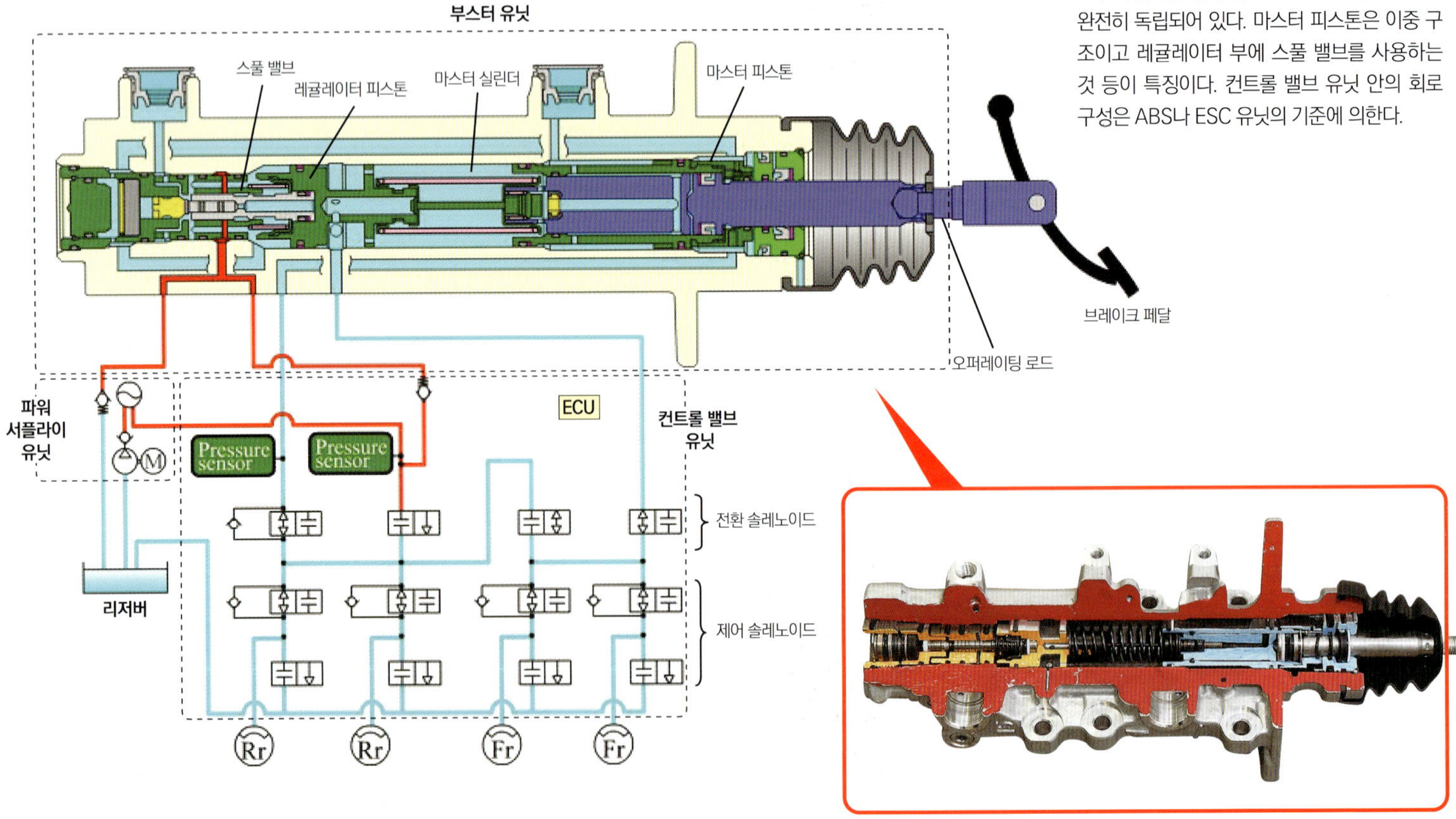

「파워 서플라이 유닛」은 유압 펌프와 어큐뮬레이터를 가리킨다. 부스터용 오일은 리저버 탱크로부터 얻지만 유압 통로는 브레이크용으로부터 완전히 독립되어 있다. 마스터 피스톤은 이중 구조이고 레귤레이터 부에 스풀 밸브를 사용하는 것 등이 특징이다. 컨트롤 밸브 유닛 안의 회로 구성은 ABS나 ESC 유닛의 기준에 의한다.

하이드로 부스터 작동도 : 비작동 일 때

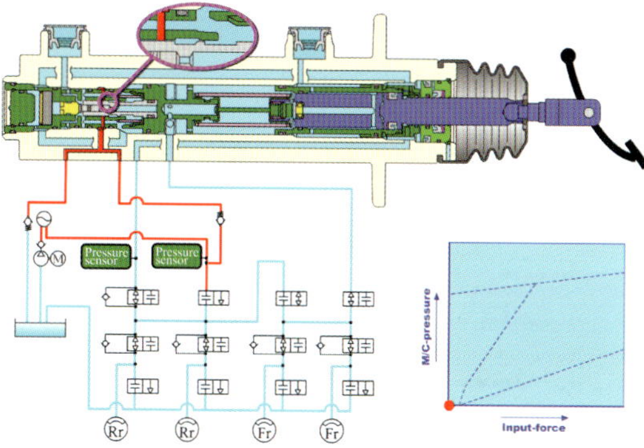

마스터 실린더 내부에 배력장치를 조립한 구조로 전체를 「부스터 유닛」이라고 한다. 좌측의 그림에서 마스터 피스톤의 우측에 있는 황록색의 부분이 부스터 실(室)이다. 피스토이 이중 구조로 실린더 측의 직경을 대형화할 수 있기 때문에 스트로크의 단축화가 가능하다.

하이드로 부스터 작동도 : 통상적인 브레이크 일 때

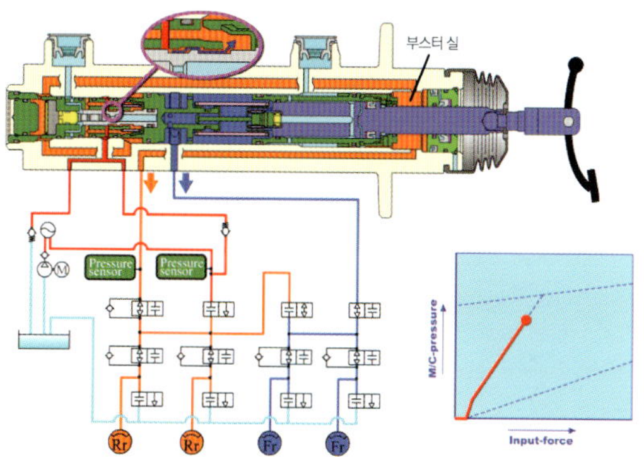

레귤레이터 피스톤이 스풀 밸브부를 작동시켜 부스터용 유압 통로로부터 고압의 오일이 부스터 실로 공급되어 마스터 피스톤을 정압으로 밀어 넣는다. 마스터 실린더 측의 압력 상승 특성은 스풀 밸브부의 튜닝에 의하여 폭넓게 조정할 수 있다.

하이드로 부스터 작동도 : 전력이 공급되지 않을 때

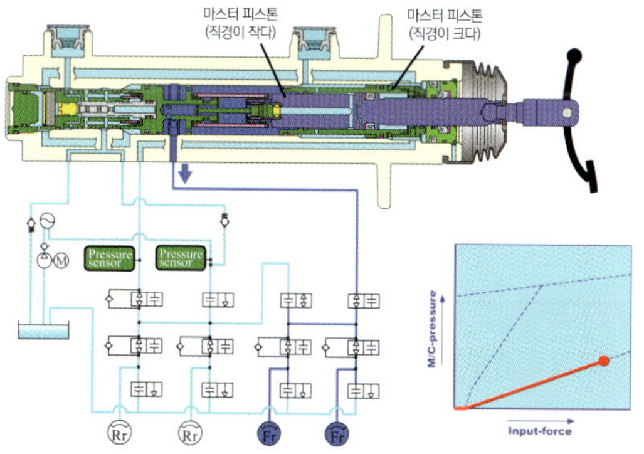

만일 전력이 공급되지 않는 경우 시스템 전체의 기구는 뉴트럴 위치로 돌아온다. 이 상태에서는 레귤레이터 피스톤은 작동하지 않고 프라이머리 측의 브레이크 유압 통로 하나만을 통하여 브레이크 페달을 밟는 힘에 따라서 압력을 프런트 2륜의 브레이크로 공급한다.

하이드로부스터 작동도 : 자동 가압시(Fr 1륜의 경우)

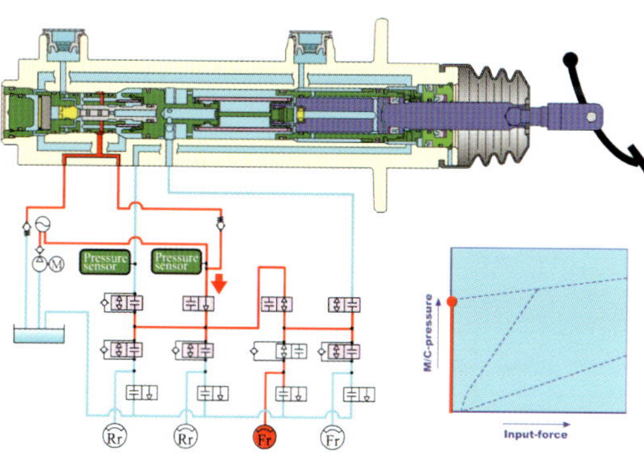

컨트롤 밸브의 회로 구성은 ESC의 기준에 의하여 4륜이 각각 독립되어 있다. 파워서플라이 유닛으로부터 고압의 유압을 직접 받아들이고 솔레노이드 밸브를 작동시킴으로써 브레이크 페달을 밟지 않은 상태에서도 임의의 1륜만을 가압하는 것도 가능하다. 좌측의 그림은 그 작동 상태를 나타낸 것이다.

● 전동형 제어 브레이크 : Nissan Fuga Hybrid

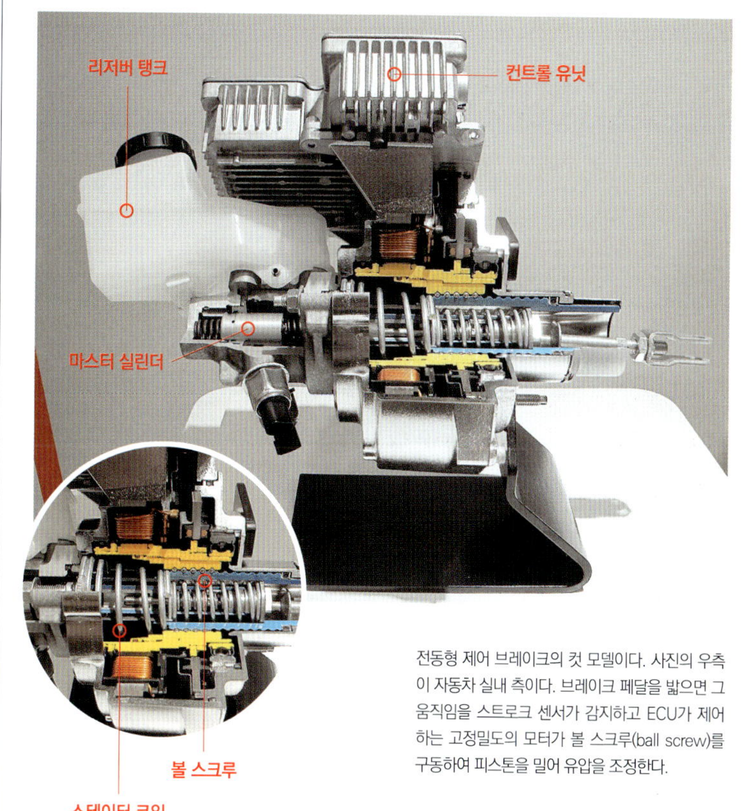

전동형 제어 브레이크의 컷 모델이다. 사진의 우측이 자동차 실내 측이다. 브레이크 페달을 밟으면 그 움직임을 스트로크 센서가 감지하고 ECU가 제어하는 고정밀도의 모터가 볼 스크루(ball screw)를 구동하여 피스톤을 밀어 유압을 조정한다.

전동형 제어브레이크 유닛

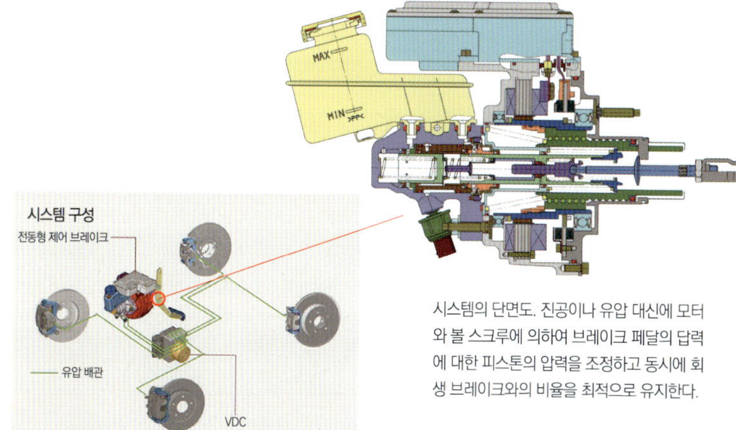

시스템의 단면도. 진공이나 유압 대신에 모터와 볼 스크루에 의하여 브레이크 페달의 답력에 대한 피스톤의 압력을 조정하고 동시에 회생 브레이크와의 비율을 최적으로 유지한다.

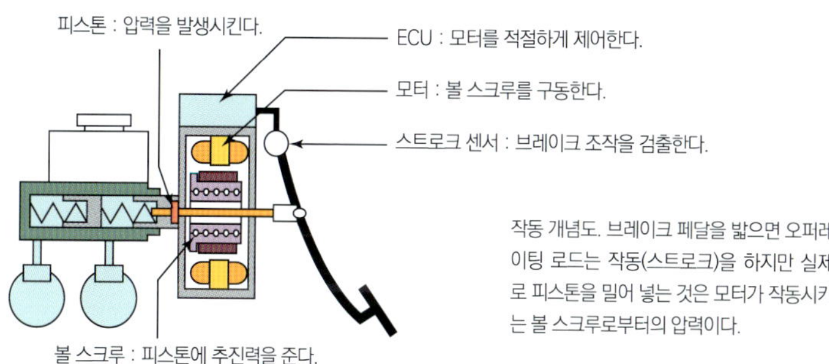

작동 개념도. 브레이크 페달을 밟으면 오퍼레이팅 로드는 작동(스트로크)을 하지만 실제로 피스톤을 밀어 넣는 것은 모터가 작동시키는 볼 스크루로부터의 압력이다.

Nissan Fuga Hybrid에 장착된 「전동형 제어 브레이크」는 부스터 대신에 컴퓨터로 제어하는 모터를 사용하고, 볼 스크루를 통하여 브레이크 실린더를 직접 제어하는 것이 특징이다. 하이브리드 주행용의 모터로 실시하는 제동시의 에너지 회생 효율을 가능한 한 높게 유지하면서 유압에 의한 마찰 브레이크와의 비율을 리얼 타임으로 최적인 상태로 제어하여 브레이크 페달의 조작감에 위화감이 없도록 하는 것이 목적이다. 구조가 비교적 간단한 것도 특징이다. 앞으로는 많은 HEV차에 장착되어 질 것으로 예상된다.

브레이크 패드

효능, 소음, 수명, 진동 ……… 소재의 배합기술이 핵심

글 : 마키노 시게오(Shigeo Makino)　사진 : 세야 마사히로(Masahiro Seya)

분할 홈

디스크와 접촉되는 패드의 면은 홈에 의하여 두개 이상으로 분할되어 있는 경우가 많다. 패드를 밀착시키는 피스톤이 뒤쪽으로부터 접촉될 때의 휨 모멘트(bending moment)에 추종하여 디스크에 잘 접촉시킴과 동시에 진동의 분산이라는 효과도 담당하는 것이 홈이다.

마찰면

패드가 디스크에 접촉되어 마찰이 발생하고 운동에너지를 마찰열로 변환시킨다. 그로 인하여 자동차의 운동에너지가 감소한다. 어떻게 마찰을 잘 인출해 내는가 하는 것이 마찰면에 요구되는 성능이다.

양쪽 끝의 경사 커트(slant cut)

대부분의 브레이크 패드에는 비스듬히 자른 「경사 커트」가 있다. 개발의 최종 단계에서 「소음」을 조절하거나 수많은 사이즈에 따른 금형 수의 증가를 막는 효과를 이 부분이 담당하고 있다. 소위 「조정하는 몫」이다.

일반적인 브레이크 패드에는 20종류 정도의 소재가 사용되고 있다. 상세하는 오른쪽 차트로 표시하고 있는데 어떠한 재료를 어떻게 조합시키는가에 따라 성능 및 기능이 달라지는 「요리」의 세계이다. 게다가 패드의 설계에서는 해석 시스템이 도움이 되지 않는다. 어느 정도까지는 시뮬레이션으로 알 수 있지만 시작 제품으로 실험해 보지 않으면 원하는 성능 및 기능을 얻을 수 없다고 한다. 이것이 화학의 어려운 점이다. 그리고 소재에 대해서도 「비용 대비 효과가 뛰어난 새로운 것이 좀처럼 나타나지 않는다」고 한다.

브레이크의 「효능」과 「소음」의 양립

「브레이크 패드는 소모품이다」라는 말이 통용되지 않을 정도로 판매되고 있는 자동차의 브레이크 패드는 수명이 길어졌다. 1990년대까지의 유럽 자동차는 브레이크 패드나 브레이크 디스크가 소모품이었다. 디스크와 패드의 사이의 μ를 높게 취하고 쌍방을 마모시켜도 제동력을 확보하며, 그 대신 부스터의 배력비를 억제하고 인간이 브레이크 페달을 밟을 때 힘의 가감을 알기 쉽게 한다는 설계였다. 일본에서는 NV(노이즈 & 바이브레이션 = 소음과 진동) 성능이 브레이크에도 요구되어, 소위 「소음」이 없고 저더(judder)나 시미가 발생되지

않는 브레이크를 원하게 되었다. 더욱이 브레이크 더스트에 의하여 휠이 더러워지지 않는 것도 중요한 설계의 테마이다. 긴 수명은 당연한 것으로 그 위에 NV와 비용의 절감이 요구되고 있다. 그 패드를 장착하는 것이 「고급차인지 대중차인지」이상으로 브레이크 패드에 요구되는 성능과 기능은 지역마다의 시장 특성에 따라 좌우되고 있는 것이 현재의 상황이다.

요즘의 경향은 「유럽의 북미화」「북미의 유럽화」라고 설계자는 말한다. 고속에서의 「효능」을 중시하고 휠의 오염과 「소음」에는 관대한 유럽에서 미국, 일본이 중시하는 「소음」과 오염에 신경을 쓰

기 시작하였다. 동시에 고속에서의 「효능」을 중시하지 않았던 미국과 일본이 유럽처럼 성능을 요구하기 시작하였다. 하나 더 환경규제가 있다. 석면의 사용이 금지된 것처럼 브레이크 패드에 사용할 수 있는 소재가 규제를 받고 있다. 머지않은 미래에 구리(銅)는 사용할 수 없게 된다. 그러므로 패드 소재의 재검토가 진행되고 있다. 금속에 의지하지 않아도 「효능」을 확보할 수 있는 소재의 조합이 연구되고 있다.

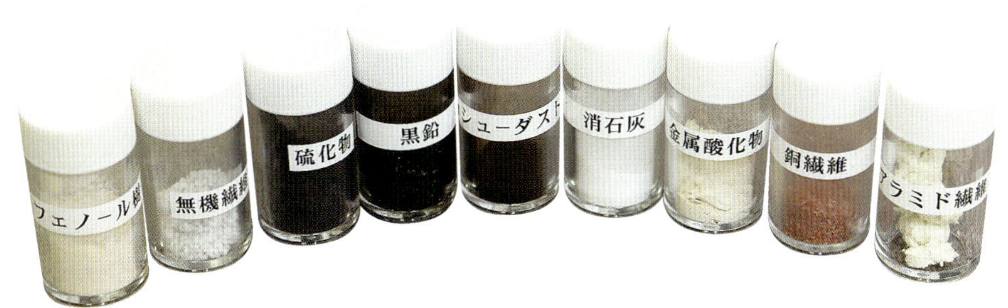

ADVICS가 기본적인 소재의 샘플을 제공해주었다. 이것들을 「어떤 배합으로」「어떠한 순서로 혼합하여」반죽하는 지가 노하우이다. 더욱이 한 번 설계되면 보수(補修)부품으로서 시장에 20년은 보유해야 하기 때문에 입수하기 쉬운 소재를 선택하여야 한다.

브레이크 패드 구성 재료의 성질

연삭제	마찰력을 높여 효능을 확보한다.	금속산화물 (알루미나 · 산화철 등)	디스크에 「발톱을 세우는」 재료. 스파이크 슈즈의 핀과 같은 역할
결합재료	섬유나 분말을 결합시켜서 패드의 형상을 유지한다.	페놀수지 각종 변성 페놀	열과 압력을 가하여 패드를 성형할 때 여러 가지 재료를 골격에 고정시키는 역할
골격제	패드 자체의 골격을 형성하는 소재	아라미드 섬유 스틸 섬유 세라믹 섬유 동 · 놋쇠 섬유	열과 압력을 가해서 패드를 성형할 때 전체의 골격을 형성하는 재료. 강도를 갖도록 하기 위해서도 필수이다.
댐핑재 마모 조정제	패드에 유연성을 부여한다.	cashew dust 천연고무 · 합성고무	패드가 너무 단단하면 소음 · 진동의 원인이 되기 때문에 어느 정도의 「부드러움」을 패드에 갖도록 하는 역할.
	높은 온도 영역에서의 효능과 수명을 확보한다.	유산바륨 탄산칼슘	강한 브레이킹에 의하여 패드에 열이 축적되어도 효능을 확보하는 역할.
윤활제	마찰의 안정성 및 내마모성을 향상시킨다.	흑연 그래파이트(석묵) 유화물(안티몬 등)	시너지 효과를 얻기 위하여 재료의 선택과 배합이 실시된다.
ph 조정제	녹 · 염해(salt damage) 대책	소석회	브레이크 성능의 「난폭함」을 억제하는 이미지. 디스크에 「발톱을 세우는」 금속산화물에 대하여 아주 조금만 「미끄러지게」하는 역할

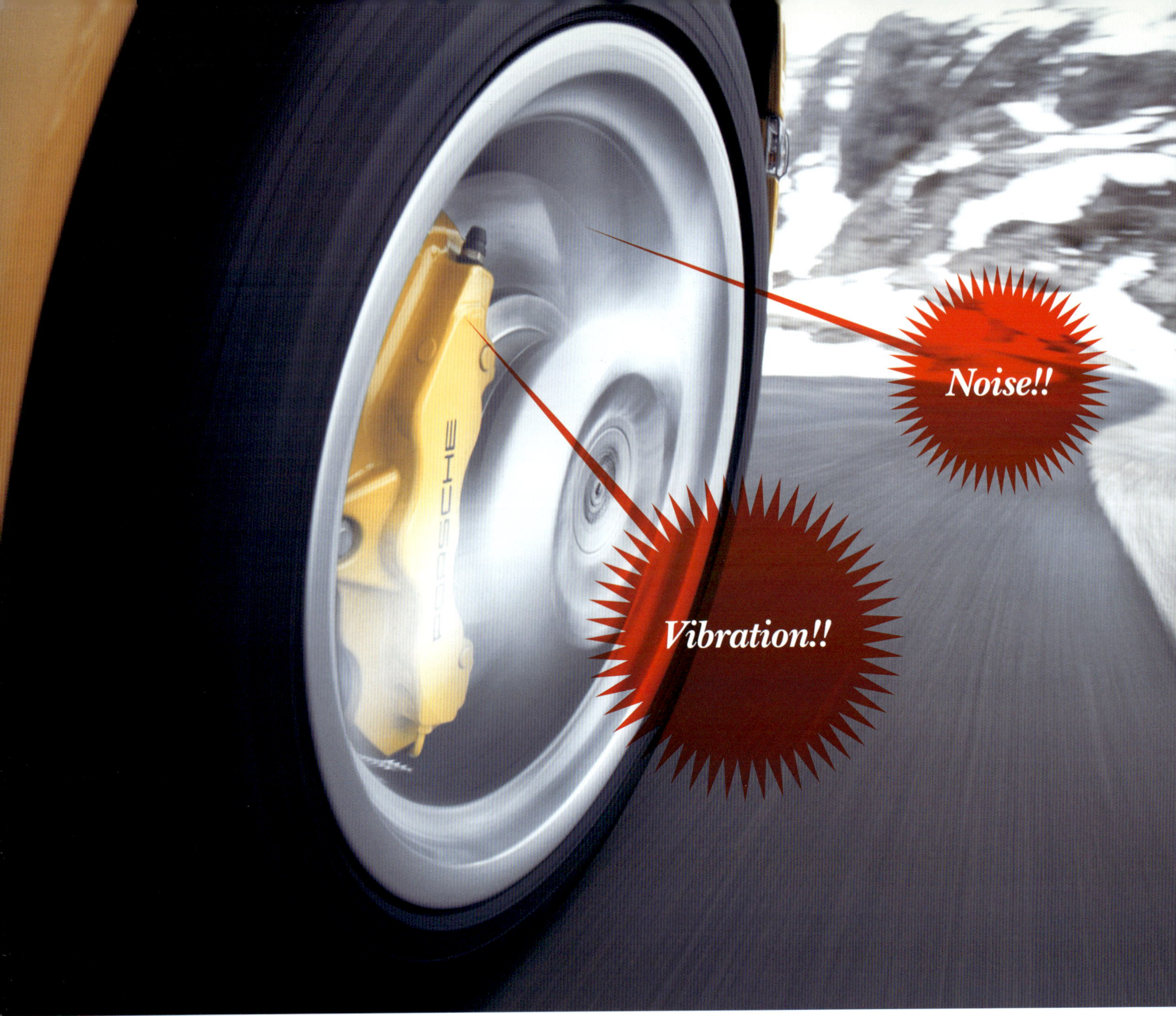

▶ Measures for brake noises and vibration

브레이크의 NV대책

제동력을 확보하면서 소음을 허용범위 안에 있도록 하기 위한 기술

글 : 마츠다 유지(Yuji Matsuda)　사진 : PORSCHE　그림 : 만자와 코토미(Kotomi Manzawa)

　이른바 자동차 애호가에게 「브레이크에 있어서 가장 중요한 성능은?」이라고 묻는다면 제일 먼저 「제동력의 크기」라고 할 것이다. 그 다음으로 컨트롤성, 필링(Feeling), 안전성이라는 요건이 나올 것이다. 그런 성능들이 높다고 하면 더스트(dust)가 많아도 상관없다고 하는 사람도 있을 것이다. 그러나 성능 확보의 대가로 강렬한 「소음」이 발생되거나 항상 저더(judder)나 시미(shimmy)를 느낀다고 하면 견딜 수 있을까?"라고　묻는다면, 거의 전원이 No라고 대답할 것이다.

　회전체에 마찰재를 접촉시키는 기구인 이상 브레이크의 작동에는 반드시 진동 이 동반된다. 진동은 주변의 부품에 전파되어 한층 더 진동이 발생되고 동시에 공기를 진동시켜서 「소음」을 발생시킨다. 브레이크의 설계·개발자에게 NV대책은 제동성능과 동등하거나 그 이상의 중요성을 지니는 영원한 과제인 것이다.

Noise

▶ 왜 소음이 발생하는 것일까?

Why does brake cause the Noise?

브레이크 조작에 의하여 발생되는 「소음」은 슬라이딩 면과 마찰재의 접촉에 의해서 발생되는 진동에서 기인된다. 단, 직접적인 「마찰」만으로 끝나는 것은 아니다. 진동에 의하여 유발되는 「가진」 「전달」 「공진」 등의 물리현상이 공기의 전파음이나 고체의 전파음을 만들어내고 때에 따라서는 그것들이 복합적으로 작용하여 나타나기도 한다. 소리의 종류와 발생하는 장소마다 유효한 대처 방법이 확립되어 있지만 이 소리를 억제하면 또 다른 소리가……라는 상황에 빠지는 것도 드물지 않아 기술자는 고전의 연속이다.

● **공기 전파음**

브레이크에서 음압이 방사되어 귀에 도달한다.

스퀼(squeal)
- 키-음 1~5kHz, 주파수는 시간에 대해 일정
- 치-음 6~16kHz, 주파수는 시간에 대해 일정

스퀠치(squelch)
- 끼익 끼익 음 2~16kHz, 단기간에 주파수 변화

● **고체 전파음**

브레이크에서 발생된 가진력이 서스펜션이나 암류에 전달되어 음압의 방사가 대시패널이나 플로어, 펜더 패널 등에서 일어난다.

그론 등
- 크립 그론(creep groan) 200~300Hz, 주파수는 시간에 대해 일정

차체의 f 값에 영향
- 고리고리 음 300→30Hz, 주파수는 시간에 대해 저하
- 구- 음 200~300Hz, 주파수는 시간에 대해 일정
- 꾸욱 음 200~300Hz, 순간적인 소리

브레이크의 소음은 ① 가진 : 패드와 디스크의 마찰에 의해 진동이 발생. ② 전달 : 패드와 디스크 사이에 발생하는 마찰 진동이 접촉하고 있는 부품의 형상이나 요철(凸凹)이 만드는 「접촉 탄력」을 통하여 전달되어 부품의 내부로 전해져 간다. ③ 공진 : 전달된 진동이 부품의 고유 진동수에 공진하고 디스크의 진동을 증폭하는 인클로저의 역할을 하는 3단계를 거쳐서 발생하고 있다. ①에 대해서는 가진력의 불균형을 없애고, ②에 대해서는 감쇄효과를 사용하는 등 단계마다의 대책을 강구하여 대처한다.

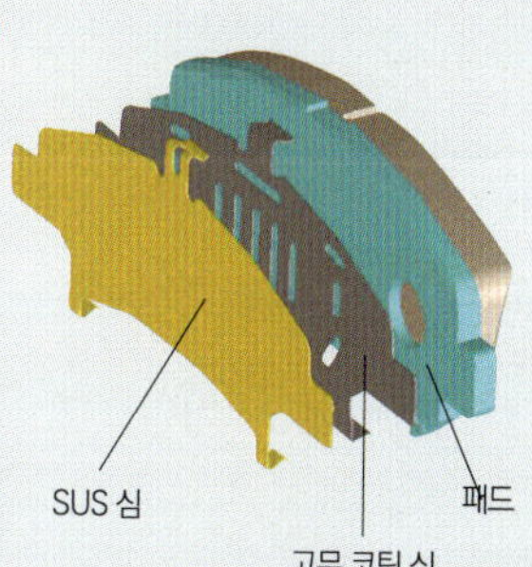

노이즈 대책의 일례

발생하는 소음의 원인으로서 예를 들어 「전달」에 의한 영향이 크다고 판단되면 패드의 베이스 플레이트에 고무제나 금속제의 심을 끼워서 진동을 감쇄시켜 울림을 저감시킨다.

Vibration

▶ 왜 진동이 발생할까?

Why does brake cause the Noise?

● **브레이크 진동**

브레이크에서 발생하는 가진력이 차체에 전달되어 차체나 핸들이 진동한다.

저더(러프니스 ; roughness)
- 저더 10~30Hz, 100~80km/h에서 발생
- 시미(shimmy)(Nibble) 저더와 같고, 좌우의 진동이 역위상(逆位相)
- 고속 저더 140~180Hz, 200~150km/h에서 발생

브레이크 진동이 다른 부품에 전달된다.

브레이크부에서 발생된 가진이 차체로 전달되어 차체나 스티어링 계통 등을 진동시키는 경우도 있다. 이 진동들은 주파수와 위상에 따라 「저더」「시미」「고속 저더」 등으로 분류되는데 자동차의 상품성 향상을 위해서는 가능한 한 저감시켜야 한다. 원인은 패드의 끌림에 의한 디스크의 부분적인 마모나 열 변형에 의해 발생되는 디스크의 두께 변동(DTV : Disc Thickness Variation)이 커지기 때문이다. DTV를 일정 이하로 억제하기 위한 설계가 요구된다.

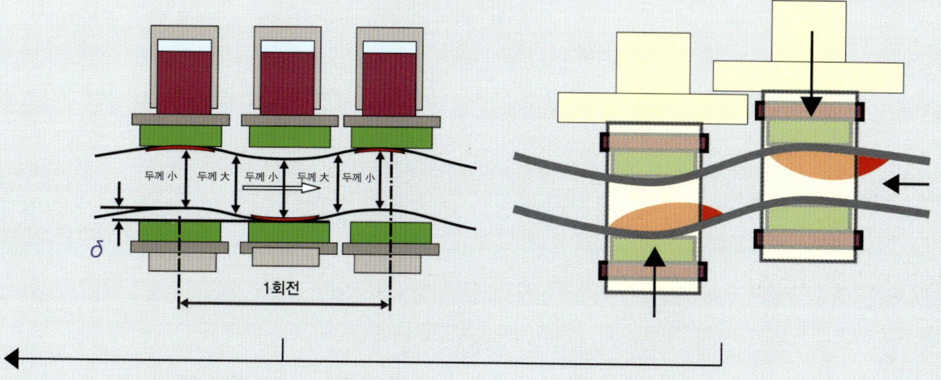

패드의 끌림에 의한 디스크 마모

패드가 정확히 원위치로 되돌아가지 않는 상태가 계속되면 공전시에 디스크 면에서 극소의 굴곡부위와 접촉되어 연속적으로 마모가 계속된다. 접촉되지 않은 부분과 마모된 부분의 두께 차이=DTV의 크기가 제동 시에 진동을 일으킨다.

열 변형에 의한 디스크 마모

제동 시의 가열에 의해 디스크는 팽창한다. 이때 온도 분포의 차이가 크거나 부위에 따른 열용량의 차이에 의하여 열 변형이 발생되어 DTV 성장이 커짐에 의하여 제동 시에 진동을 초래한다.

최신 브레이크 도감

고성능 자동차는 카본 브레이크로   전동화의 흐름도

글 : 마츠다 유지(Yuji Matsuda)   사진 : 세야 마사히로(Masahiro Seya)/AUDI/BMW/DAIMLER/PORSCHE/TOYOTA

● PORSCHE PCCB
(Porsche Ceramic Composite Brake)

카본 소재의 전문기업 SGL과의 파트너쉽으로 개발한 세라믹 복합재 제품의 브레이크 디스크와 프런트 6포트, 리어 4포트 캘리퍼의 조합이다. 소성으로 성형한 후에 표면을 세라믹화하기 위하여 또 다시 소성하는 복잡한 공정을 거쳐서 제조되는 디스크는 매우 경량으로 같은 사이즈의 주철제 디스크에 비해 서스펜션 스프링 아래 중량의 약 50%(구체적으로는 14~17kg정도)의 저감을 달성하고 있다. 일반도로에서 사용하는 범위에서는 수명도 매우 길다. 현재는 하이 퍼포먼스 카에 표준 장착하는 외에도 많은 차종에서 옵션으로 장착이 가능하게 되었다.

첫 채용은 Porsche Carrera GT였다. 그 후 타입 996형의 911터보에 옵션으로 장착하게 되었다. Hat부는 알루미늄제이며, 디스크의 직경은 911터보 S용의 프런트가 380mm, 리어는 350mm이다. Boxster-S용은 앞뒤 모두 350mm를 사용한다.

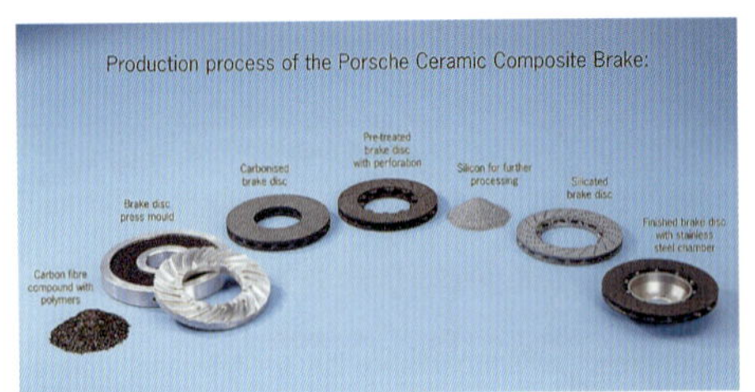

PCCB의 제조공정이다. 카본 파이버의 단섬유를 폴리머와 혼합하여 형틀에 넣고 무산소 상태로 소성한 후에 기계가공과 표면처리를 실시한다. 그 위에 분말상태의 실리콘을 도포하여 1700도에서 소성하고 표면을 세라믹화 시킨다.

디스크 제조는 슈투트가르트(Stuttgart) 근교의 전문공장에서 하고 있다. ① 카본과 폴리머의 혼합물을 형틀에 채운다. ② 무산소 상태를 만드는 가마에 넣어 700도 이상으로 소성하여 성형한다. ③ 완전히 구워진 카본=카본 디스크에 표면처리나 기계가공을 실시한다. ④ 치수 등을 검사한 후에 ⑤ 표면에 실리콘을 도포하고 나서 다시 한 번 가압 가열로에서 소성하고 표면을 세라믹화 하여 표면 경도가 매우 높은 디스크를 완성한다.

MERCEDES-BENZ SLS AMG

옵션으로 준비된 「AMG 카본 세라믹 브레이크」는 프런트 직경이 402mm, 리어가 360mm로 표준보다 직경을 대형화한 세라믹 복합재 제품의 디스크에 6포트 프런트와 4포트 리어 캘리퍼를 조합시킨 것이다. 유감스럽게도 디스크의 구조나 제조방법에 관해서 상세히는 공개되지 않았지만 로터+캘리퍼의 중량이 표준 브레이크 대비 약 40% 저감되고 있는 점과 디스크의 높은 내구성을 어필하고 있다. Hat부는 알루미늄제이다. 일본에서의 옵션 가격은 140만엔(약 1400만원)이다. 이 브레이크 시스템은 CLS63 등에도 옵션으로 설정되어 있다.

AUDI Q7 V12 TDI QUATTRO

최고 출력 500ps, 최대 토크 1000Nm의 V형 12기통 디젤엔진을 탑재하고 0~100km/h 가속 5.5초라는 퍼포먼스를 자랑하는 Q7 V12 TDI는 카본 세라믹 디스크에 프런트 8포트 캘리퍼, 리어 4포트 캘리퍼를 조합시키고 있다.

NISSAN GT-R SPEC-V

NCCB(Nissan Carbon Ceramic Brake)로 명명된 카본 세라믹 제품의 디스크를 장착하고 주철 디스크 대비 1륜 당 약 5kg의 경량화를 실현하였다. 높은 내페이드 성능을 확보하고 뉘르부르크링(Nürburgring)의 테스트에서도 페이드는 발생되지 않았다고 한다.

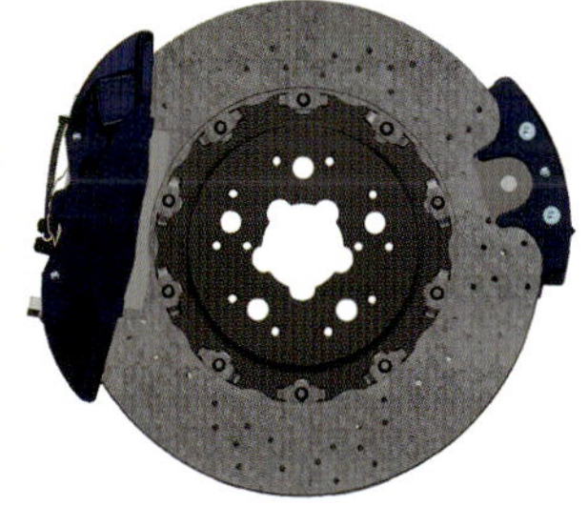

리어 브레이크 디스크와 캘리퍼. 2피스 구조로 Hat부는 알루미늄제로 하여 시스템의 경량화에 공헌하고 있다. 오른쪽 위의 물체는 파킹 브레이크 전용 캘리퍼이다.

LEXUS LFA

세계에서 통용하는 슈퍼 스포츠카를 목표로 했던 만큼 브레이크에도 최고의 기술을 아낌없이 투입하고 있다. 디스크 소재에 CCM(Carbon Ceramic Material)을 채용하고 주철제 디스크 대비 1륜 당 약 5kg의 경량화를 실현하였다. 서스펜션 스프링 아래 중량의 경감에 공헌하고 타이어의 접지성 향상에 기여한다. 디스크의 직경은 프런트가 390mm 리어는 360mm이다. 캘리퍼는 알루미늄 모노블록이며, 프런트는 6포트(입구측에서 피스톤 직경 Ø28, Ø32, Ø38mm), 리어는 4포트(Ø28, Ø32mm)로 되어있다.

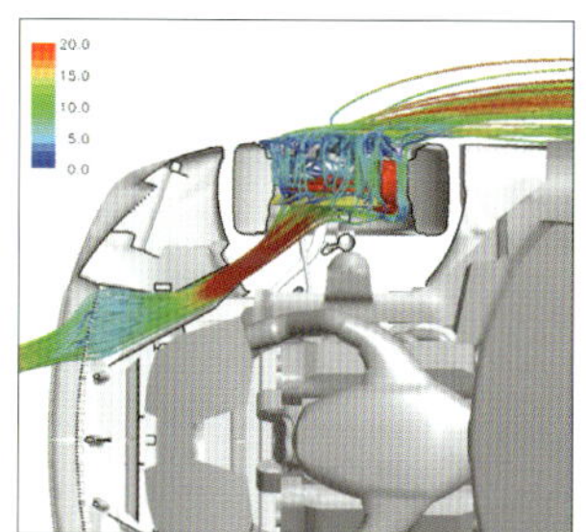

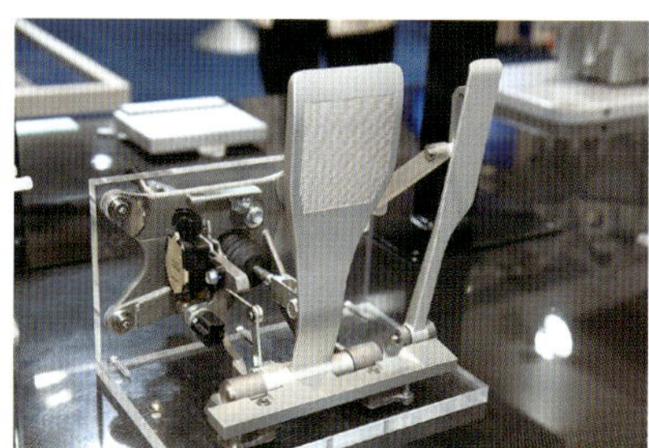

프런트 브레이크 디스크와 캘리퍼이다. 모든 부품을 전용으로 설계한 LFA만의 호화로움을 갖춘 구성이다. 캘리퍼는 프런트가 뒤쪽에, 리어는 앞쪽에 장착되어 Mass의 집중화에 공헌한다.

브레이크 계통의 냉각 구조도 차체의 설계에 이미 반영된 상태이다. 프런트 범퍼의 덕트와 언더 커버 아래로부터 냉각용 바람을 도입하여 휠 내측 방향으로 이끌어 고속주행 시 등의 내페이드성을 확보하고 있다.

브레이크 페달은 액셀러레이터 페달과 어셈블리 구조의 오른간 식으로 하고 페달의 필링에 대하여 향상을 꾀하였다. 그리고 브레이크 페달의 회전중심을 낮추어 발뒤꿈치의 지점과 페달의 지점이 거의 같아지도록 설정하여 브레이크 페달 조작의 자유도를 확보하였다.

AKEBONO BRAKE
12 pot Brake Concept

AKEBONO BRAKE가 기술연구를 위하여 시험적으로 만든 콘셉트 모델의 하나인 [12포트 캘리퍼]이다. 미래의 자동차가 보다 크게 무거워지고, 보다 높은 동력 성능을 구비하는 시대를 상정하고 더욱이 그 시대에서의 슈퍼 스포츠 모델이 구비해야 할 브레이크 능력을 어떻게 하여 실현할 것인가를 모색하기 위한 연구이다. 슬라이딩 면을 한계까지 크게 확보하면서 서스펜션 스프링 아래 중량의 증가는 최소한으로 억제하는 것을 목적으로 하여 직경이 큰 디스크를 2매, 브레이크 패드는 6매를 사용하고 피스톤은 한쪽에 6개를 원주 위를 따라 배치하여 합계 12포트의 구성에 이르렀다.

직경이 큰 디스크의 원주 위를 따라 6쌍의 실린더와 피스톤을 배치. 피스톤→패드/디스크/패드/디스크/패드←피스톤이라는 구성을 앞뒤로 2블록을 장착하고 있다.

디스크에 끼워있는 센터 패드는 입구 측과 출구 측에서 다른 디스크에 대하여 작용한다. 캘리퍼 보디는 알루미늄 절삭 제품인 모노블록이다. 현시점에서 최고의 기술을 결집시킨 구성이다.

AMG TWIN SLIDING CALIPER BRAKE

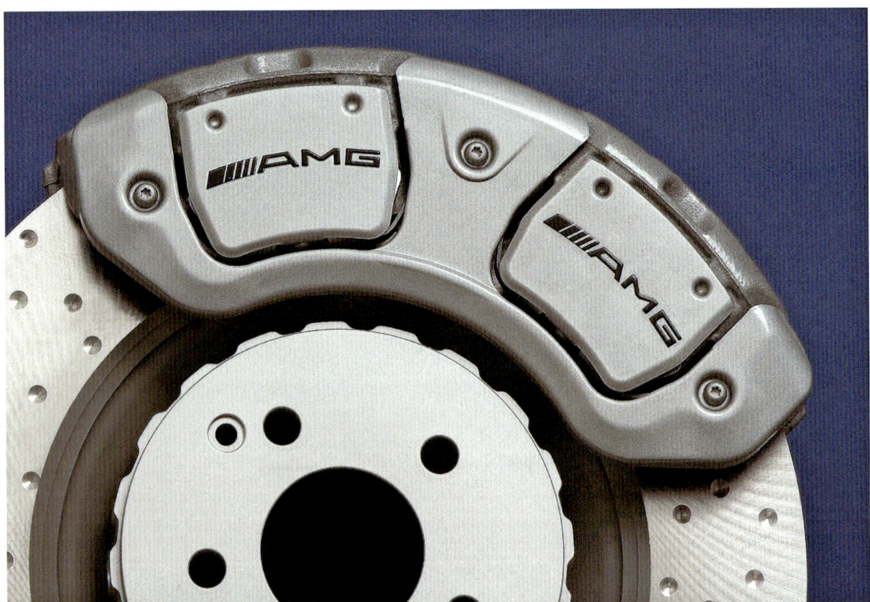

고급 하이 퍼포먼스 자동차의 세계에서는 비용의 요건이 비교적 관대하기 때문에 브레이크에 관해서도 새로운 시도가 채용되기 쉽다. AMG는 피스톤을 2계통으로 설치한 부동식 캘리퍼를 개발하여 컴포지트 디스크와 조합하여 S63, S65에 장착한다.

ADVICS for Motorcycle

모터사이클의 세계에서는 브레이크의 절대적인 제동력뿐만 아니라 터치나 컨트롤성에 대한 요구가 매우 중요하다. 슈퍼 스포츠 모델에서는 프런트에 6포트 캘리퍼의 레이디얼 마운트가 이론(理論;theory)화되고 있다.

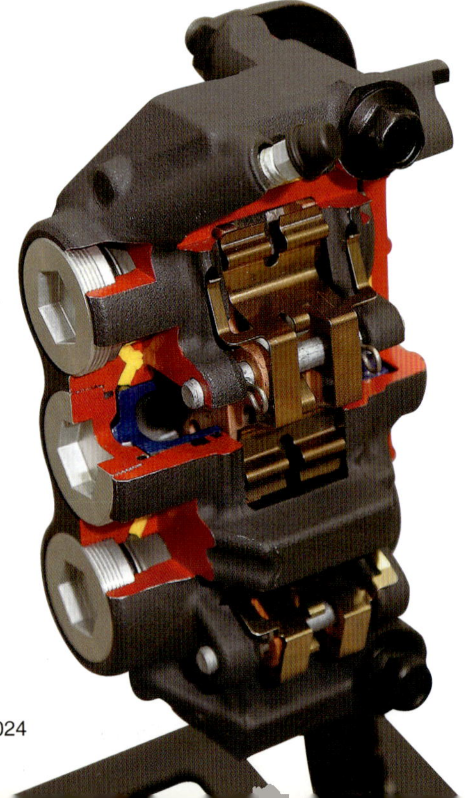

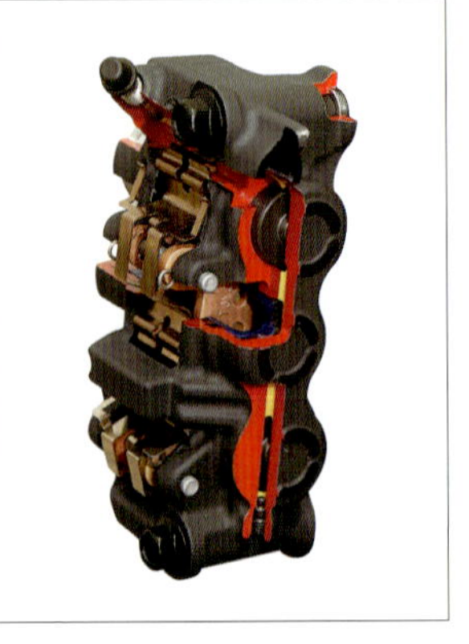

MAYBACH TWIN CALIPER

최고 출력 500ps급의 엔진에 의한 동력 성능과 더불어 자동차 중량이 약 2.8t이라는 거구에 대응하는 제동력의 확보를 위하여 프런트에 2개의 캘리퍼를 탑재한다. 전자제어 브레이크 시스템도 채용하여 제동 능력에서 여유를 느끼도록 하는 구성이다.

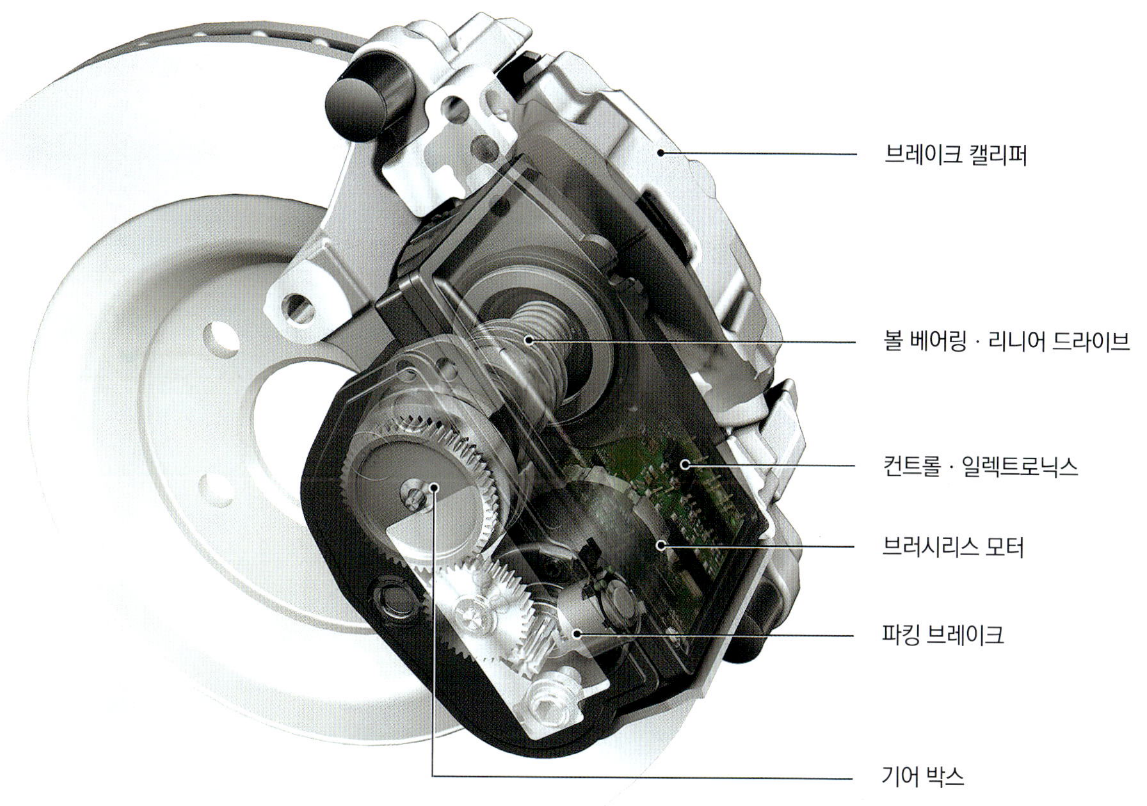

AUDI EHCB
(Electric Hydraulic Combi Brake)

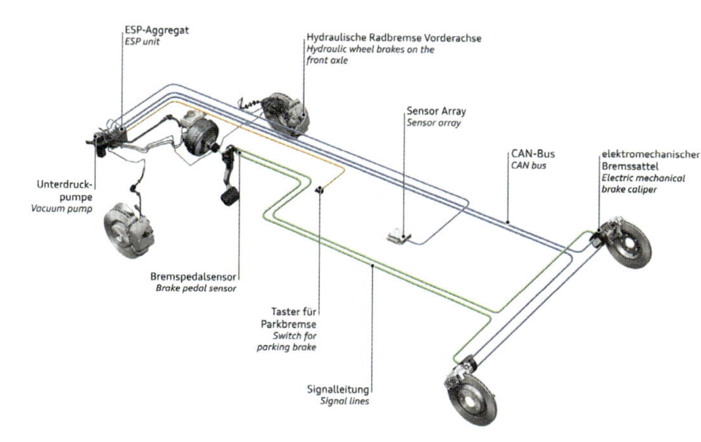

2010년 11월 개최한 「AUDI Tech-day」에서 선보인 새로운 브레이크 시스템이다. 프런트를 유압 브레이크, 리어를 기계식 전동 브레이크로 구성하였다. 리어 브레이크는 모터의 출력을 「기어 박스」부에서 2단계로 감속한 후 볼 스크루(Ball screw)로 전달하여 선단에 배치한 피스톤을 통하여 패드를 밀어내는 구조이다. 캘리퍼 구조는 부동식이며, 작동이 완료될 때까지 필요한 시간은 1/100초 이내이다. 전동화의 장점은 고속 응답, 고출력, 앞뒤 브레이크의 밸런스를 자유자재로 제어, Hill Hold Assist 등의 부가 기능이라고 생각한다. 파킹 브레이크 작동에는 전용의 소형 모터를 사용한다.

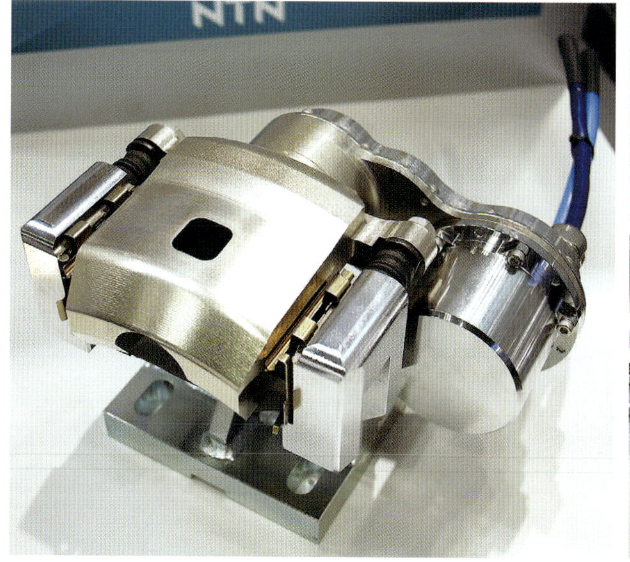
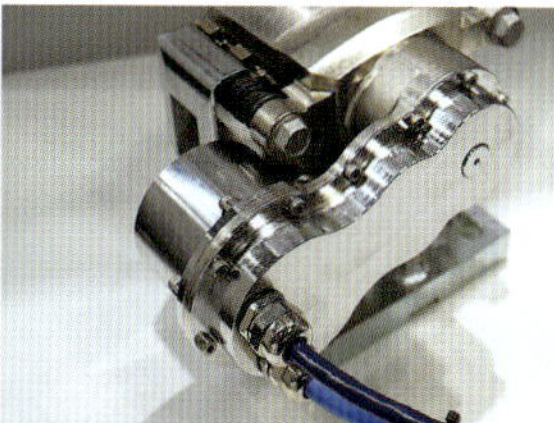

NTN
Electromechanical Brake Actuator System

첫 출품은 2007년 동경 모터쇼이지만 2011년 5월의 「사람과 자동차의 테크놀로지 전」에서 보다 상세한 정보와 함께 다시 출품한 스터디 모델이다. HEV나 아이들링 스톱기구를 채용한 자동차 등에서 부압식 부스터에 의지하는 것이 어려운 자동차용의 「전동 브레이크」에는 전동 펌프에서 발생시킨 유압으로 피스톤을 미는 타입과 캘리퍼 안에 설치된 모터로 직접 피스톤을 미는 타입이 있다. 이 제품은 후자로 기구에 「유성 롤러」를 사용하고 있는 것이 특징이다. 최대 토크 0.8Nm의 모터로부터 30kN의 추력을 내고 있다.

유성 롤러는 유성기어 기구의 기어 대신에 원통형의 롤러를 배치하도록 한 구조이다. 선 기어에 해당하는 롤러를 입력축으로, 아우터 기어에 해당하는 링을 출력축으로 한다. 선 롤러의 동작은 마찰 전동(電動)으로 유성 롤러에 전달되고, 아우터 링과의 접촉부에 설치된 나사로 링을 밀어내는 방향으로 작용한다. 이러한 절차를 거쳐서 아우터 링이 직접 피스톤을 밀어내고 있다.

Drum Brake

높은 제동력, 그러나 한편으로 방열의 문제점을 안고 있다

글: 마츠다 유지(Yuji Matsuda)   사진 : 세야 마사히로(Masahiro Seya)
그림 : 만자와 코토미(Kotomi Manzawa)

휠 실린더(Wheel cylinder)

내부에 2개의 피스톤이 설치되어 있다. 마스터 실린더로부터 유압을 받아 내장된 피스톤을 좌우로 밀어내어 브레이크 슈를 드럼 측으로 밀착시키는 역할을 담당한다. 실린더 직경은 Ø22mm 정도가 상한이다. 셀프 서보 효과와의 균형에 의하여 디스크 브레이크용 실린더의 Ø38mm에 상당하는 정도의 제동력을 발생시킨다.

브레이크 슈(Brake shoe)

마찰재를 「라이닝」이라고 불러 구별하는 경우도 있다. 드럼 내부에서 차량의 진행방향(Leading측)과 후방(Trailing측)에 하나씩 배치되어 있다. 보통은 상단부를 휠 실린더와 접속하고 그 아래에 리턴 스프링, 하단부에 양자 사이를 연결하여 작동할 때의 지지점이 되는 「앵커(anchor)」를 설치한다.

드럼 브레이크의 구조

　드럼 브레이크는 바퀴와 같은 축의 회전체가 원주 형상의 「드럼」으로, 마찰재(라이닝)는 드럼 내주(內周)의 형상을 따라 반호(초생달) 형상의 「슈」라고 불리는 부품에 접착되어 있다. 브레이크 페달을 밟으면 유압에 의하여 휠 실린더가 슈를 밀어 확장하면 마찰재가 드럼에 접촉되면서 감속된다. 슈의 구조에 따라 몇 개로 분류되지만 현실에서 승용자동차에 사용되고 있는 것은 「리딩·트레일링 형식」뿐이다. 사이즈에 비하여 마찰 면적이 크기 때문에 제동력은 높지만 구조적으로 방열성에서 디스크 브레이크에 뒤떨어지기 때문에 현재는 리어 브레이크 및 파킹 브레이크 용도로만 사용되고 있다.

앵커(anchor)

리딩·트레일링 형식에서 2개의 슈를 하단에 고정하는 부품이다. 여기가 고정되어 있기 때문에 상단부를 밀어서 넓혀 슈의 동작이 가위를 벌릴 때와 같이 전체를 좌우방향으로 확장시키는 동작이 된다. 위에 있는 캠 형상의 레버는 파킹 브레이크용이다. 케이블로 잡아당기면 레버가 슈를 확장시키는 방향으로 작동한다.

리턴 스프링

밟고 있던 브레이크 페달을 놓으면 마스터 실린더로부터 휠 실린더의 유압이 감소하고 피스톤을 밀어내는 힘도 저하되는데 이것만으로는 슈가 원래의 위치로 돌아가는 것은 아니다. 코일 스프링 등에 의해 강제적으로 뉴트럴 위치로 되돌리는 기구가 설치되어 있다. 슈와 드럼 사이의 간극 조정의 기능도 겸비한 경우가 많다.

드럼 브레이크의 특징으로 「자기 배력(셀프 서보) 효과」가 있다. 그 효과는 브레이크의 형식에 따라서도 다르다. 여기에서 소개하고자 한다. 1쌍의 슈 한쪽 끝을 고정한 「리딩·트레일링 형식」에서는 라이닝의 마찰력에 의하여 리딩측의 라이닝은 더욱 외측으로 확장하려고 하는 작용이 일어난다. 애초에 구조상 셀프 서보 효과가 크게 작용하기 때문에 「리딩 슈」라고 부르고 드럼의 회전에 의하여 되돌아오는 측을 「트레일링 슈」라고 부른다.

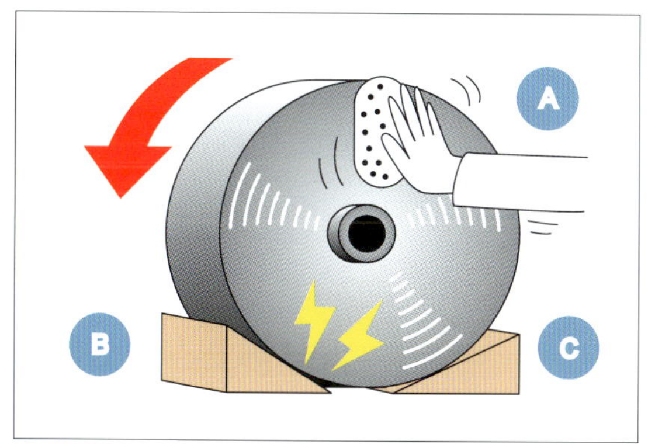

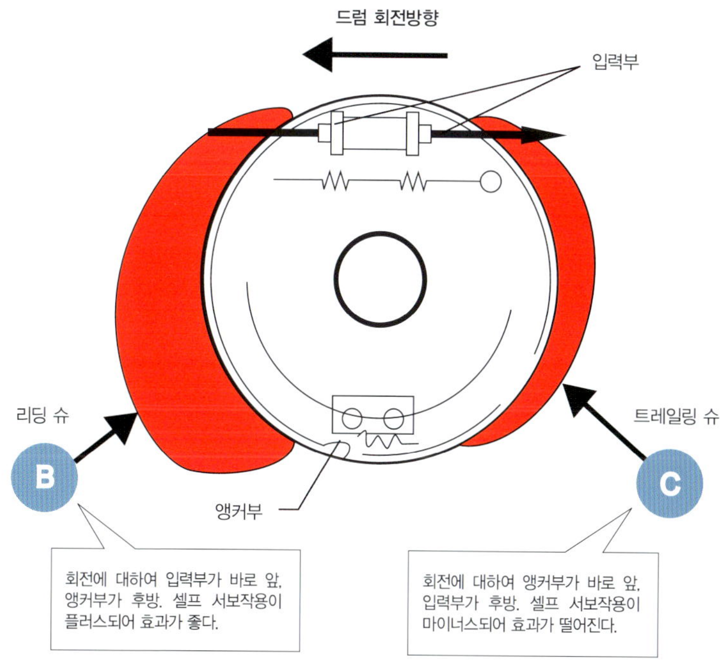

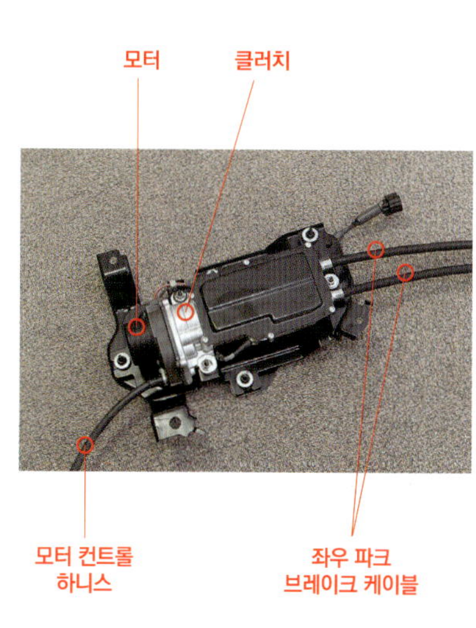

파킹 브레이크의 경우 방열성능은 크게 문제가 되지 않는다. 그렇다면 드럼 브레이크의 제동력 크기는 큰 이점이 된다. 한편 리어 브레이크에서도 높은 방열성이 요구되는 경우에는 디스크 브레이크의 장착을 원한다. 이러한 이율배반을 양립시키기 위하여 보통 브레이크는 디스크 형으로 하고 휠 허브 내부에 드럼 브레이크 기구를 설치하는 타입이 DIH이다. 디스크 브레이크의 디스크 「hat」로 불리는 부분에 드럼 브레이크 기구를 내장하는 데서 이름이 유래되었다.

브레이크는 중요 보안부품이므로 여러 가지 법규의 요건이 있다. 그 중에서 파킹 브레이크의 조작력을 경감하는 것을 목적으로 한 전동화가 진행되고 있다(유니버설 디자인). 여기 사진은 ADVICS 제품의 EPB이다. 차실 안의 스위치 조작으로 모터를 구동하여 파킹 브레이크용 케이블을 감아 당기는 기구이다. 파킹 브레이크 레버를 없애는 것으로 충돌 시 안전성능의 향상에도 공헌할 수 있다. 이 기구를 각종 센서류와 연동시켜 언덕 밀림방지 장치(Hill Hold Assist) 등에 응용하는 것이 추세(trend)이다.

전동이라 하여도 보통 브레이크에 트러블이 발생될 때 등 「최후의 수단」으로서 효능을 확보하여 둘 필요가 있다. 그러므로 단순히 파킹 브레이크용 와이어를 잡아당기기만 하는 것이 아니라 상황에 맞도록 적절한 기능을 발휘할 수 있을 만큼의 구조를 갖추고 있다.

Illustration Feature
BRAKE Technology

Chapter 2

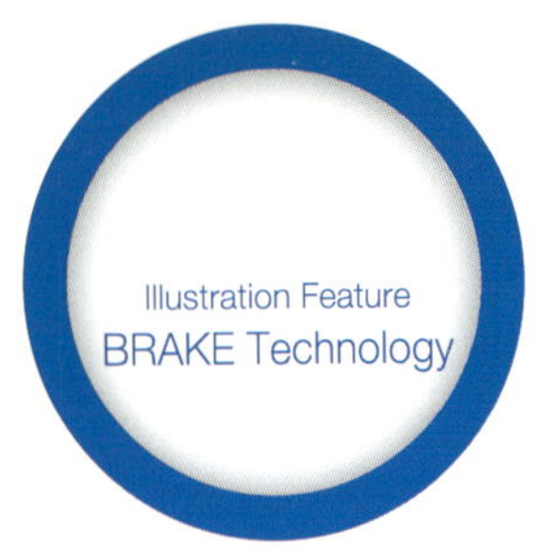

제어 브레이크

자동차가 등장해서부터 거의 100년간 브레이크라는 속도 조절 기구는 운전자의 페달 조작에 의존하여 왔다.
그러나 페달의 조작은 모든 운전자에게 부하이고 운전자의 기량에 의존한다.
자동차가 고속화, 중량화하는 가운데 거대한 운동에너지의 관리를 운전자의 기량과 양심에 의존하는 상태가 지속되었다.
여기에 혁명을 초래한 것이 ABS에서 비롯된 제어 브레이크였다.

앤티로크 브레이크 시스템

ABS Antilock Brake System

레인의 일탈 없이 긴급회피 · 정지

글 : 마키노 시게오(Shigeo Makino) 사진 & 그림 : 세야 마사히로(Masahiro Seya) / 만자와 코토미(Kotomi Manzawa) / TRW

ABS의 효과 이미지

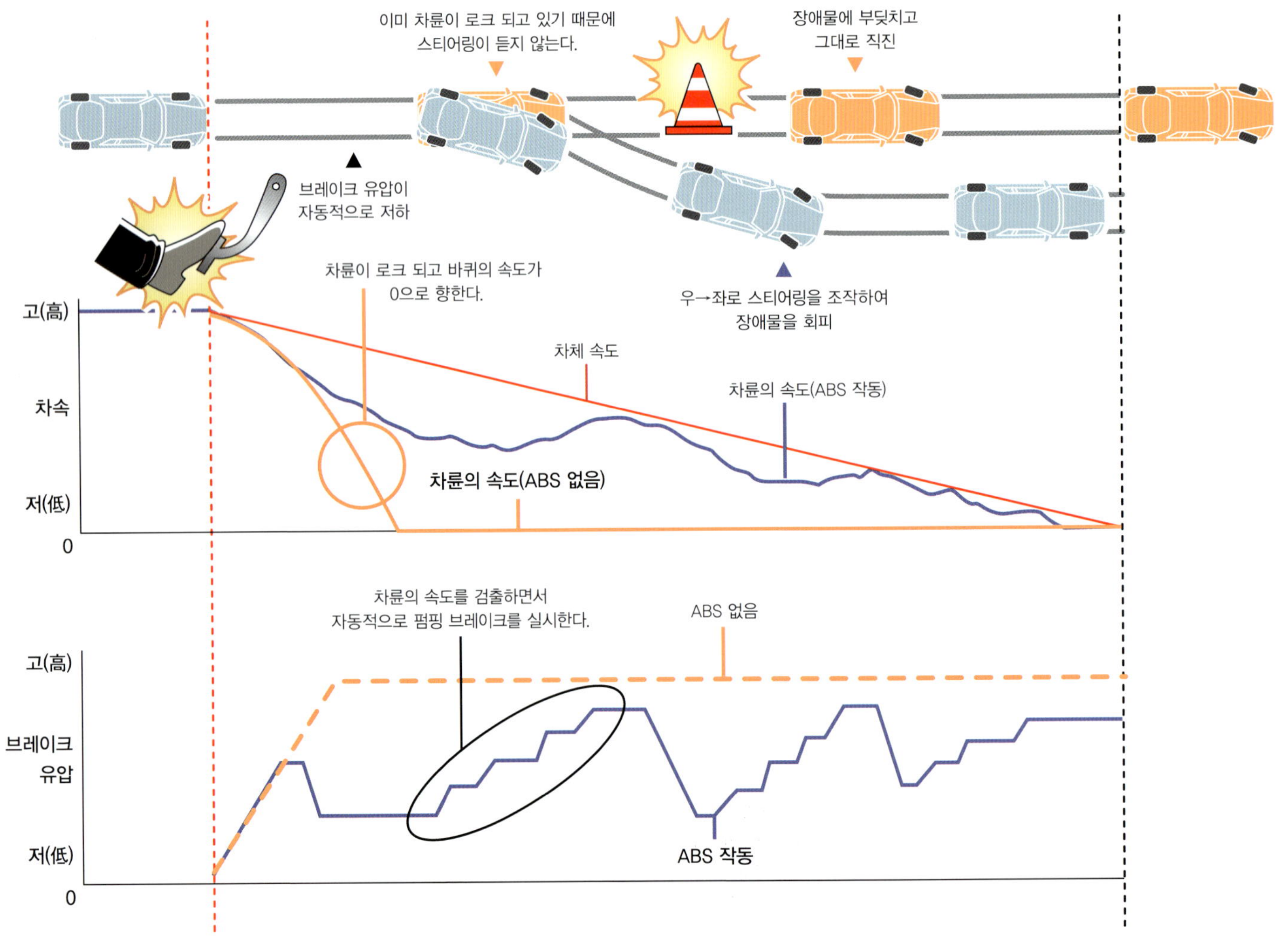

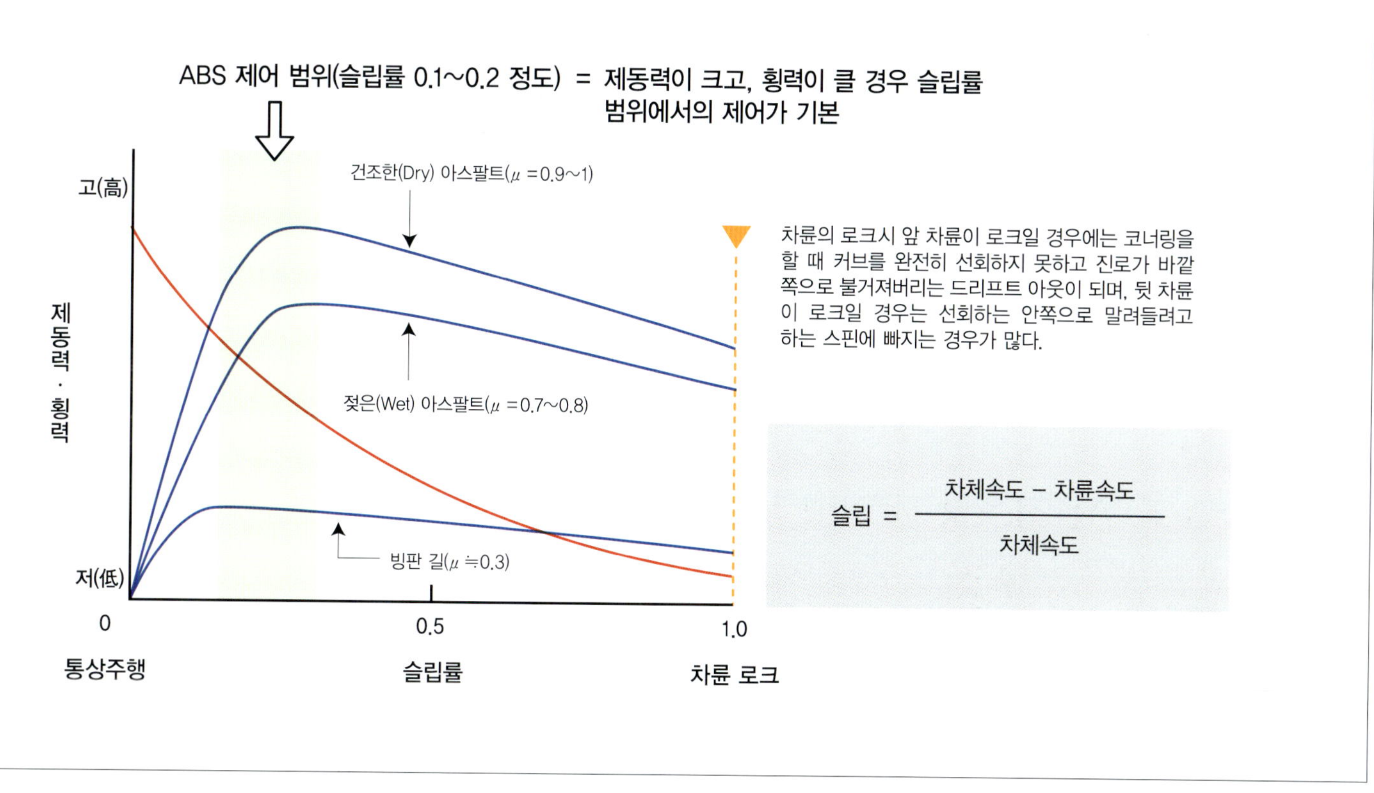

ABS가 처음으로 시판되는 자동차에 탑재된 것은 1970년대 후반이었다. 당시에는 운전자가 브레이크 페달을 밟은 후 4륜의 차륜 속도를 감시하고 차륜의 속도가 다른 것에 비해 낮은 차륜을 「슬립」이라고 판단하여 브레이크의 유압을 낮춘다고 하는 간결한 제어였다. 시스템은 차륜마다 감압 밸브(합계 4개)와 연산 회로이고 구성도 심플했다. 그래도 자동차가 직진하고 있는 상태에서는 차륜의 로크에 의한 레인의 일탈을 방지할 수 있기 때문에 그때까지의 브레이크 시스템과 비교해 보면 현격한 진보였다. 제어 브레이크의 역사는 여기에서부터 시작되었다.

80년대 후기에 등장한 ABS 제 2세대에서는 차륜마다 감압 밸브와 유지 밸브를 갖춘 구성으로 변화되었다. 그 이유는 일정 이상의 조향각이 있는 상태에서 ABS를 작동시키면 차량의 진행방향이 변하여 위험성이 높았던 것이다. 스핀의 상태에 있는 차량에서 차륜을 로크시키면 스핀의 궤적 상에서 정차시키는 것이 가능하지만 로크를 해제시키면 스핀의 궤적 자체가 변화되는 경우가 많다. 이것에 대응하기 위하여 제 2세대 ABS에서는 차속과 조향각이 ABS를 작동시키기 위한 판정에 사용된다.

그 후 TCS(Traction Control System)가 등장하여 브레이크가 처음으로 구동계통의 ECU와 제휴를 갖게 되었다. TCS도 여러 대에 걸쳐서 진화하지만 엔진으로 부터의 부압으로 작동하는 진공 부스터를 이용하지 않고 증압할 수 있는 타입이 등장하였으며, 이것이 이윽고 ABS의 감압기구와 합체되어 ESC로 진화되었다.

ABS가 만들어진 배경에는 제동 자세의 안정화라는 테마가 있다. 브레이크는 [속도 조절]을 위한 기구이고, 긴급 시에 최단 거리에 차량을 정지시키기(최단 시간에 차속을 0으로 한다) 위해서는 건조한 포장도로에 한해서는 4륜을 모두 로크시키는 것이 가장 이상적이다. 그러나 차륜의 로크는 차량의 자세를 흐트러뜨린다. 특히 μ가 낮은 노면(μ=마찰계수) 혹은

현재의 ABS/ESC에 사용되고 있는 홀 소자 타입의 휠 속도 센서이다. ABS가 등장했던 당시와 비교하여 상당히 소형이고 경량이면서 고성능이다. 센서류의 진화는 ABS의 진화와 함께 하였다.

ADVICS 제품의 ESC 유닛으로 이 안에 ABS의 기능도 포함되어 있다. 소형 보디에 10개의 제어 밸브를 내장하고 있으며, 바깥쪽의 원통부분은 모터이고 펌프는 알루미늄 블록 안에 내장되어 있다. 검은 부분은 제어용 ECU이다.

TRW사의 ESC 유닛 양산 라인이다. 유압회로를 내장하는 본체는 높은 정밀도가 요구되는데 자동화된 생산라인에서 단시간 내에 생산된다. 양산 기술의 진보도 ABS 발전의 요소이다.

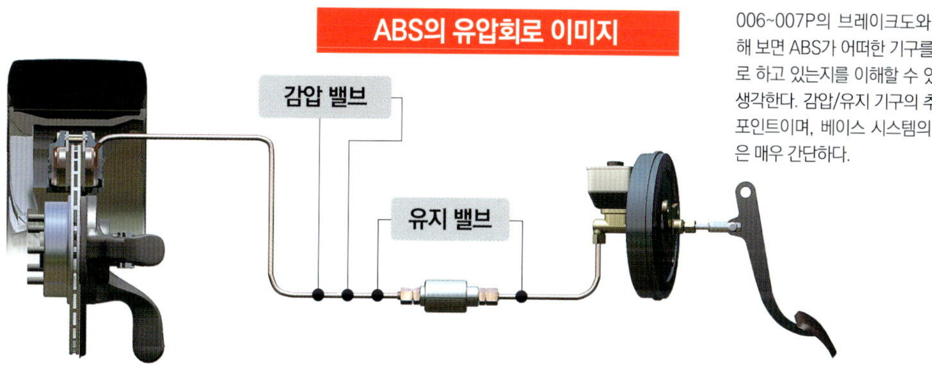

006~007P의 브레이크도와 비교해 보면 ABS가 어떠한 기구를 필요로 하고 있는지를 이해할 수 있다고 생각한다. 감압/유지 기구의 추가가 포인트이며, 베이스 시스템의 구성은 매우 간단하다.

좌우륜이 각각 다른 μ위에 있는 상태에서 차륜의 로크는 위험하고 운전자가 「언제든지 안심하고 브레이크를 밟도록」이라는 생각에서 ABS가 탄생하였다. 물론, 당시부터 「ABS 작동에따라 제동거리가 길어지는 위험성」은 인식 되었었지만 그 이상으로 「운전자의 기량에 의존하지 않는 제동 자세의 안정화」가 요망되었던 것이다.

현재의 ABS는 ESC 기능 속에 통합되어 있는 경우가 많다. 그러나 ABS 자체로서의 제어는 브레이크 유압의 「감압」이고, 증압이 필요한 경우에는 ESC가 기능을 한다. 제어계통의 「주고받음」이 원활하여 감압 및 증압이 거의 완전한 자유도를 얻었다. 기능으로서의 ABS도 진화를 계속하고 있다.

ESC
(Electronic Stability Control)

코너링 중에서도 효과적인 자동 증압 브레이크에 의한 자세 안정

글 : 마키노 시게오(Shigeo Makino) 사진 & 그림 : BOSCH / CONTINENTAL / 만자와 코토미(Kotomi Manzawa)

ESC의 제어 효과

전륜에서 옆으로 미끄러짐이 발생한 경우

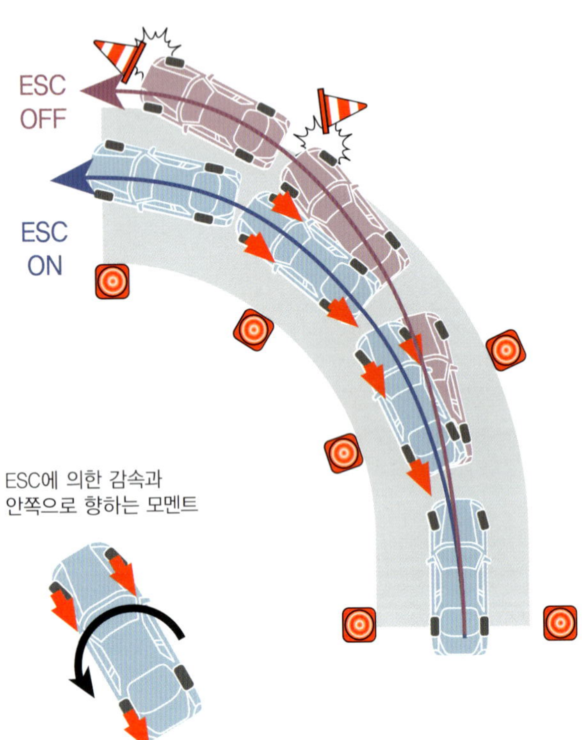

후륜에서 옆으로 미끄러짐이 발생한 경우

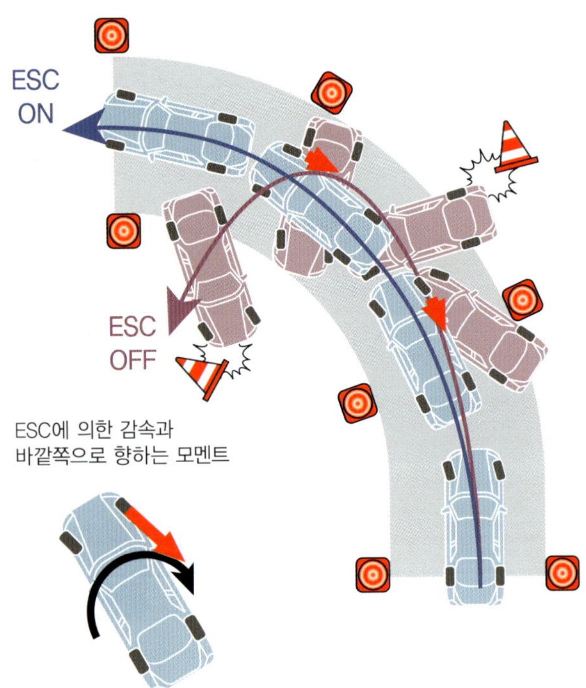

좌측으로 선회하고 있는(전륜에 좌측으로 조향각을 주고 있다)데도 자동차는 선회하는 바깥쪽으로 불거진다(이것을 단순히 언더 스티어라고 말할 수 없다). 이대로는 차선을 일탈하게 된다. 조향각과 요 속도(yaw velocity)를 감시하고 차량의 모델과 대조한다면 이 상태를 곧 알 수 있다. 이 일러스트는 ESC가 작동하여 좌우 전륜과 좌측 후륜에 브레이크가 작동되는 상태이다. 우측 후륜을 그대로 회전시킴으로 안쪽으로 향하는 요 모멘트를 발생시켜 차량이 차선 내에 머물도록 코스를 수정한다. FF이든 FR이든, 전후축의 중량 배분이 어느 정도인가에 따라 제어는 섬세하게 변하지만 기본적인 제어의 방향성은 같다. 전륜의 「옆 미끄러짐」을 수렴하도록 후륜의 좌우 브레이크 밸런스를 조절한다. 순간적인 요 속도에 대하여 순간적인 브레이크 밸런스를 변화시켜 안정 상태에 가깝게 하는 제어이다.

좌측의 일러스트와 마찬가지로 좌측으로 선회하고 있는 상태에서 전륜이 아닌 후륜에서 「옆으로 미끄러짐」이 발생한 경우로 이 상태에서는 스핀을 일으킨다. 차량의 뒷부분이 우측으로 흔들리기 시작한 순간에 ESC측 ECU는 「스핀의 위험성이 있다」라고 판정하고 이 일러스트와 같은 거창한 상태가 발생되기 바로 전에 전륜 우측에만 브레이크를 작동시킨다. 운전자가 브레이크 페달을 밟고 있지 않아도 증압이 가능하고 필요한 유압은 모터와 펌프가 만들어 낸다. 더욱이 4륜에 각각 독립적으로 브레이크를 작동시킬 수가 있다. 전륜 우측에 브레이크를 작동시키면 차량의 뒷부분이 좌측 방향으로 「엉덩이를 돌리 듯」선회하는 바깥쪽으로 요 모멘트가 발생한다. 이 힘을 이용하여 후륜이 선회하는 안쪽(이 경우는 우측)으로 흔들리기 시작한 힘을 소멸시킨다. 기본적으로는 감속 방향으로 진행되도록 「주행」 방향의 타이어 그립력을 확보하면서 오른쪽 전륜에 브레이크를 작동시킨다.

차량의 「옆 미끄러짐」을 추정하는 연산

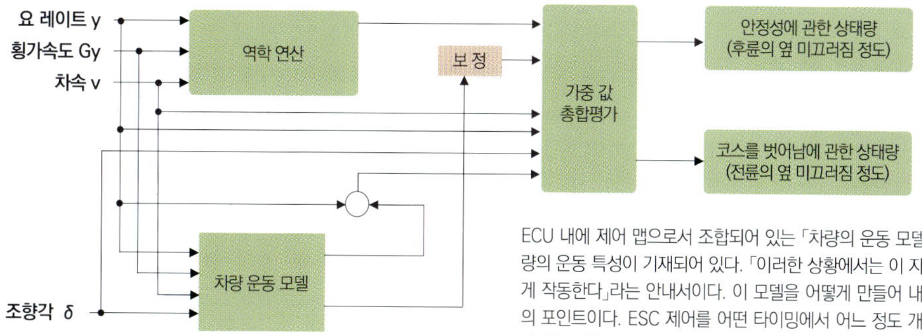

모터/펌프/밸브류와 각 밸브 사이를 연결하는 배관이 일체화된 ESC 유닛 내에 제어 ECU가 설치되어 있다. 현재는 32 비트에서 메모리 용량 512킬로바이트가 표준이다. 차량의 「옆 미끄러짐」상태를 판정하기 위한 연산은 여기에서 실행된다.

ECU 내에 제어 맵으로서 조합되어 있는 「차량의 운동 모델」에는 그 차량의 운동 특성이 기재되어 있다. 「이러한 상황에서는 이 자동차는 이렇게 작동한다」라는 안내서이다. 이 모델을 어떻게 만들어 내는지가 하나의 포인트이다. ESC 제어를 어떤 타이밍에서 어느 정도 개입시킬 것인가 하는 것은 차량의 캐릭터에 따른다.

일반적인 ESC의 시스템 구성

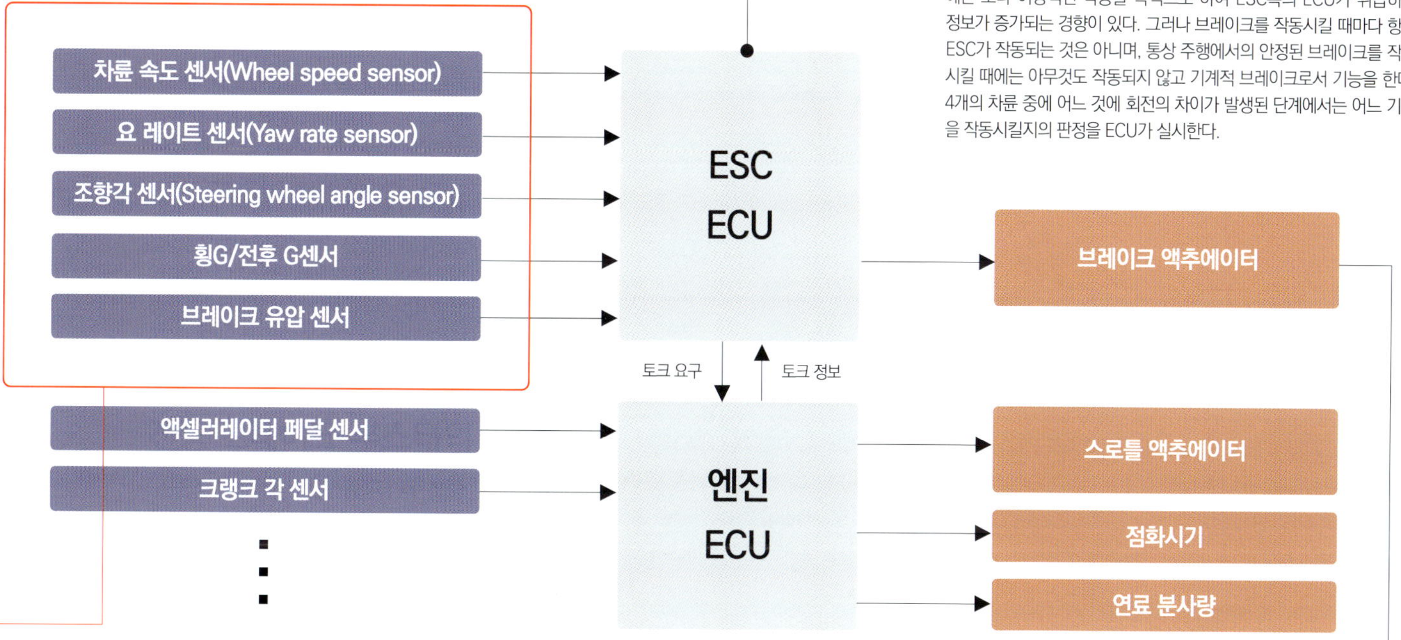

ESC 시스템은 ABS와 TCS의 기능을 중심으로 구성이 되어 있다. 근년에는 보다 이상적인 작동을 목적으로 하여 ESC측의 ECU가 취급하는 정보가 증가되는 경향이 있다. 그러나 브레이크를 작동시킬 때마다 항상 ESC가 작동되는 것은 아니며, 통상 주행에서의 안정된 브레이크를 작동시킬 때에는 아무것도 작동되지 않고 기계적 브레이크로서 기능을 한다. 4개의 차륜 중에 어느 것에 회전의 차이가 발생된 단계에서는 어느 기능을 작동시킬지의 판정을 ECU가 실시한다.

ABS에서는 운전자가 밟고 있는 브레이크 페달이 리턴될 수 있도록 자동으로 감압이 실시된다. 이어서 실용화된 TCS(Traction Control System)에서는 운전자가 액셀러레이터 페달을 밟고 있을(즉 브레이크 페달을 밟고 있지 않다)때 자동적으로 브레이크 유압을 확보하여 구동륜의 공전을 방지하는 자동 증압이 실시된다. ABS에서의 자동 감압은 차륜의 로크를 방지하는 것이 목적이었지만 TCS에서의 자동 증압은 브레이크 기능을 처음으로 「구동」에 이용하였다. 운전자의 브레이크 페달 조작과는 관계없이 감압/증압이 언제든지 가능하게 되었기 때문에 브레이크를 차량의 주행자세 안정화에 이용하는 ESC로 시스템이 발전하였다. 요 모멘트(차량 중심위치를 축으로 앞과 뒤의 흔들림)를 검출하고 시간의 경과에 따른 요의 증감을 보면서 차량의 자세가 안정되도록 4륜 각각의 휠 실린더에 가해지는 브레이크 유압을 제어한다. 현재는 1모터 2펌프로 4륜분의 증압/감압을 조달하고 있다. ESC 작동시에는 우선, 리저버에 저장된 유압을 사용하고 그것을 소비하기 전에 모터가 정격 회전하여 작동 유압을 확보한다. 그리고 ESC의 작동 중에는 엔진 측에 「이 만큼의 토크가 필요하다」고 하는 지시를 내리기 때문에 엔진 ECU와의 제휴가 필수이다.

ESC의 유압회로 이미지

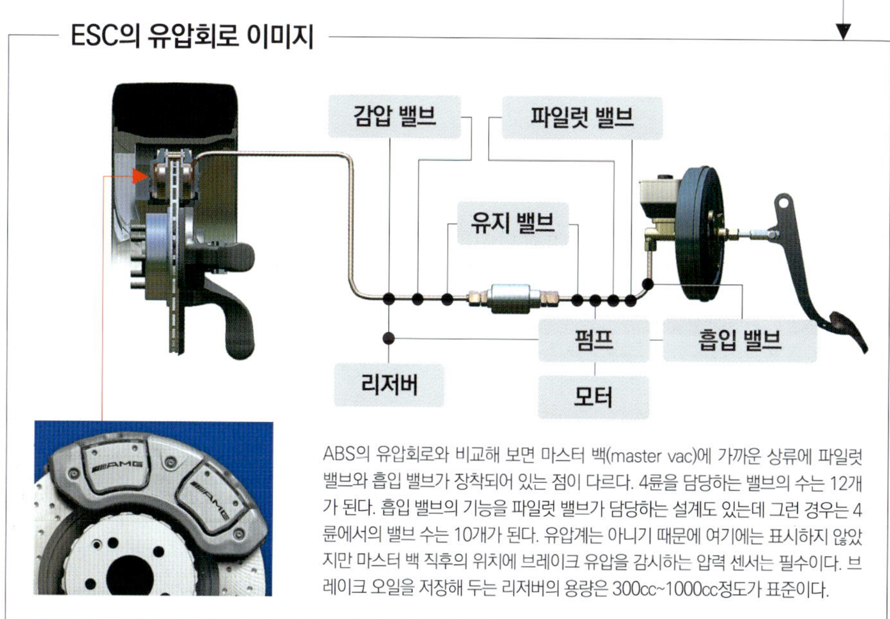

ABS의 유압회로와 비교해 보면 마스터 백(master vac)에 가까운 상류에 파일럿 밸브와 흡입 밸브가 장착되어 있는 점이 다르다. 4륜을 담당하는 밸브의 수는 12개가 된다. 흡입 밸브의 기능을 파일럿 밸브가 담당하는 설계도 있는데 그런 경우는 4륜에서의 밸브 수는 10개가 된다. 유압계는 아니기 때문에 여기에는 표시하지 않았지만 마스터 백 직후의 위치에 브레이크 유압을 감시하는 압력 센서는 필수이다. 브레이크 오일을 저장해 두는 리저버의 용량은 300cc~1000cc정도가 표준이다.

BA (Brake Assist) / PCS (Pre-Crash Safety System)

긴급으로 브레이크 페달을 「밟을 수 없거나」 「밟지 않더라도」 자동으로 증압에 의해 적극 어시스트

글 : 마키노 시게오(Shigeo Makino)　사진 & 그림 : VOLVO/만자와 코토미(Kotomi Manzawa)

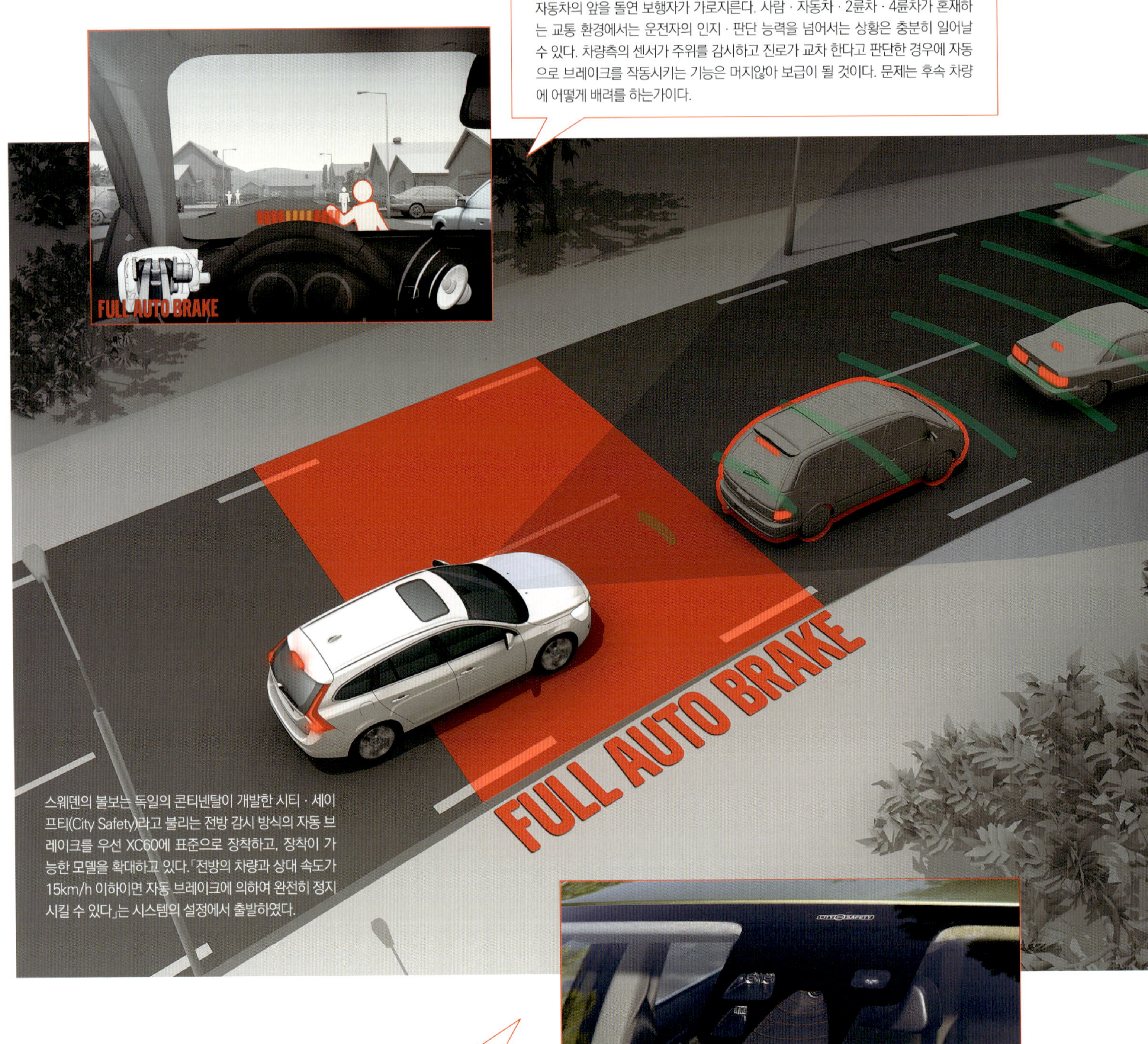

자동차의 앞을 돌연 보행자가 가로지른다. 사람 · 자동차 · 2륜차 · 4륜차가 혼재하는 교통 환경에서는 운전자의 인지 · 판단 능력을 넘어서는 상황은 충분히 일어날 수 있다. 차량측의 센서가 주위를 감시하고 진로가 교차 한다고 판단한 경우에 자동으로 브레이크를 작동시키는 기능은 머지않아 보급이 될 것이다. 문제는 후속 차량에 어떻게 배려를 하는가이다.

스웨덴의 볼보는 독일의 콘티넨탈이 개발한 시티 · 세이프티(City Safety)라고 불리는 전방 감시 방식의 자동 브레이크를 우선 XC60에 표준으로 장착하고, 장착이 가능한 모델을 확대하고 있다. 「전방의 차량과 상대 속도가 15km/h 이하이면 자동 브레이크에 의하여 완전히 정지 시킬 수 있다」는 시스템의 설정에서 출발하였다.

XC60에 채용된 제1세대 독일 콘티넨탈 제품의 시티 · 세이프티용 센서 유닛이다. 앞 유리 중앙의 상단에 위치한 적외선 레이저 투광기 및 적외선 레이저의 반사광 수광기. 자동속도 제어장치(cruise control) 및 차선 일탈 방지 지원(lane keep assist)용 카메라가 세트로 되어 있으며, 연산 장비도 내장이 되어 있다. 볼보는 표준 장비로 비용을 억제하는 방법을 선택하였다.

운전자의 숙련도에 따른 긴급시의 브레이크 조작 구분

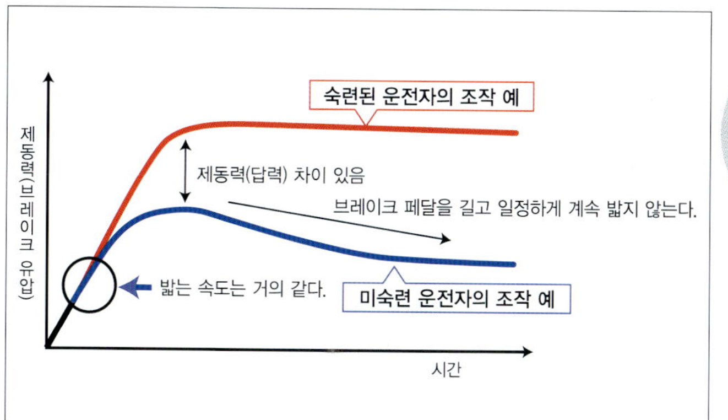

숙련된 운전자와 미숙련 운전자의 브레이킹을 비교한 그래프(ADVICS의 데이터)이다. 페달을 밟기 시작한 직후의 초기 답력에는 차이가 없지만 미숙련 운전자의 경우는 강한 브레이크 답력을 계속해서 유지할 수 없다는 것이 시장 조사에서도 분명히 밝혀졌다.

브레이크 어시스트의 브레이크 특성

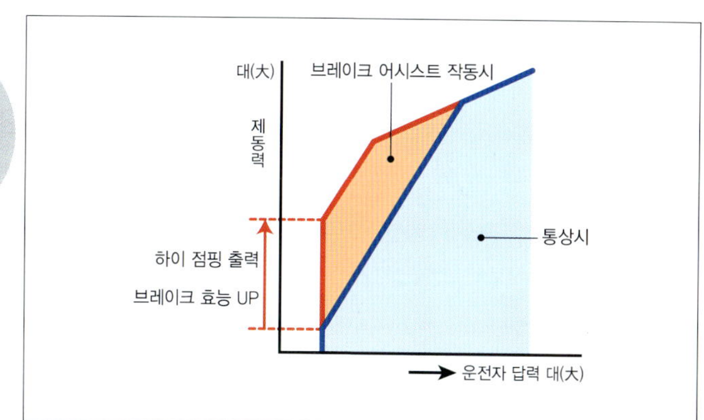

BA(Brake Assist)가 작동하면 기계식의 경우는 부스터의 점프 특성이 하이 측으로 전환되어 배력비가 높아진다. 전자제어 증압식의 경우는 모터/펌프가 높은 브레이크 유압을 송출한다. 이로 인하여 충분한 제동력이 확보된다.

프리 크래시 세이프티 시스템(PCS)에서의 브레이크 제어

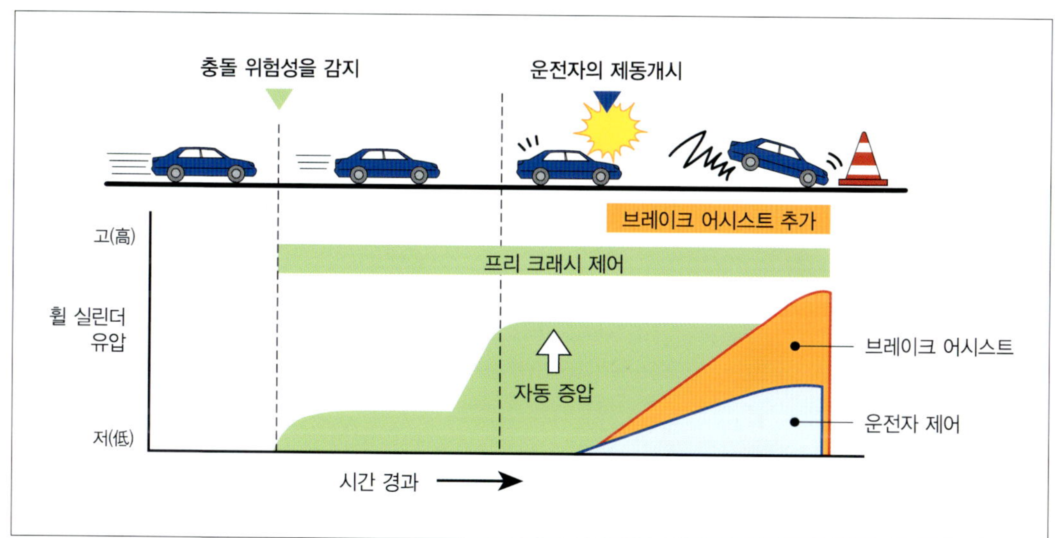

왼쪽 일러스트는 PCS 브레이크의 예이다. 시스템이 작동하면 우선 경미한 브레이크가 작동되고 충돌의 위험도가 높아지면 단숨에 브레이크 유압이 자동으로 증압이 된다. 그리고 위험을 느낀 운전자가 급 브레이크를 작동시키면 그 만큼이 더욱 증압된다. 긴급 브레이크이므로 BA가 작동되어 제동력은 높아진다. PCS의 자동차 브레이크만으로 완전 정지시킬 것인가 아니면 완전정지를 운전자의 판단에 맡길 것인가 하는 문제에 대해 의견이 엇갈리고 있다.

휠 실린더로의 유압을 자동 감압하는 ABS, 자동 증압하는 TCS. 이 두 가지의 기능을 통합하여 차량의 주행 자세에 대한 안정화를 꾀하는 ESC. 이것들은 예방안전＝Active·Safety를 위한 기능이다. 여기에서 소개하는 BA(Brake Assist)와 PCS는 예방안전과 동시에 충돌안전＝Passive·Safety의 영역에 들어가는 브레이크 시스템이고 작동 자체만이 아니라 「브레이크」로서의 사고방식도 특징적이다.

우선 BA. 이것은 운전자의 답력이 부족한 것을 보충하는 기구이다. 긴급 시에는 브레이크 페달을 「힘껏 밟는다」「차륜을 완전히 로크시킬 때까지 밟는다」는 것이 많은 경우에서 가장 좋은 수단이다. 아스팔트의 직선 도로에서 노면이 건조한 상태라면 풀 로크 브레이크야말로 제동거리가 가장 짧다. ABS가 의무화되고 있는 현재 적설 등 μ가 낮은 노면이나 좌우륜이 μ가 다른 상태의 노면에 놓여 있는 상태를 제외하면 브레이크 페달을 강하게 밟으면 차량의 자세를 안정시킨 상태로 자동차를 멈출 수 있다.

그러나 일본에서는 풀 로크 브레이크 페달을 밟을 수 없는

운전사가 증가되고 있나고 한다. 그 이유가 어니에 있는 시는 확실히 검증해야겠지만 「밟을 수 없는」 운전자가 증가되고 있는 것은 사실이다. 그래서 BA가 도움이 된다. 운전자의 답력 위에 추가로 유압을 발생시키는 것으로 진공 부스터에 전용의 기구를 조립한 기계(매커니컬)식과 ESC의 자동 증압 기능을 이용하는 전자제어 증압식이 있다.

BA는 운전자가 브레이크 페달을 밟을 때의 「밟는 속도」를 측정하고 거기에서 긴급도를 판정하여 필요한 경우에는 운전자의 답력에 의하여 발생하는 브레이크 유압을 한층 더 높인다. BA가 등장했던 당초에는 단순하게 2~3MPa를 높이는 방법이었지만 현재는 ABS가 작동하는 영역, 즉 차륜이 로크되는 영역까지 증압이 이루어진다. 로크가 되면 ABS가 작동된다는 사고방식이다. 운전자에 의한 브레이크 페달 입력으로 0.5G(Gravitational acceleration) 정도의 제동이 가능한 경우에는 BA의 효과에 의하여 1G의 브레이킹이 가능(건조한 포장도로)하다.

한편 PCS는 충돌 피해 경감 브레이크이다. 전방의 차량에

추돌할 위험성이 높을 때 미리 프로그램화 된 자동 브레이크를 작동시킨다. 전방의 차량과 상대 속도나 차간 거리는 자동차에 탑재된 레이더나 카메라로 측정하고 그 데이터를 기본으로 PCS측의 ECU가 작동을 판단하여 ESC에 대하여 「몇 G의 브레이크」라는 지시를 내린다. 국가나 지역에 따라서 자동 브레이크의 작동 방법이 규제되고 있는 경우가 있지만 기본적으로는 충돌 직전에 1G(건조한 아스팔트 노면)의 제동력을 발생하는 것도 가능하다. 이른바 「섬뜩, 깜짝 놀랄 때」의 브레이크가 0.5~0.6이므로 1G는 풀 브레이킹에 가깝다.

충돌 직전에 완전하게 자동차를 정지시킬지 아니면 가벼운 충돌로 끝날 정도의 제동에 멈출 것인지는 시장의 요건이나 자동차 메이커의 판단에 맡겨지지만 PCS와 연동하여 시트 벨트의 「느슨함」을 조이고 더욱이 운전자에 그 동작을 알려주는 기능이 구성되어 있는 점을 생각하면 PCS는 Active·Safety와 Passive·Safety의 경계를 메울 수 있는 첫 시스템이라고 말할 수 있다. 운전자의 과신이나 자만심만 없다면 매우 유익한 기능이다.

제어 브레이크 그 밖의 새로운 아이템

「제어」 없이는 실현할 수 없는 시스템

글 : 마키노 시게오(Shigeo Makino) 사진 & 도해 : ADVICS / Toyota / Nissan / 만자와 코토미(Kotomi Manzawa)

● 아이들링 스톱 대응 브레이크

신호를 대기하는 등의 정차 중에 엔진을 정지시키는 아이들링 스톱기구는 적은 연료로의 확실한 엔진 재 시동성이 확보되기 때문에 채용하는 예가 증가되고 있다. 그러나 엔진이 정지되면 보통의 진공 부스터식 브레이크는 압력을 유지할 수 없다. 그래서 아이들링 스톱 기능과 협조하는 제어가 개발되었다. 특히 일본은 배기량이 적은 자동차까지 거의 AT이기 때문에 엔진 정지 시의 크리프 토크 보상과 재 시동시에 급발진을 방지하는 기능이 필요하여 값싸지만 섬세한 성능이 요구된다.

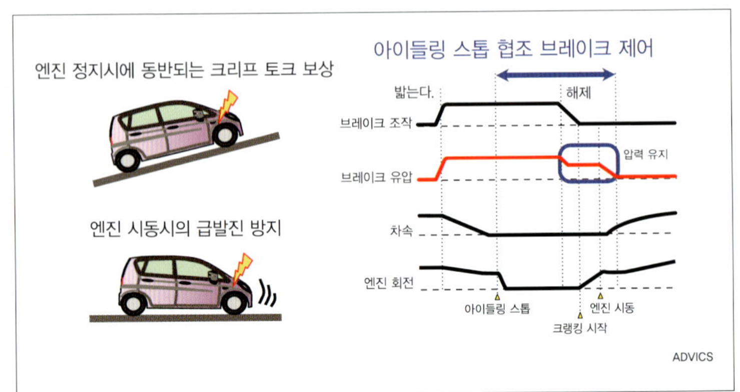

● 다운 힐 어시스트 컨트롤(Downhill Assist Control)

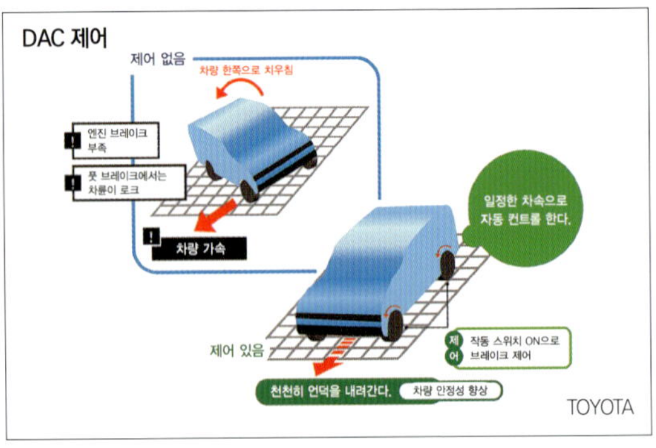

노면의 μ가 낮은 적설도로나 진흙길과 같은 급경사면에서는 엔진 브레이크만으로는 감속의 효과가 부족하다. 그렇지만 브레이크의 조작으로는 차륜의 로크 위험성이 있다. 그래서 증압 기능을 사용하여 차량의 속도를 일정한 저속으로 유지하는 다운 힐 어시스트 컨트롤(DAC)이 개발되었다. 그리고 μ가 적은 도로나 암석 도로의 급 비탈길을 안전하게 오르게 하기 위하여 엔진과 브레이크를 협조 제어하여 일정한 극(極)저속을 유지하는 크롤 컨트롤(Crawl Control)도 개발되었다. 오프로드 주행이 필수인 SUV용이다.

● 위험 영역에 빠지지 않도록 하기 위한 브레이크 이용

Nissan은 자기 차량의 주위에 안전 영역을 확보한다는 「세이프티 쉴드(Safety Shield) 컨셉」을 표방하고 있다. 앞차와의 거리를 일정하게 유지하는 차간거리 제어 시스템(DCA ; Distance Control Assist)이나 차선 일탈을 방지하는 차선 일탈방지 시스템(LDP ; Lane Departure Prevention) 등의 기능에는 ESC의 자동 증압 기능이 응용되고 있다. 후자는 운전자의 의사에 위반되는 「차선 침범」을 방지하기 위하여 카메라로 차선을 인식하고 차선을 일탈할 것 같은 경우에는 한쪽의 전후륜에 가볍게 브레이크를 작동하여 방향의 수정을 재촉하는 기능이다.

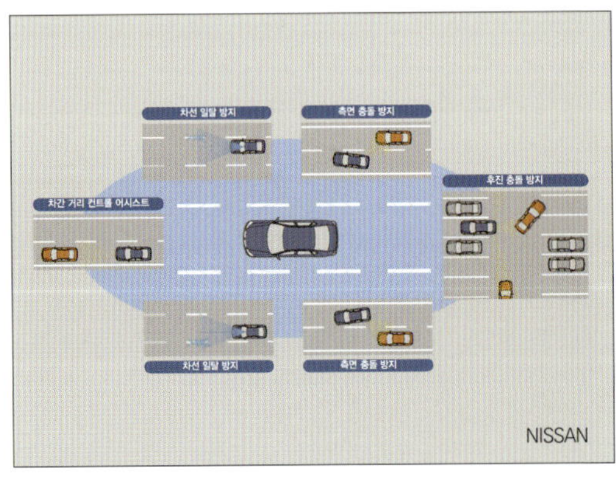

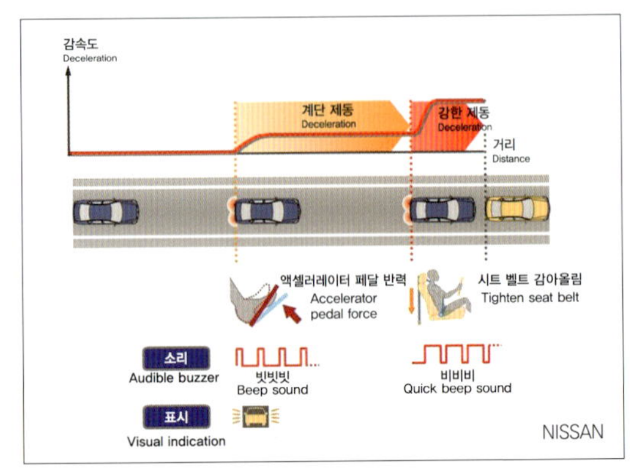

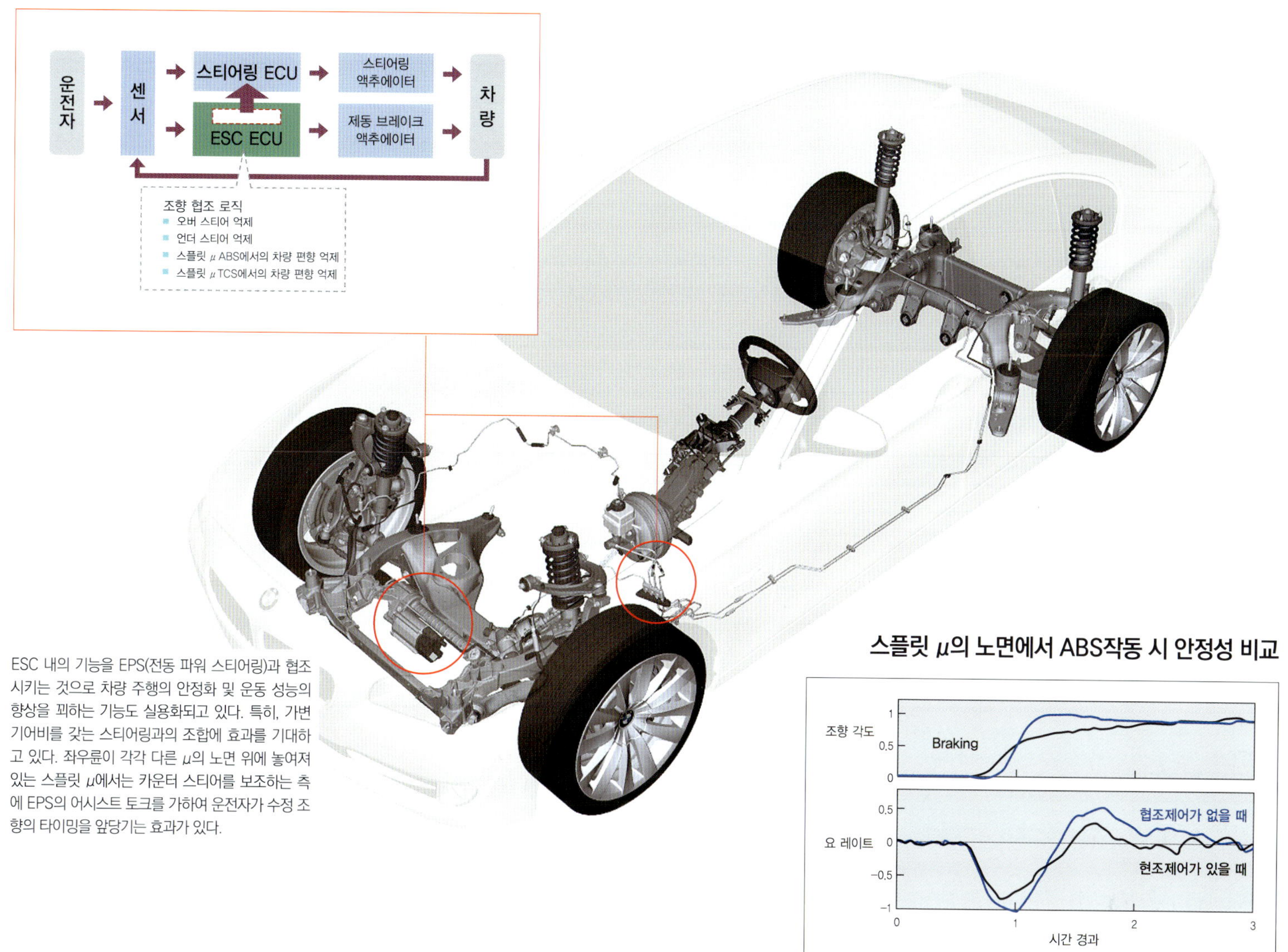

ESC 내의 기능을 EPS(전동 파워 스티어링)과 협조시키는 것으로 차량 주행의 안정화 및 운동 성능의 향상을 꾀하는 기능도 실용화되고 있다. 특히, 가변 기어비를 갖는 스티어링과의 조합에 효과를 기대하고 있다. 좌우륜이 각각 다른 μ의 노면 위에 놓여져 있는 스플릿 μ에서는 카운터 스티어를 보조하는 측에 EPS의 어시스트 토크를 가하여 운전자가 수정 조향의 타이밍을 앞당기는 효과가 있다.

스플릿 μ의 노면에서 ABS작동 시 안정성 비교

운전자의 조작에 의존하지 않는 브레이크 유압의 자동 감압·증압의 기능을 획득하여 제어 브레이크의 가능성이 크게 넓어졌다. ESC에 대해서는 미국 NHTSA(국가 도로안전국)이 「치명적인 단독 사고가 승용차에서 34% 감소」「SUV에서는 59% 감소」라고 효과를 발표하고 있는 것 외에도 독일의 Daimler는 「차량의 조종 불능사고가 30% 감소」, Toyota는 「차량의 단독 사고 35% 감소」「정면 충돌사고 30% 감소」라는 데이터를 정리하였다. EU와 미국에서는 2011년부터 신 모델의 생산자동차에 ESC 장착이 의무화되었고 일본과 한국에서도 2013년부터 의무화되었다. 최종적으로는 구 모델의 계속 생산되는 자동차에 대해서도 ESC 장착이 의무화 된다. 향후 10년이 지나지 않아 거의 모든 승용자동차가 ESC를 장착한 상태로 거리를 주행하게 될 것이다.

더욱이, ESC는 다음 단계로 향한다. 이 페이지에 소개한 스티어링과의 협조, 왼쪽 페이지에 소개한 센서 이용에 의한 레인 일탈 방지 기능도 보급이 진행될 것이다. 비탈길 발진 어시스트(Hill Start Assist)를 부착한 아이들링 스톱 기능도 당연하다. 그리고 하이브리드차가 아니더라도 에너지 회생 브레이크를 설치하는 경향이 강해져 가는 것도 생각할 수 있다. 브레이크는 「속도 조절 기능」이라는 범위를 넘어서 자동차의 안전 주행을 적극적으로 지원하는 방향으로 진행되고 있다.

그러나 동시에 「운전자가 조작하는 기능」으로서의 브레이크 페달의 감촉, 전자제어에 의해 이루어지는 증압·감압과 브레이크 페달의 답력과 관계 등 조작감을 어떻게 연출할지에 대한 문제가 있다. 운전자는 과거의 경험에서 브레이크 페달의 답력과 제동력의 관계에 일정한 기대치를 갖고 있다. 답력을 증가시켜도 제동력이 변하지 않는 경우는 위화감을 느낀다. 인간은 측정기 이상으로 민감하고 이 「조작감」은 딕싱공론으로 몰아갈 수 없는 영역이다.

예를 들어 200Nm의 페달 입력으로 1G의 제동력을 얻는다고 하자. P.006~007에서 예를 든 것처럼 제동력은 모두 연산에 의하며, 「부스터의 서보 비를 높게 하여 패드의 μ를 낮춘다」「패드의 μ를 높게 하여 서보비를 낮춘다」라는 것처럼 결과적으로 1G를 얻기 위한 프로세스는 여러 가지가 있다. 그러나 서보비가 높은 브레이크와 패드의 μ가 높은 브레이크와는 브레이크 페달을 밟았을 때의 감촉은 전혀 다르다. 답력과 제동력의 그래프를 그리면 같지만 단순히 물리량만으로는 해결되지 않는 영역이 「브레이크의 느낌」이다.

흔히 「유럽의 자동차는 브레이크가 잘 듣는다」라고 말한다. 그러나 측정해 보면 일본의 같은 클래스 모델과 감속도가 변하지 않거나 한다. 「μ가 높은 패드를 사용하여 서보비를 낮추고 있기 때문」이라는 것으로도 설명할 수 없다.

차량 측의 안티 다이브(Antidive)·안티 스쿼트(Antisquat) 특성, 그것을 결정짓는 서스펜션의 마무리, 그 서스펜션이 설치되어 있는 보디나 서브 프레임의 품질, 브레이크 페달 자체의 특성, 페달과 부스터를 설치하고 있는 토 보드(toe board)의 강성, 그리고 운전자가 앉아있는 시트의 품질……모든 것이 서로 얽혀 「잘 듣는다」라는 감촉에 연결되어 있다고 생각해야 한다. 인간이 감지하고 있는 것은 골똘히 생각해보면 「무엇」의 물리량이지만 그 물리량이 무엇인가, 그리고 절대 값인지 미분 값인지, 몇 회 미분한 것인지, 이것은 지금도 알지 못하고 있다.

최근 본지에서 취급한 특집 중에 「보디 컨스트럭션」과 「스티어링」이 있다. 많은 엔지니어 분들에게 협력을 받아 본지 집필진은 새로운 지견(知見)을 얻을 수가 있었는데 이번에 브레이크에 대하여 얻은 지견이 이것들과 완벽하게 겹치고 있다는 것이 놀라웠다. 자동차가 100년에 걸쳐서 걸어온 기계로서 진화의 지나간 길이야말로 전부의 기본이라고 생각하지 않을 수 없다. 시대는 변하여도 물리의 법칙은 변하지 않는 것이다. 제어 브레이크를 진화시킨 과정에서 인간이 느껴온 「무엇인가」에 대해서도 깊게 연구하고 싶다고 생각한다.

Regenerative Brake System

EV · HEV를 위한 브레이크 시스템

글 : 세라 코타(Kota Sera)　사진 : TOYOTA / HONDA / NISSAN / DAIMLER / BMW / CONTINENTAL / TRW

주행 중에 엔진이 멈추는 하이브리드 카나 원래 엔진이 설치되어 있지 않은 EV가 증가됨에 따라 엔진의 부압을 필요로 하지 않는 협조 회생 브레이크도 증가하고 있다. 제동력을 발생하는 주역은 제너레이터이다. 운동에너지를 열로 버리는 것은 아깝기 때문에 가능한 한 전기에너지로 변환하는 것이다. 가능하다면 제너레이터가 발생하는 제동력만으로 끝내고 싶지만 현시점에서 발전기의 성능으로는 그렇게까지 할 수 없다. 그러므로 유압 브레이크와의 협조 제어가 필수적이다. 운전자의 요구 제동력(혹은 요구 감속도)에 대해서는 회생 효율을 최우선시하고 부족한 부분을 유압 브레이크로 보충한다는 발상이다. 그 때에 회생과 유압이 주고받는 영역의 제어가 중요하게 된다.

자동차 레이스의 최고봉이라고 알려진 F1에서도 일종의 전기식 하이브리드가 도입되어 감속 시에는 모터·발전기로 회생을 실시하고 있다. 그런데 회생 협조는 규칙으로 금지되어 있다. 이 사실에 대하여 「회생 협조가 되지 않는 것은 하이브리드(F1에서는「KERS」라고 부른다)를 하는 의미가 없다」고 잘라 말하는 엔지니어가 있다. 반대로 말하면 전기식 하이브리드의 기술적인 맛은 회생 협조 브레이크의 제어에 있다고 말할 수 있다. 회생 효율을 높이는 것이 에너지 효율을 높이는 것으로 연결되기 때문이다.

양산되는 하이브리드 카가 보급됨에도 고객으로부터 별도의 비용을 청구하기 힘든 상황이다. 더더욱 협조 제어의 정밀도를 높이는 것뿐 만 아니라 비용에 대한 요구도 강하게 될 것이다.

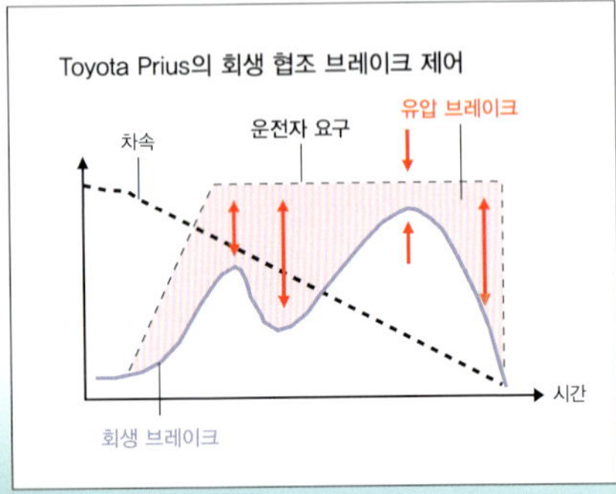

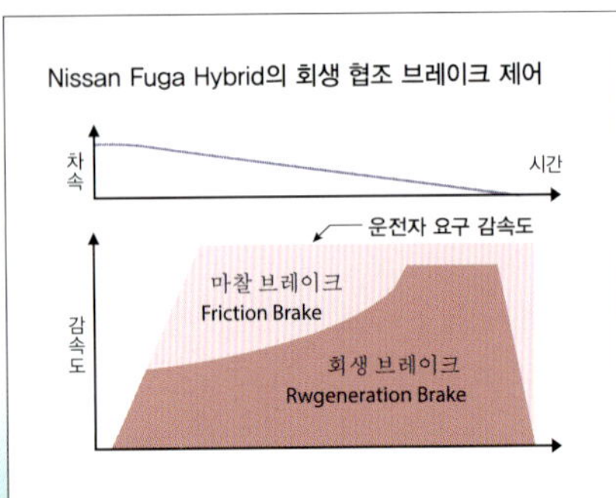

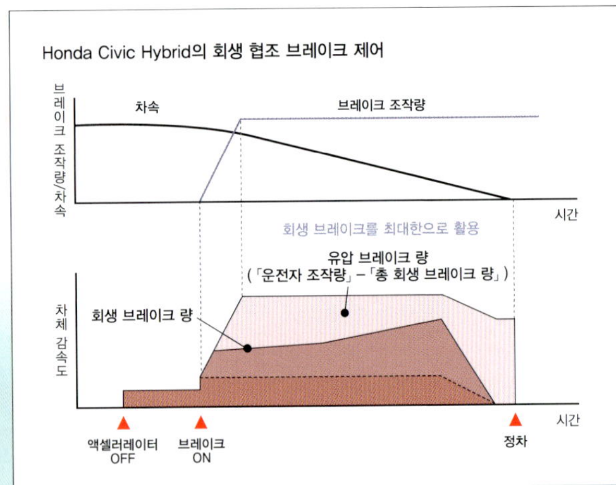

액셀러레이터 페달에서 발을 때면 엔진 브레이크에 상응하는 감속도를 발전기의 회전 관성 즉 회생 브레이크로 발생시킨다. 브레이크 페달에 발을 올려놓으면 밟는 상태로부터 요구 감속도를 연산하고 제동력을 발생시킨다. 이때 회생 브레이크의 효율을 최대한 이끌어내는 것이 중요하다. 브레이크 유압을 세심하게 작동시켜 운전자의 요구에 맞춘다. 회생 효율을 높이는데도 불구하고 필링 면에서는 회생 브레이크를 느끼지 못하게 하는 방향으로 개발이 진행되고 있다.

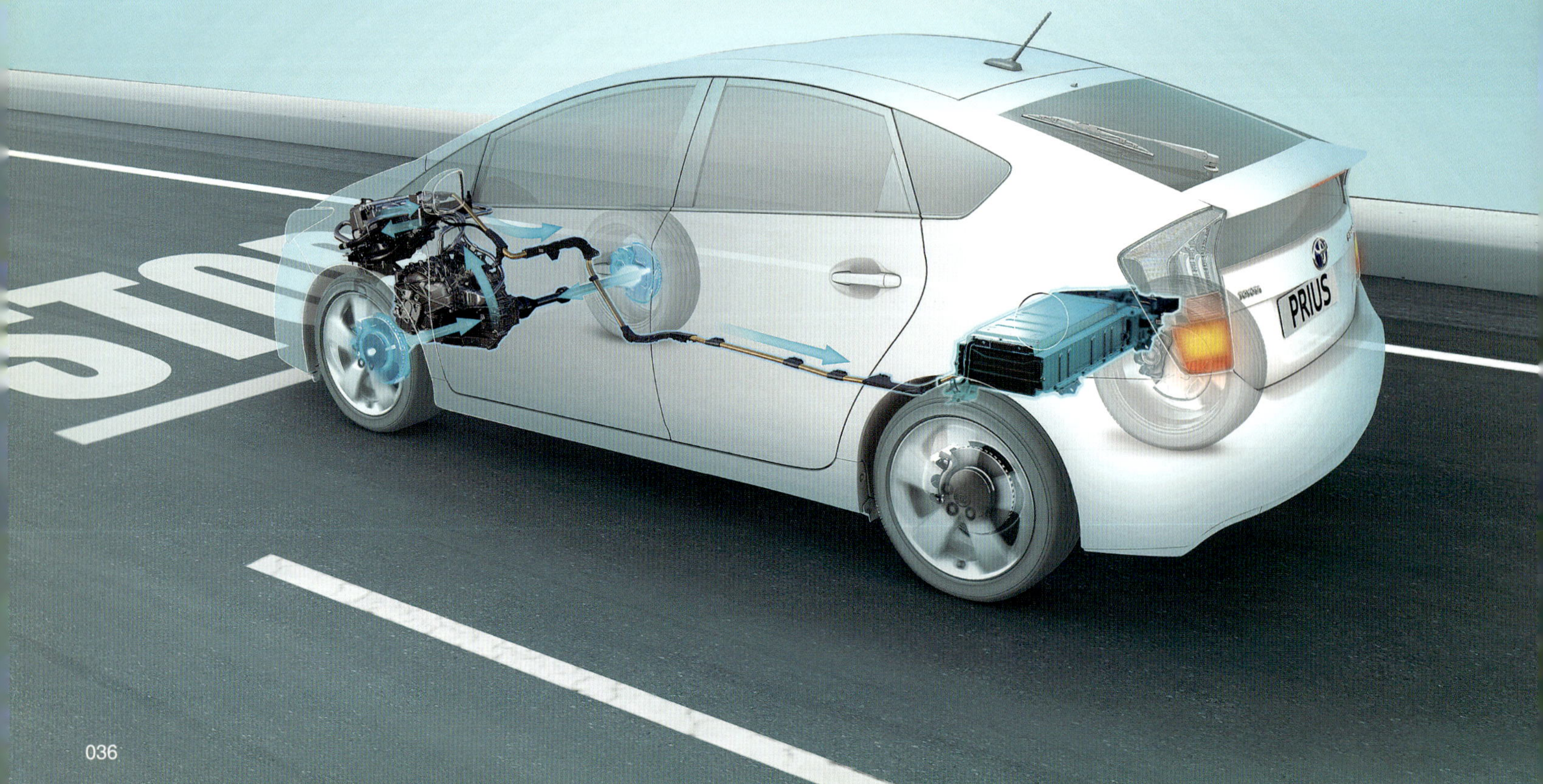

• HONDA BRAKE SYSTEM for IMA

HONDA INSIGHT

재래식의 부압식 부스터를 채용(이라기보다 되돌렸다). 시빅 하이브리드(Civic Hybrid)에서는 유압식 부스터를 채용하였지만 제동 시의 「위화감」(이라고 Honda는 설명)을 회피하고 회생 제어를 쉽게 하기 위하여 부압식을 선택하였다.

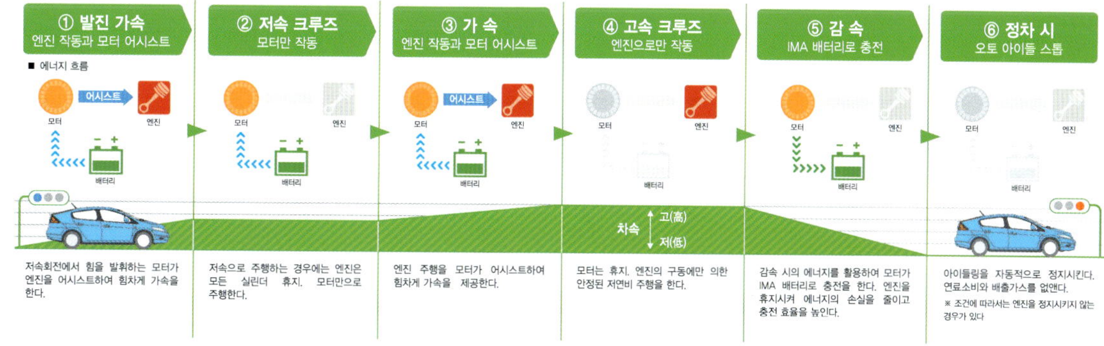

브레이크 페달의 답력에 비례하여 유압이 높아진다. 이것을 모니터링하고 유압의 상승에 맞도록 회생량을 높여가는 제어이다. 부압식과 유압식에서는 회생 제어로 0.5%의 연비 차이가 나타난다고 한다.

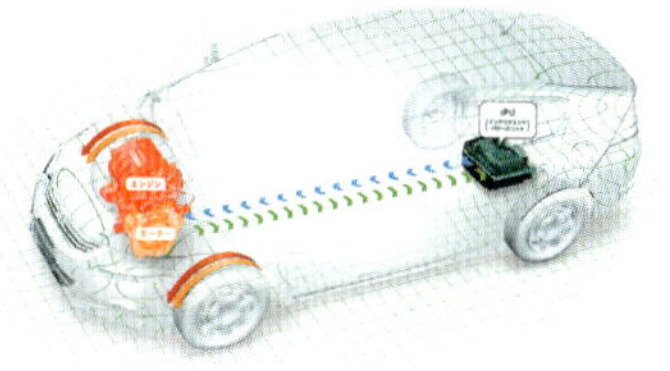

부압식 브레이크 부스터의 압력을 모니터링 한다. 예를 들어 아이들링 스톱 시에 브레이크 페달을 밟을 때 한계를 넘어서 부압이 내려가면 그것을 검지하여 엔진을 시동하는 구조이다. 공주시는 엔진 브레이크의 상응 분을 회생. 전체 감속 에너지의 3분의 2를 회생한다.

Civic Hybrid

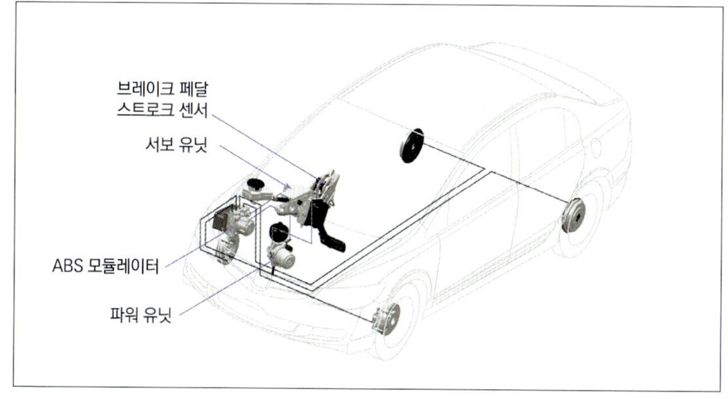

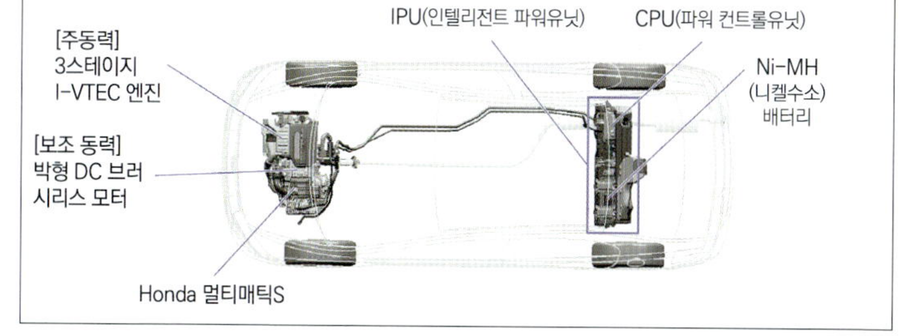

시빅 하이브리드(2005- 11년)는 모터에서 축압한 유압으로 배력을 하는 유압 브레이크 부스터를 새롭게 채용하여 모터 주행 시나 아이들링 스톱 시 등 엔진 정지 시의 브레이크 유압을 확보하였다. 이로 인하여 구 모델로부터 회생 브레이크를 활용할 수 있게 되었다. 단, 「보통의 자동차와는 좀 다른」 필링이었다.

● TOYOTA PRIUS ECB

싫든 좋든 개인의 판단에 맡길 수밖에 없지만 2세대까지의 PRIUS(2003~09년)에는 회생 협조 브레이크에 특유의 습성이 있었지만 3세대 PRIUS(2009~)에는 그것이 없다(없애도록 노력하였다). 재래식 엔진 자동차에서 PRIUS로 바꿔 탈 때 「전에 타던 자동차와 느낌이 다르다」고 생각되지 않도록 하기 위해서이다. 3세대 PRIUS를 위한다기 보다 하이브리드 카가 앞으로 급속하게 보급되어 간다는 시나리오를 짐작한 포석이다. 하이브리드 카라는 조금은 특별한 자동차에 타는 것이 아니고 때마침 흥미를 끄는 자동차를 샀더니 하이브리드 차였다. 라는 시대가 올지도 모른다. 그럴 때에 [?]라고 생각하지 않게 하기 위해서이다. 하드웨어적으로는 유압 부스터와 밸브 블록 그리고 ECU를 일체화한 것이다. 더욱이 유압을 발생하는 부스터 펌프 ASSY를 떼어낸 것이 특징이다. 유압 원으로 모터가 장착되어 있기 때문에 작동 시에 흔들린다. 그러므로 흔들리는 것은 떼어낸다는 발상이다. 자동차에 탑재하는 레이아웃 상의 자유도도 생긴다.

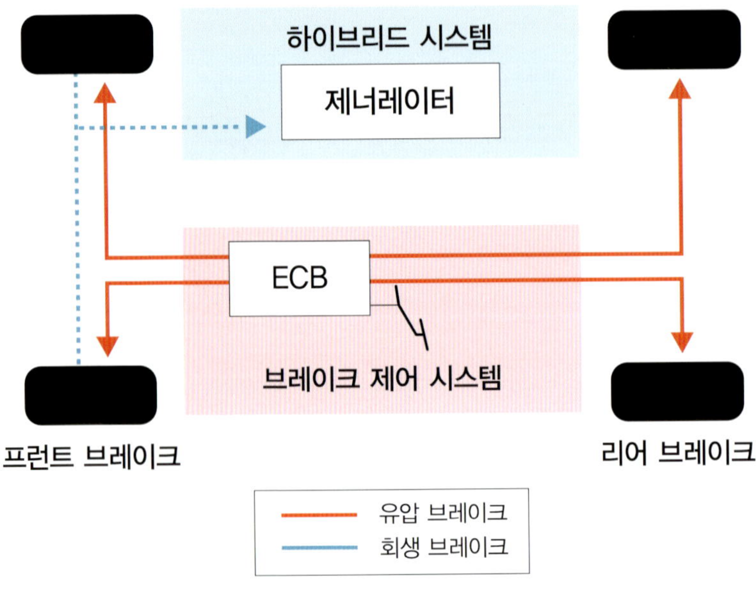

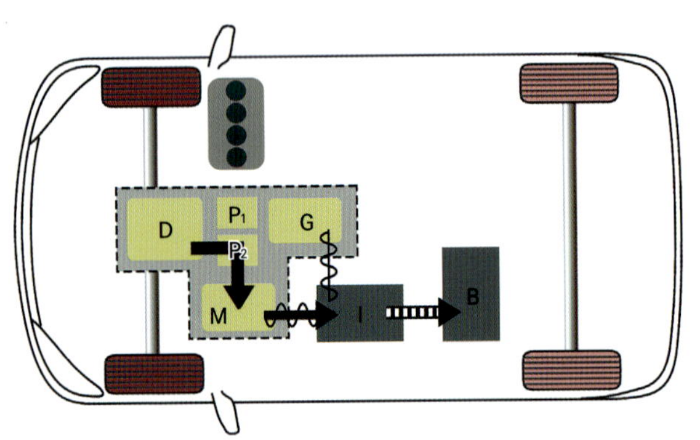

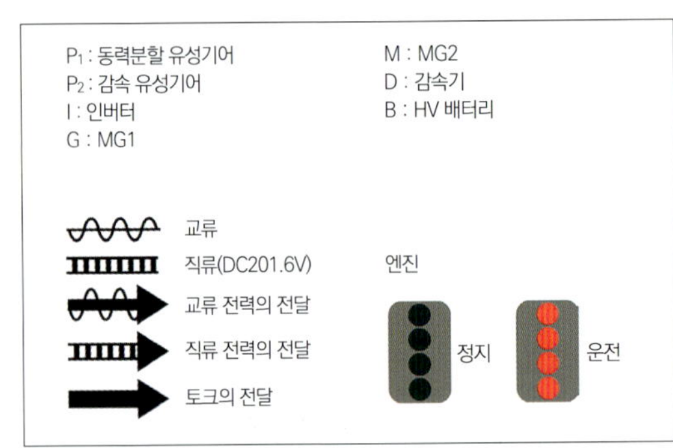

회생 브레이크 : 감속시(액셀러레이터 OFF시)는 차륜에서 전달되는 동력에 의하여 MG2를 회전시켜 발전하는 것으로 운동에너지를 전기에너지로 변환하여 HV 배터리에서 회수하고 있다.

제동시는 브레이크 페달의 조작량에 알맞은 제동력을 얻을 수 있도록 전자제어 브레이크 시스템(ECB)과 협조 제어하면서 에너지의 회생량을 결정한다.

ECB의 작동 원리

전자제어 브레이크 시스템(Electronically Controlled Brake System ; ECB)은 브레이크 페달의 조작량(스트로크와 유압)으로부터 운전자의 요구 제동력을 판단(하는 것은 ECU). 유압 브레이크와 회생 브레이크를 협조하여 제동력을 발생한다. 유압원을 갖고 있기 때문에 엔진의 부압에 의지하지 않더라도(엔진이 정지하고 있어도) 유압을 발생시킬 수 있다.

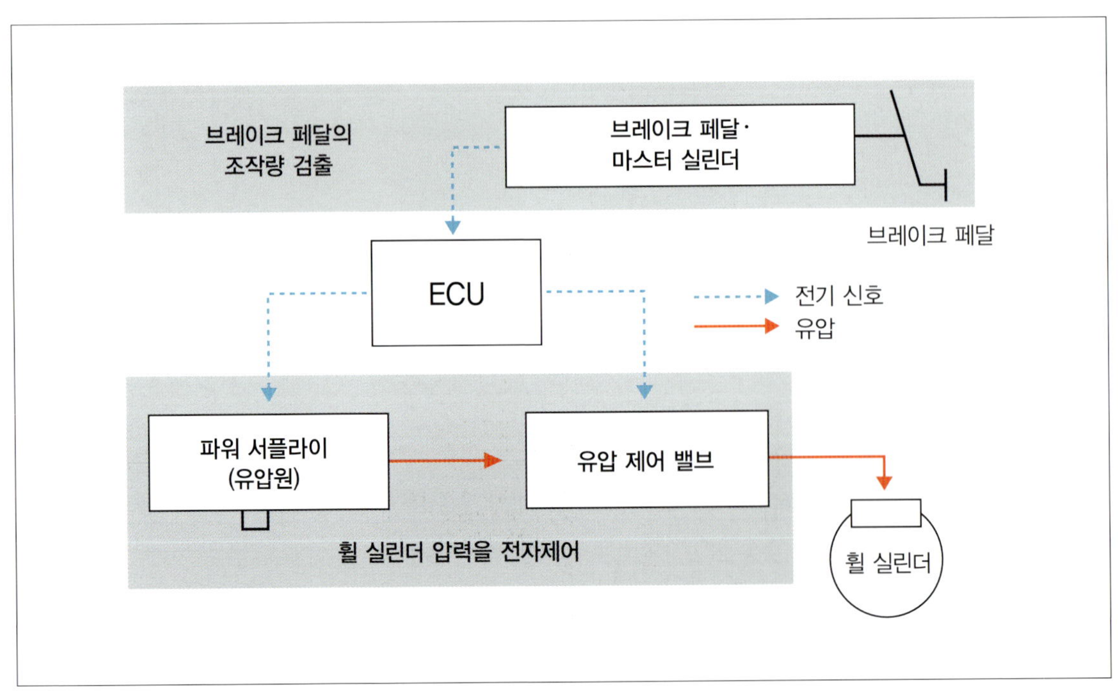

펌프 모터(속)와 어큐뮬레이터를 조합시킨 브레이크 부스터 펌프 ASSY이다. 진동의 전달을 억제하기 위하여 부드러운 마운트를 사용한다.

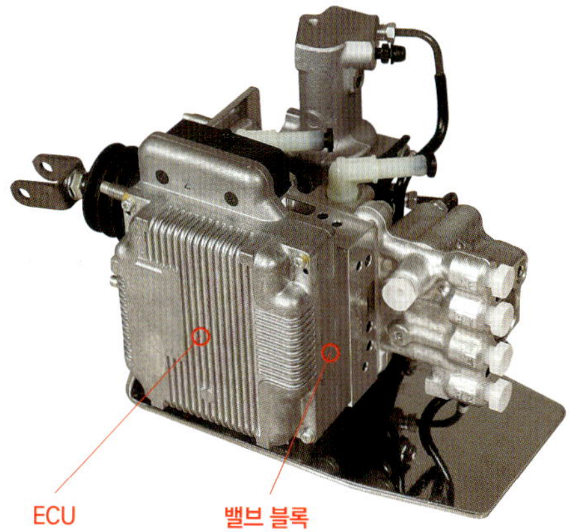

각 차륜을 제어하는 감압, 유지용 밸브는 비용을 억제시키기 위하여 이미 ABS나 ESC 유닛에서 사용하고 있는 범용성이 있는 것을 사용한다.

ECB를 구성하는 하드웨어는 TOYOTA와 ADVICS가 공동 개발한다. 마스터 실린더/페달 시뮬레이터/솔레노이드 밸브의 생산은 ADVICS가 맡고 밸브 블록과 ECU는 TOYOTA가 담당한다. EBD 부착 ABS, ESC, TRC도 이 유닛으로 기능을 한다.

ECB 회로도

ABS나 ESC는 일상적인 운전에서 거의 작동을 하지 않지만 ECB는 운전자가 브레이크 페달을 밟을 때마다 작동한다. 그러므로 1쌍(감압측·증압측)으로 4륜의 유압을 컨트롤하는 리니어 솔레노이드 밸브가 특히 중요하다.

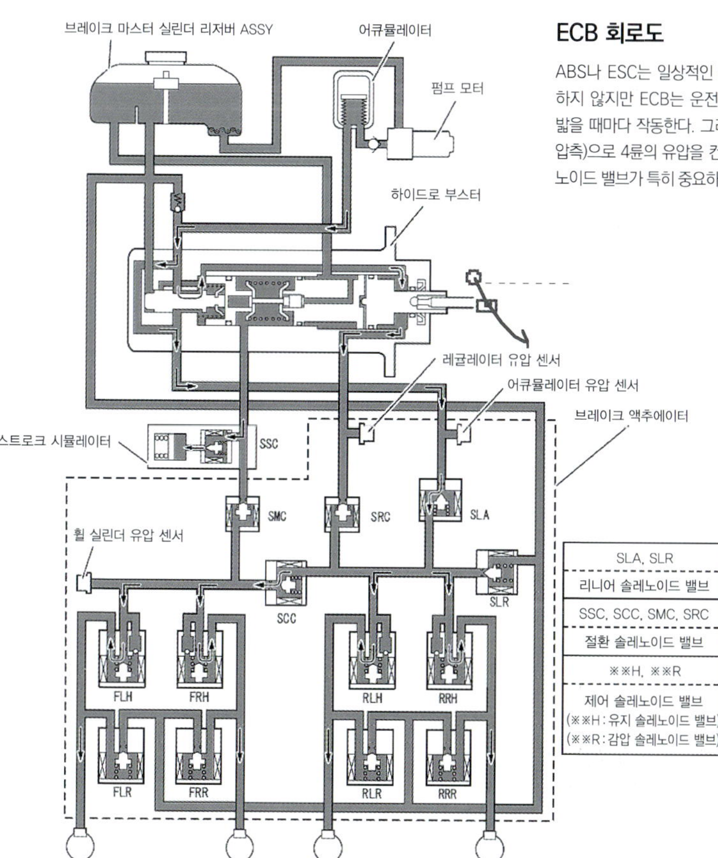

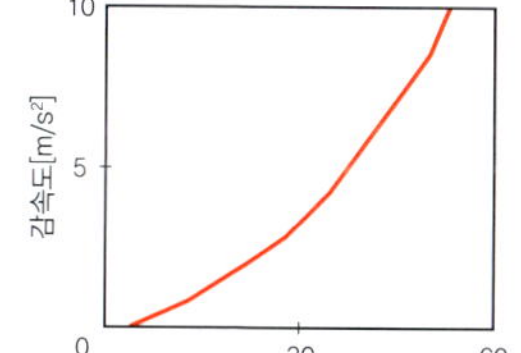

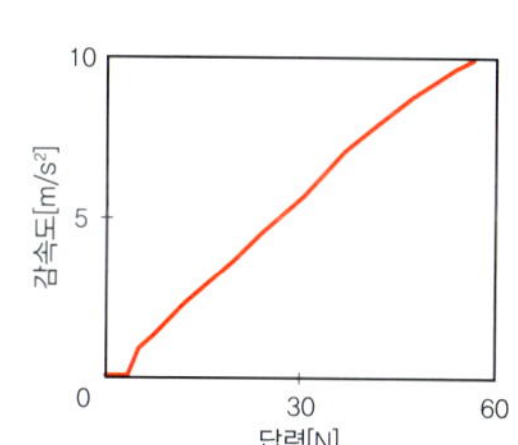

브레이크 페달의 스트로크와 감속도(좌), 브레이크 페달의 답력과 감속도의 이상적인 관계를 나타낸 것이다. 스트로크가 깊어진 곳에서는 운전자의 요구가 긴박하므로 높은 감속도를 낸다. 회생 브레이크로 부족한 만큼을 유압으로 보충하는 발상이다.

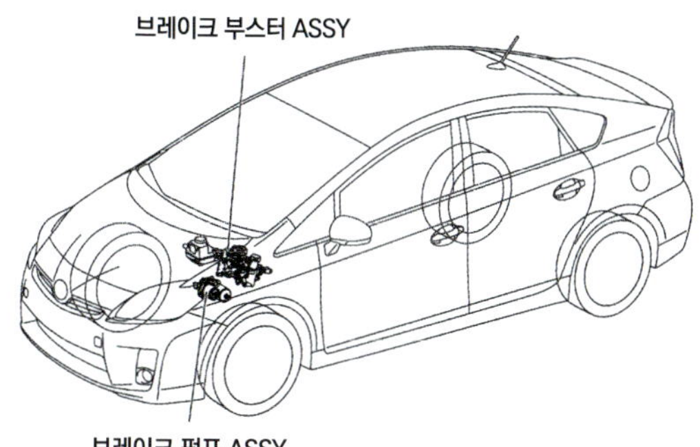

비용을 억제하고 질량을 가볍게 그러나 성능은 높인다. 이 상반되는 요소들의 양립이 목표이다. 회생 브레이크가 기능을 발휘하는 것은 전륜뿐이므로 전륜과 후륜의 밸런스를 생각하면서 4륜이 일괄적으로 최적의 제동력이 되도록 유압을 제어한다.

CONTINENTAL RBS
for Mercedes-Benz S400 Hybrid

CONTINENTAL은 부압 부스터를 사용한 회생 협조 브레이크를 실용화하고 있다. 액티브 부압 부스터라고 부르는 배력 장치는 원래 ACC(Active Cruise Control ; 차간 자동제어) 등 운전자의 브레이크 페달 조작과는 독립되어 브레이크 유압을 발생시키기 위한 디바이스이다. 회생 협조 브레이크를 구성하는데 있어서는 이것에 범용 ESC 유닛을 조합시켰다. 기존 기술의 조합으로 성립시키고 있기 때문에 신뢰성이나 비용의 면에서 이점이 있다. 조작 시에 브레이크 페달의 답력은 페달 시뮬레이터에만 전달된다. 브레이크 페달을 밟는 동작에서 운전자의 요구 제동력을 판단하고 회생 브레이크를 최대한 잘 작동하도록 하는 것은 다른 회사의 유압 부스터식과 마찬가지이다. 회생 브레이크로 부족한 만큼을 유압 브레이크로 보충한다. 운전자의 발에 전해지는 힘의 강약은 페달 시뮬레이터 유닛에서 만들어내는 구조이다. 정밀하게 만들어진 제어에 의하여 필링이 좌우되지만 튜닝은 자동차 메이커의 몫이다. 유압 부스터에 대한 부압 부스터의 장점은 조용한 작동 음이다. 고급자동차에 적용한 이유가 그 때문일 것이다.

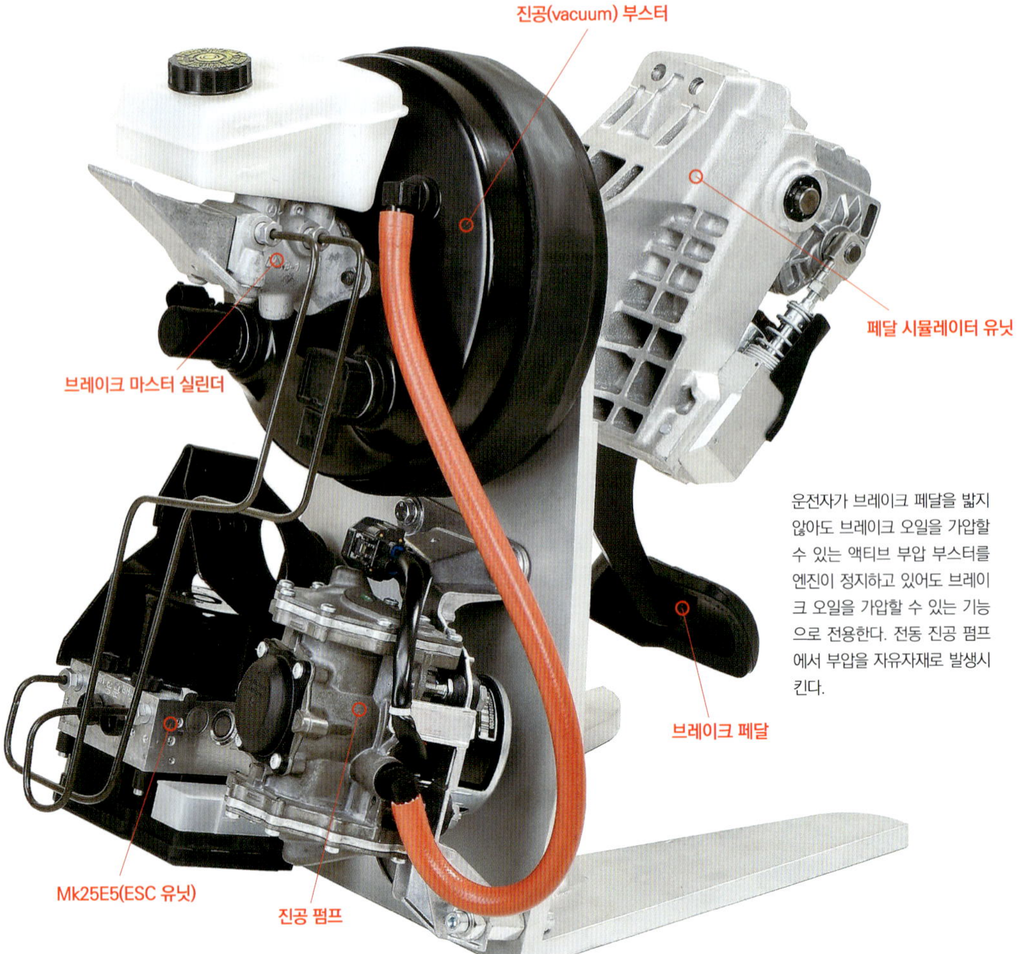

운전자가 브레이크 페달을 밟지 않아도 브레이크 오일을 가압할 수 있는 액티브 부압 부스터를 엔진이 정지하고 있어도 브레이크 오일을 가압할 수 있는 기능으로 전용한다. 전동 진공 펌프에서 부압을 자유자재로 발생시킨다.

CONTINENTAL RBS를 탑재한 Mercedes Benz S400 하이브리드는 차속이 15km/h 이하로 되면 엔진을 정지시킨다. 그러면 브레이크 유압을 높이는 부압이 없어지므로 전동 진공 펌프를 작동시켜서 부압을 발생시킨다.

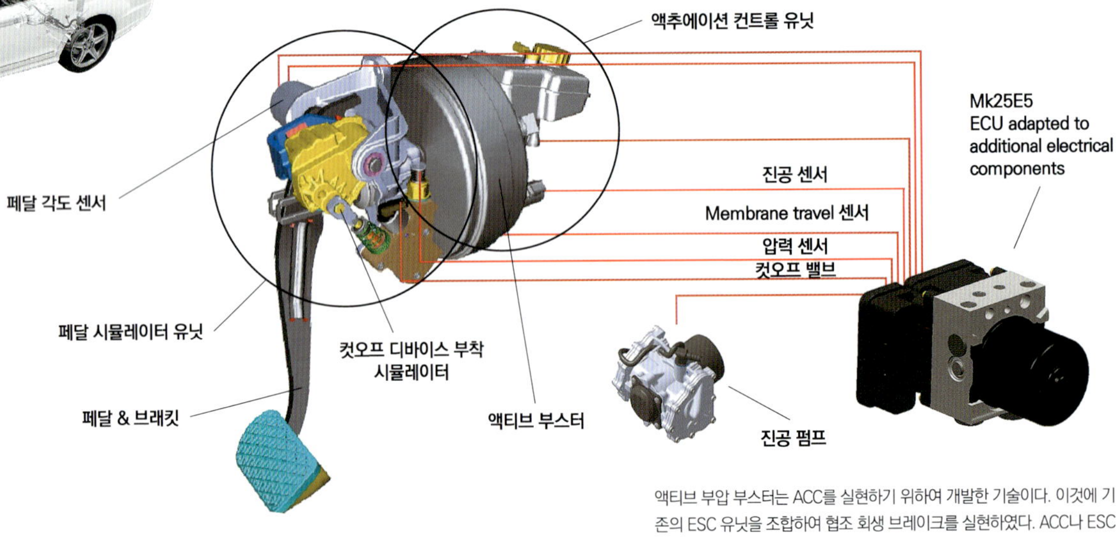

액티브 부압 부스터는 ACC를 실현하기 위하여 개발한 기술이다. 이것에 기존의 ESC 유닛을 조합하여 협조 회생 브레이크를 실현하였다. ACC나 ESC 뿐만 아니라 TCS라는 stability control 기능도 한다. 액티브 부스터에 스트로크 시뮬레이터나 페달 각도 센서를 일체화하였다.

ESC의 가압 펌프는 피스톤식이 일반적이지만 Nissan Fuga는 기어(트로코이드) 펌프식을 탑재(ADVICS 제품)한다. 기어는 피스톤식과 비교하여 맥동이 작고 NVH가 뛰어나기 때문이지만, Mercedes가 유압 부스터가 아닌 부압 부스터를 선택한 것도 NVH를 중시하기 때문일 것이다.

BOSCH Regenerative Braking System

VW Touareg나 Porsche Cayenne에서 parallel 스트롱 하이브리드 기술을 제공한 Bosch는 모터나 엔진, 클러치, 트랜스미션의 제어와 마찬가지로 브레이크의 제어도 중요시하고「경합하는 다른 회사가 모방할 수 없는 핵심이 되는 기술」이라는 평가로 개발을 계속하고 있다. 기존 디젤 엔진 자동차의 뒤 차축에 모터를 추가한 Peugeot 3008 하이브리드는 본격 EV의 실현을 향한 차기 스텝이다. 개개의 컴포넌트분만 아니라 시스템의 개발도 병행하여 실시되고 있다. 그것들로부터 파생한 것이 파워 일렉트로닉스의 개발이다. 제1세대는 50kW의 출력에 13~14L 용량이었지만 차세대는 5L로 소형화 하였다. 더욱이 3L로 소형화하려고 씨름하고 있는 중이다. 출력을 유지하면서 소형화하는 것뿐만 아니라 ESC나 회생 협조 브레이크 등 전기로 움직이는 컴포넌트의 고효율화도 목표로 하고 있다. 탑재하는 전기에너지를 가능한 한「자동차를 앞으로 움직이게 하는」목적으로 남겨두려는 생각이다. Bosch의 회생 협조 브레이크 시스템은「vacuum free」로 구성이 된다.

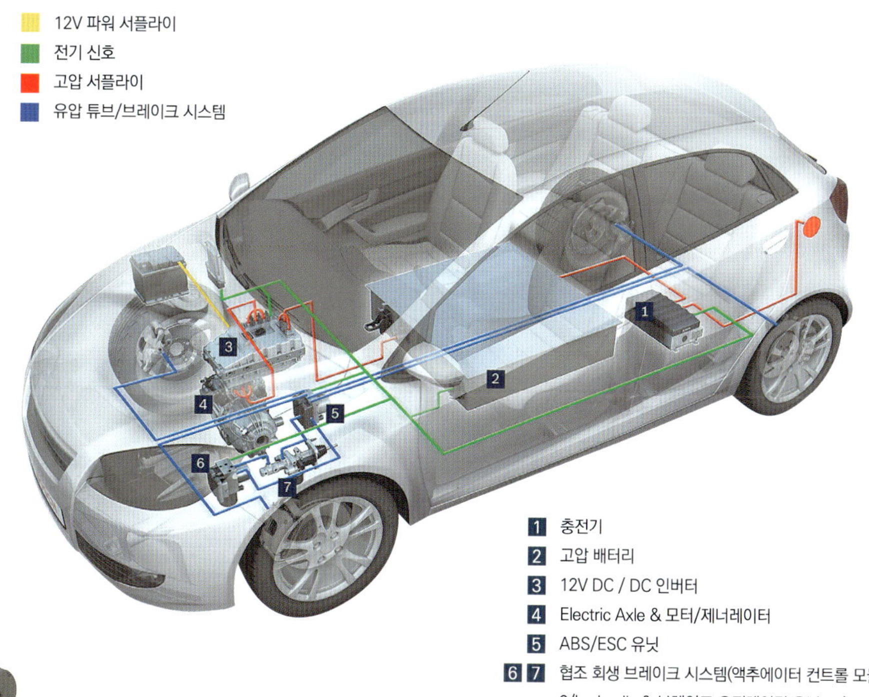

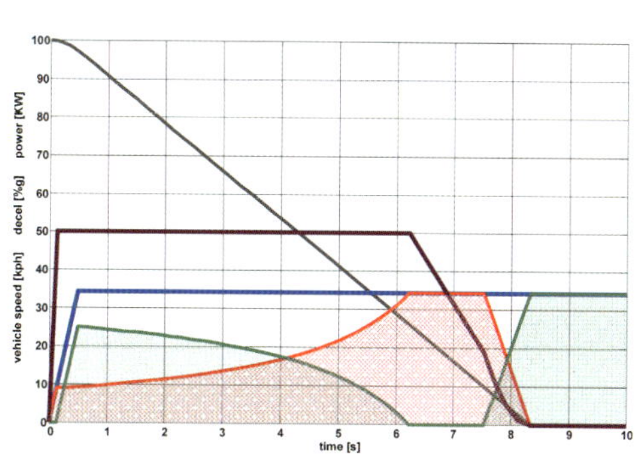

하이브리드/EV용 브레이크 시스템의 개발은 Bosch의 Electro-mobility 전략의 핵심이 되는 개발 영역의 하나이다. 하드웨어는 기존 ABS/ESC의 기술을 이용한다. 운전자의 요구 제동력을 고도로 만족시키는 제어가 중요하다.

TRW ESC-R

TRW Automotive는 범용 부압 부스터+마스터 실린더와 범용 ESC 유닛의 조합으로 하이브리드카 용의 협조 회생 브레이크 시스템을 구축하였다. 배력장치에 부압 부스터를 사용하는 점은 Continental의 RBS와 같지만 부압 부스터와 스트로크 시뮬레이터를 일체화하지 않고 ESC 유닛 측에 스트로크 시뮬레이터를 조립한 것이 특징이다. 부압 부스터에 의하여 어시스트된 브레이크 페달의 답력은 ESC에 일체화한 스트로크 시뮬레이터로 전달된다. 여기에 전달된 정보를 기본으로 ESC가 탑재하는 ECU가 회생 브레이크와 유압 브레이크의 배분을 연산한다. ESC가 발생시킨 유압으로 브레이크를 작동시킨다. 엔진 운전시와 엔진 정지시의 브레이크 페달에 대한 필링의 차이가 마음에 걸리지만 TRW의 설명에 의하면「페달의 필링에 변화는 없다」고 한다. 그리고 브레이크를 페달을 밟을 때마다 ESC가 작동하는 것으로 펌프 작동에 의한 NVH가 마음에 걸린다(당연하지만「Best in class」라고 설명한다.)

우측 전륜 · 좌측 후륜과 좌측 전륜 · 우측 후륜의 2계통 각각에 스트로크 시뮬레이터를 설치한 (아래 방향으로 뻗은 2개의 원통 형상 부품) 유닛과 스트로크 시뮬레이터가 1개인 유닛으로 설정되었다. 브레이크 ECU가 회생과 유압의 배분을 제어한다.

모터/제너레이터에 의한 당돌한 감속감을 완화시키기 위하여 제동 초기에는 유압 브레이크에 의지하고 서서히 회생 브레이크로 옮겨간다. 정지 직전은 회전수가 낮고 제너레이터가 충분한 기능을 하지 않기 때문에 다시 유압의 비율을 높인다.

Regenerative Brake Blending (Basic Interaction)

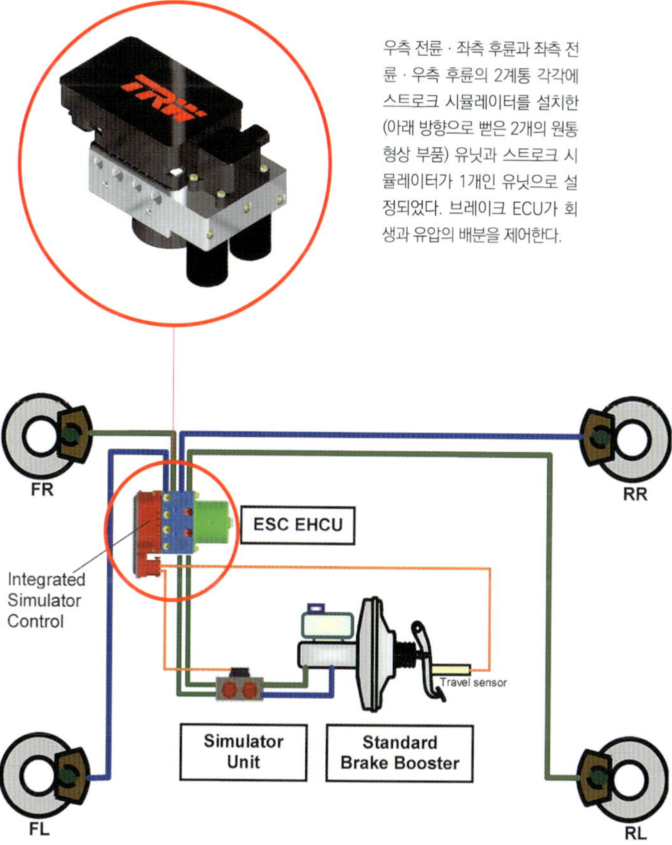

Control Software

각　차륜 마다의 유압을 섬세하고 순식간에 브레이크의 성능을 좌우하는 소프트웨어

글 : 마키노 시게오(Shigeo Makino)　사진 & 그림 : BOSCH / 세야 마사히로(Masahiro Seya)

브레이크 제어 소프트웨어의 아웃라인(Outline)

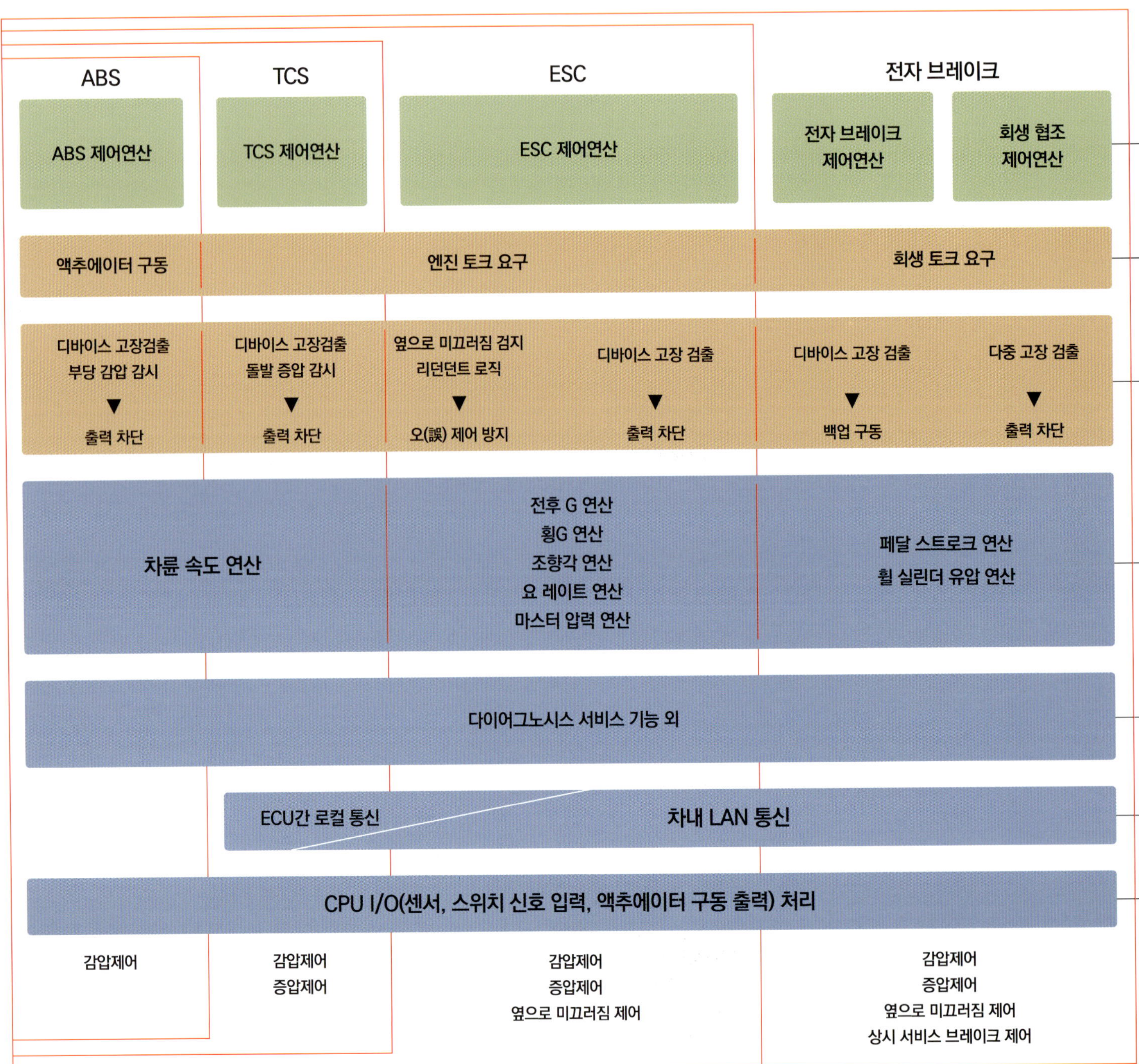

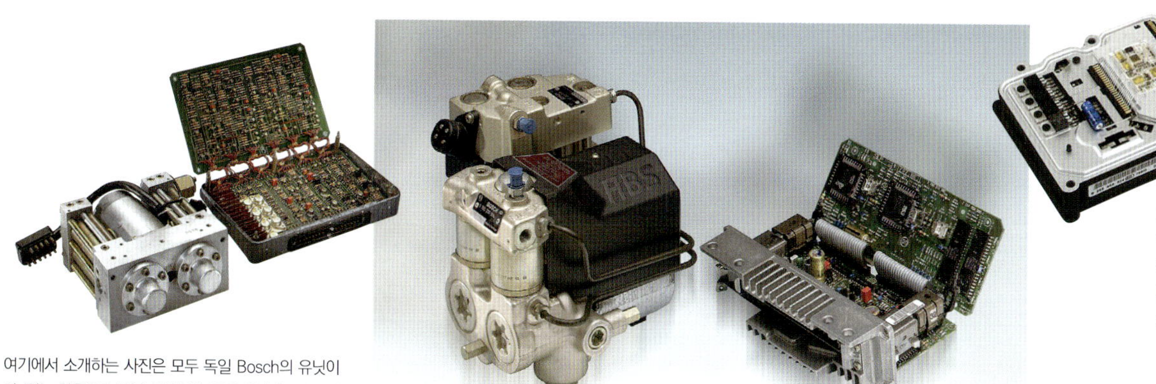

여기에서 소개하는 사진은 모두 독일 Bosch의 유닛이다. 위는 처음으로 만든 시작품인 ABS 유닛 「ABS1」이다. 큰 모터의 양측에 유지/감압 밸브가 2개씩 배열되어 있으며, 회로에는 전용의 IC를 사용하지 않는다.

1978년에 처음으로 제품화된 「ABS2」시리즈 중간 시기의 사양이다. 유압계통의 유닛은 거의 변함이 없지만 제어회로의 IC화와 메모리의 증설이 진행되었다. CPU는 8 비트로 1988년부터 순차적으로 「ABS5」로 교대(交代) 되었다.

2001년에 등장한 「ESC8」은 그때까지의 「ESC5」를 간소화하고 코스트 다운을 중시한 설계이다. 이 사진은 본체 뒤쪽에 장착되어 있는 제어 유닛이다. 32비트의 CPU와 128킬로바이트의 메모리를 갖고 있다.

현행 모델 「ESC8.1」은 유닛의 중량을 불과 1.4kg까지 소형 경량화 하였다. 「ABS2」는 6.2kg 이었기 때문에 중량이 4분의 1 이하로 된 것이다. 연산의 속도와 메모리 용량도 「ABS2」보다 현격하게 업그레이드 되었다.

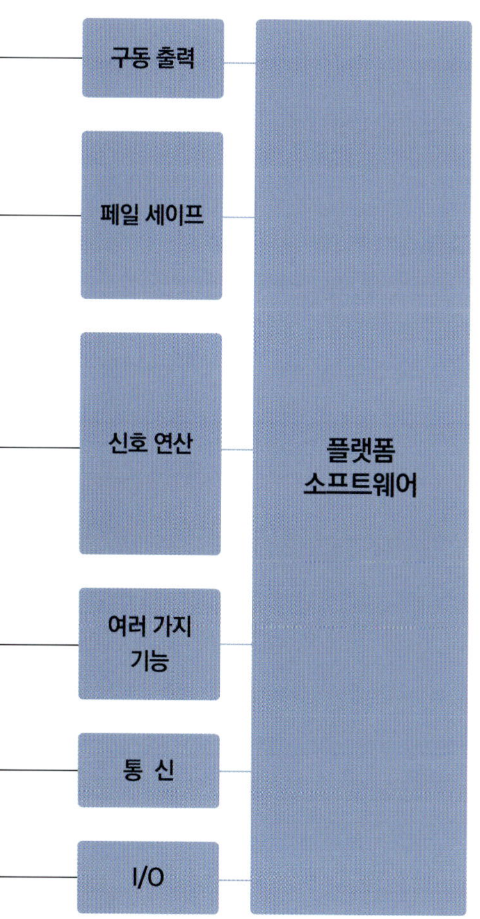

브레이크에 전기적인 제어가 도입된 것은 ABS의 등장이 계기가 되었다. 당시의 소프트웨어는 전체로 8킬로바이트(KB), 메모리 용량은 불과 수백 바이트 정도였다. 그것에 비해서 현재는 소프트웨어가 1메가바이트(MB)에 근접하고 있다. 브레이크 제어를 위하여 사용하는 정보는 조향 각도나 엔진의 구동 토크 정보로까지 이르고 있다.

왼쪽 페이지의 차트는 ABS/TCS/ESC에 대하여 ECU가 실행하고 있는 제어의 아웃라인을 나타낸 것으로 ADVICS가 제공하고 있다. ESC가 되면서 제어를 위한 파라미터와 제어 항목이 현격하게 증가된 것을 알 수 있다. ABS만의 세대에서는 8비트의 CPU였지만 자동 증압이 들어간 TCS를 도입할 즈음에 16비트로 되었고 감압/증압을 4륜 독립적으로 자유자재로 컨트롤하는 ESC의 도입으로 32비트화가 되었다. 앞으로는 64비트이다. 소프트웨어의 코드 수는 현재 512킬로~1메가바이트이다.

ECU 내에서 실행되고 있는 것은 기본적으로는 ABS 등장 시와 변함이 없다. 입력을 연산하고 제어연산을 실시하며, 구동 출력을 엑추에이터로 전달한다는 작업이다. 최종적으로 제어하는 것은 4개의 차륜에 장착되어 있는 휠 실린더로의 브레이크 유압이다. 유압 브레이크인 이상 이것도 변함이 없다. 단, 기능이 증가됨으로써 페일 세이프는 엄중해졌다. 어디엔가 고장이 있다 하여도 안전하게 정지하기 위하여 「상당한 안전 대책을 도입하고 있다」고 소프트웨어 개발 담당 엔지니어들은 말한다.

제어 소프트의 전환기는 TCS였다. 운전자가 액셀러레이터 페달을 밟고 있는 상태에서 구동륜의 공전을 정지시키기 위하여 구동륜에 제어 유압을 가한다는 제어 프로그램을 80년대 중반에 완성시켰다. 공전율을 제어하는 수법 자체는 ABS로부터 이어받지만, 자동 증압/감압의 조합은 TCS에서 처음으로 실현되었다.

이 자산이 있었기에 ABS와 TCS를 통합한 ESC가 탄생한 것이라고 말할 수 있다. 90년대 중반에 등장한 ESC는 요 레이트(Yaw rate)나 횡G, 조향 각도가 제어 파라미터로서 추가되었기 때문에 소프트웨어 자체가 커졌다.

현재의 ESC는 1990년과는 비교도 되지 않을 정도로 치밀한 제어를 실시하고 있다. 그러므로 여기에 포괄되어 있는 ABS의 기능만을 선별하더라도 80년대의 제어와는 전혀 다른 별개의 것이며, 도저히 수십 킬로바이트로는 저장이 되지 않는다고 한다.

그리고 ESC에서는 엔진 제어 ECU와 교신이 되고 있다. TCS에서는 로컬 통신이었지만 현재는 차내 LAN 통신이 필수이다. 게다가 「통신을 할 수 있다면 여러 가지를 하고 싶어진다」는 것이 기술의 세계이기에 현재는 송수신 정보의 교통정리에 바쁘다고 한다. 상황에 알맞게 센서로부터의 정보나 제어 신호에 우선도를 설정하면서 교통정리를 실시하고 있다.

이렇게 치밀하고 신뢰도가 높은 소프트웨어의 개발을 자동차 메이커와 브레이크 메이커의 공동 작업으로 실시하고 있다. 그러나 ABS 시대의 자산을 베이스로 증축과 개축을 거듭해온 소프트웨어는 「이제 곧 한계점」에 이른다. 현재의 진화한 ESC, 그리고 앞으로의 진화, 발전하고 있는 전자 브레이크로의 적합성이라는 점도 포함하여 소프트웨어 구조 자체의 재검토가 시작되었다. 브레이크 OS(Operating Software)를 베이스로 센서, 펌프/모터, 통신, 솔레노이드 밸브 등을 각각 정리된 인티페이스에서 애플리케이션 제어와 연결하겠다는 플랫폼 구조이다. 검증을 감당할 모델을 사용한 모델 베이스 개발을 기본으로 하고 상류 단계로부터 소프트웨어 구조의 최적화를 목표로 하고 있다. 「보이지 않는 부분」에서의 개발이 브레이크의 품질에 커다란 영향을 주는 시대가 되었다.

Epilogue

미국, 유럽 및 한국과 일본에서 ESC(=Electronic Stability Control. ESP/VDC 등으로도 불린다)의 장착이 법규화 되어 있는 현재 「차륜이 로크되지 않는다」「실수로 조작하더라도 스핀하지 않는다」라는 브레이크의 존재는 당연한 것이 되었다. 이러한 시스템의 등장으로 브레이크 메이커의 비즈니스는 크게 변했을 것이다. 어떻게 변한 것인가? ADVICS의 고시마 상무에게 들어보았다.

「예전, ABS가 등장했던 시절은 메이커의 옵션이었다. 「가격이 높다」, 「납기가 늦다」 등의 이유를 들어 처음에는 거의 판매되지 않았다. 상황이 변한 것은 딜러인 세일즈 스텝들이 ABS를 체험하고 나서부터. 「좋다!」라고 느끼고 그때부터 장착율이 증가하였다. ABS가 법규화되기 전에는 고생이 많았다. 10년 정도 후에 ESC가 등장했을 때 나 자신은 「이것은 판매가 잘 되겠구나」라고 생각했다. 처음에 시승했을 때의 감동은 지금도 잊을 수 없으며, 그 ESC는 법규화가 선행되었다. 그러나 법규화 되면 비용의 면에서는 불리하기 때문에 정확히 이익을 올리기 위해서는 새로운 부가 가치를 항상 창출할 필요가 있다. ABS와 ESC는 우리들의 비즈니스를 크게 변화시켰지만 「ESC 다음에는 무엇으로 어필할 것인가?」를 위해 우리들은 연구하고 있다」

그러면, ADVICS는 무엇을 제공하려고 하고 있을까?

「하나는 ESC의 증압 기능을 사용하여 ESC 이외의 기능을 제공하는 것이다. ESC 시스템 개발의 초기 단계에서부터 구상하고 있던 것이지만 단 기능이 아니고 부가 가치를 제공해야 한다고 생각했기 때문에 광범위한 용도의 기어 펌프를 개발하였다. 이것은 ESC의 앞에 있는 다기능 시스템의 핵심으로 될 수 있다. 그렇다고 하여도 고객이 가치를 인정해 주지 않는 부가 가치는 소용이 없다. 도움이 되고 이해받을 수 있으며, 지지 받는 기능이 아니면 않된다. 이러한 것을 항상 생각하고 있다. 키워드를 말한다면 하나는 연비이고 연비에 효과적인 브레이크이다」

그렇다. 브레이크는 자동차를 「멈추는」것이 아니라 속도를 조절하기 위한 수단이다. 이러한 전제를 세운다면 연비라는 키워드는 크게 「존재」 한다. 하이브리드 차에서의 에너지 회생 브레이크는 연비에 효과적이지만 ADVICS가 생각하고 있는 것은 이것만이 아니다.

「예를 들면, 소형 모터나 교류 발전기(alternator) 등으로 에너지를 회생하는 마일드 하이브리드의 경우 액셀러레이터 페

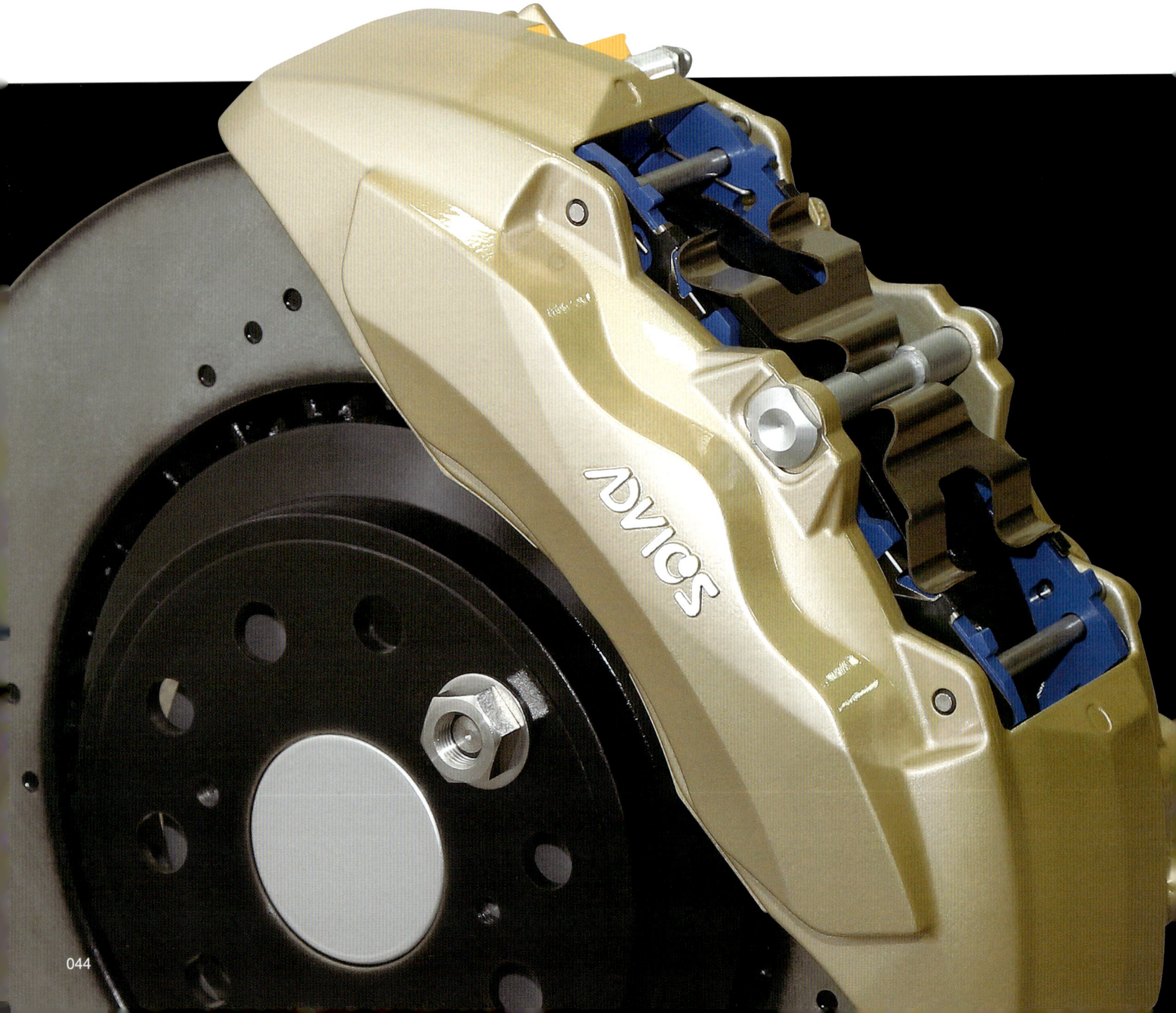

달을 OFF로 하고 브레이크 조작에 들어가려고 할 때에 ESC에 의한 유압 브레이크의 압력과 회생 브레이크를 잘 사용할 수가 있다고 생각한다. 회생 브레이크로부터 유압 브레이크로의 주고받음도 원활하게 할 수 있다.」

그 밖에 무엇을 생각할 수 있는지를 물어보니, 고시마 상무로부터는 이런 대답이 돌아왔다.

「정지 전의 아이들 스톱이라는 방법도 있으며, 증압 기능을 사용하면 가능하다. 엔진을 멈추어도 브레이크 유압은 유지되어 발진시의 『급발진』을 억제하는 것도 이미 하고 있다. 아이들 스톱의 영역을 조금이라도 확대하여 연비를 절약하는데 거기에 브레이크를 유용하게 사용하는 것이다.」

역시, 그런 방법이 있는 것인가. 조향 각도가 없는 직진 상태에서의 정지 직전에 엔진을 멈추는 것은 가능하다.

「엔진의 부압에 의존하지 않는 부스터 수단으로서 우리가 개발한 하이드롤릭 부스터가 있는데 진공 부스터는 1기압이지만 유압은 100기압 이상을 족히 얻을 수 있다. 진공이라는 불안정한 요소에 의존하지 않고 압력을 얻을 수 있다는 것은 무엇인가 기능을 추가하고 싶을 때에 유효하다. 브레이크 페달을 강하게 밟을 수 없는 운전자를 배려하여 브레이크 어시스트가 만들어졌지만 세계적으로 운전자의 고령화를 생각하면 우리가 기능으로서 제안할 수 있는 것은 아직 있다.」

감압/증압이 운전자의 조작과는 별개의 것이 되고 수중에 넣은 정보와 제어 방식대로 여러 가지의 기능이 가능하도록 되었다. 반면에 과대한 제어의 위험성이 있다.

「예전에는 브레이크가 메이커의 물건(손댈 수 없는 것)이었지만 최근에는 요리를 할 수 있는 물건이다. 소프트웨어로 맛을 내는 것이 중요하게 되었다. TCS(Traction Control System)로 『주행』하는데 브레이크를 이용하고, ESC는 『선회하는』 영역에도 가담하였다. 심하게 말하면 『무엇이든 할 수 있다』는 것이며, 제어 소프트의 제조방식에 달렸다. 한편, 운전자의 의사를 반영하는 것이 점점 어렵게 된 것도 사실이다. 제어가 들어감으로써 브레이크 패드가 디스크를 압박하고 있는 감촉이 없어졌다고 하는 지적도 있다. 자신의 조작으로 자동차를 움직이고 있다는 다이렉트한 감은 절대로 필요하다. 그런 의미에서 과거로부터 쌓아 온 기계 장치로서의 브레이크에 대한 필링을 소중히 하여야 한다.

제어로 무엇이든지 가능해진 현재야말로 『가벼울수록 좋다』『잘 들으면 좋다』고 안이하게 생각해서는 안된다」

완전히 동감이다. 브레이크의 필링은 패드와 디스크의 부분뿐만 아니라 보디의 강성, 서스펜션의 세팅, 게다가 드라이빙 포지션, 자동차의 자세 변화 등 자동차 전체가 관계되어 있다.

「가장 중요한 것은 안심감이다. 그것을 어떻게 운전자에게 전달할까. 그리고 정보이다. 이것은 브레이크 시스템의 전체로 생각하여야 하는 것이다. 다행히 ADVICS는 그것을 위하여 AISIN 정기, DENSO, 스미토모 전공, Toyota 자동차의 브레이크 부문을 통합하여 탄생한 회사이다. 시스템으로서의 브레이크를 제안할 수 있는 회사이다. 개발의 현장에서는 항상 브레이크의 필링이나 운전자의 인포메이션을 소중히 하고 있다」

라고 고시마 상무는 말했다.

이 한마디를 들은 것이 기뻤다.

EV의 등장, 연비 요구, 운전자의 고령화, 모든 것이 비즈니스의 찬스다.

브레이크는 그림자와 같은 존재이다
운전자는 그 존재를 마음에 두지는 않는다.
「정확히 멈추는 것은 당연한 일」이다.
그러나 지난 4반세기를 되돌아보면
브레이크의 진보와 고부가 가치화와 함께
어느새 브레이크는
운전자의 인지 · 판단 미스와 조작의 실수
게다가 엔진의 구동력을 넘어서
「안전하게 멈춘다」라고 하는 역할을 몸에 익혔다.
앞으로 브레이크는 어떠한 길을 걸을까
ADVICS의 고시마 상무에게
그 구상의 일단을 들었다.

글 : 마키노 시게오(Shigeo Makino)   사진 : 세야 마사히로(Masahiro Seya)

고시마 타카히로(五島貴弘)
(Takahiro Goshima)

주식회사 ADVICS 상무
제어 제 1 · 2 · 3 기술부 담당

[도해 특집] VEH

C LE DYNAMICS I

Stability Control — VEHICLE DYNAMICS

지구상에 물리법칙이 존재하는 한 주행 중인 자동차는 다양한 "힘"에 노출된다.
또한 지구의 표면이 모두 평탄한 포장도로도 아니며, 바람도 불고 비도 내리기 때문에 자동차를 항상 이상적인 상태로 주행하는 것은 불가능하다.
컴퓨터 속에 가상의 현실 세계와는 달리 리얼 월드(Real World)는 가혹한 것이다.
그 와중에서 자동차를 안전하게 「주행 하고」「선회하며」, 「정지시키는」 당연한 일을 실현시키는 것은 기술자의 영원한 과제로서 극히 어려운 작업이다.
그래서 기본으로 되돌아가 자동차의 주행성, 안정성, 운동성에 대해 생각해 보려고 한다.
여러 가지로 복잡하게 뒤얽힌 요소 속에서 이번에는 스태빌리티 컨트롤에 주목하며. 철저히 알아보자.

취재협력 : Bosch/Continental Automotive/Honda 기연공업/Nissan 자동차/Subaru Tecnica International
Special Thanks : 쿠니마사 히사오(KuniMasai Hisao)(Original Box)

Illustration Feature
VEHICLE
DYNAMICS Ⅰ

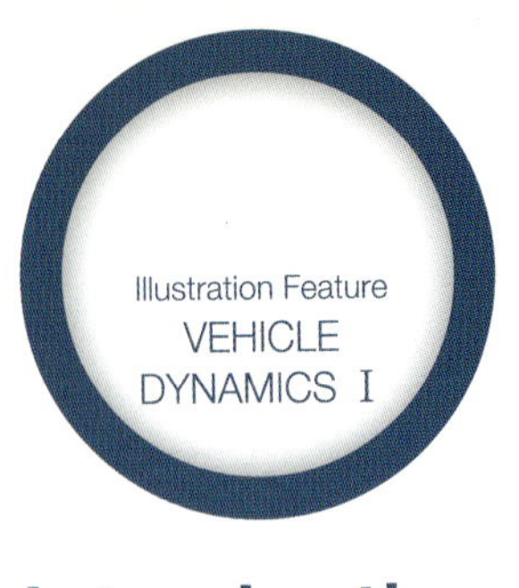

Introduction

자동차가 발생하는 거대한 운동에너지를 운전자는 손과 발로 조종한다.

지면위에 놓인 중량 1톤의 쇳덩어리를 맨손으로 움직이게 하려면 몇 사람의 힘이 필요할까?
그러나 자동차의 운전에는 그다지 체력을 필요로 하지 않는다.
그래서 우리들은 운전 중에 자동차의 「중량」을 잊고 지낸다.

글 : 마키노 시게오(牧野茂雄)
사진 & 그림 : 쿠마가이 토시나오(熊谷敏直)/FUJI HEAVY INDUSTRIES

오목한 그릇 속에 탁구공을 넣고 천천히 그릇을 움직여 본다. 그릇을 횡방향으로 움직이다 정지하면 안의 탁구공은 움직이던 방향으로 계속 움직여 그릇 내면의 커브를 따라 올라간다. 움직인 힘이 작으면 탁구공은 그릇 안에서 튀어나가지 않고 다시 그릇 바닥으로 돌아와 이번에는 반대 방향의 벽을 타고 올라가려는 동작을 보인 후에 결국 그릇 바닥에서 정지한다.

그릇을 좌우로 천천히 움직이면 탁구공은 그릇 안에서 왔다 갔다 하는 운동을 반복한다.

그릇에 원운동을 주면 탁구공은 그릇 안쪽의 형상을 따라서 원을 그린다. 그릇의 돌리는 속도를 서서히 빠르게 하면 탁구공은 원을 그리면서 그릇의 윗면으로 서서히 향한다. 그리고 그릇을 돌리는 속도가 더욱 빨라지면 마지막으로 탁구공은 그릇의 내면을 벗어나 튀어나가게 된다.

이것은 자동차의 「운전」을 가장 간단히 표현할 수 있는 실험이다. 그릇은 그 자동차의 역학적인 운동능력을 나타낸 것이다. 타이어의 그립(grip)력이나 서스펜션의 능력이다. 그릇을 돌리는 「손」이 엔진이라면 탁구공은 자동차이다.

그 때의 노면 상황에 알맞은 타이어 그립력의 범위 내에서 주행하면 자동차가 도로를 벗어나는 일은 없다. 그러나 타이어의 능력을 넘어선 속도로 코너에 진입하면 그릇을 빠르게 돌릴 때의 탁구공처럼 선회하는 바깥쪽으로 진로를 벗어나 자동차는 코스를 이탈(Course out)하게 된다. 혹은 차량의 동특성이나 운전자의 운전조작에 따라서는 스핀(Spin)을 일으키기도 한다. 그러면 자동차의 안전 주행은 여기서 파탄이 나고 만다. 그릇에 넣은 탁구공의 실험은 이 과정을 나타내고 있다.

그릇 안에서 탁구공이 튀어나오지 않도록 하는 것처럼 자동차를 제어한다.……Toyota가 1995년에 VSC(Vehicle Stability Control)를 시판하는 자동차에 도입했을 때 그 콘셉트를 표현하기 위하여 그릇과 탁구공을 예로 사용하였다. 볼 인 볼(Ball in Bowl)이라는 논리이다. 자동차가 도로에서 튀어나가거나 혹은 스핀이 발생되는 상황을 피하기 위하여 제동력과 구동력을 적절히 사용하여 4륜을 각각 제어하고 운전자가 의도한 대로 자동차가 진행방향을 유지시키거나 자동차의 움직임이 파탄나기 바로 직전에 정지시키기 위한 장치가 VSC이었다.

현재 VSC(메이커에 따라서는 VDS 혹은 ESP라고도 부르는데 이 기능을 표현하는 말로서 ESC(=Electronic Stability Control)라는 호칭으로 거의 통일되어 가고 있는 중이다)는 표준 장비로 장착되고 있다. 유럽과 미국은 물론 일본과 한국에서도 신차에서 장착의 의무화가 이미 결정되었다. 경자동차로부터 미니밴, 대형세단까지 ESC는 표준장비가 된다.

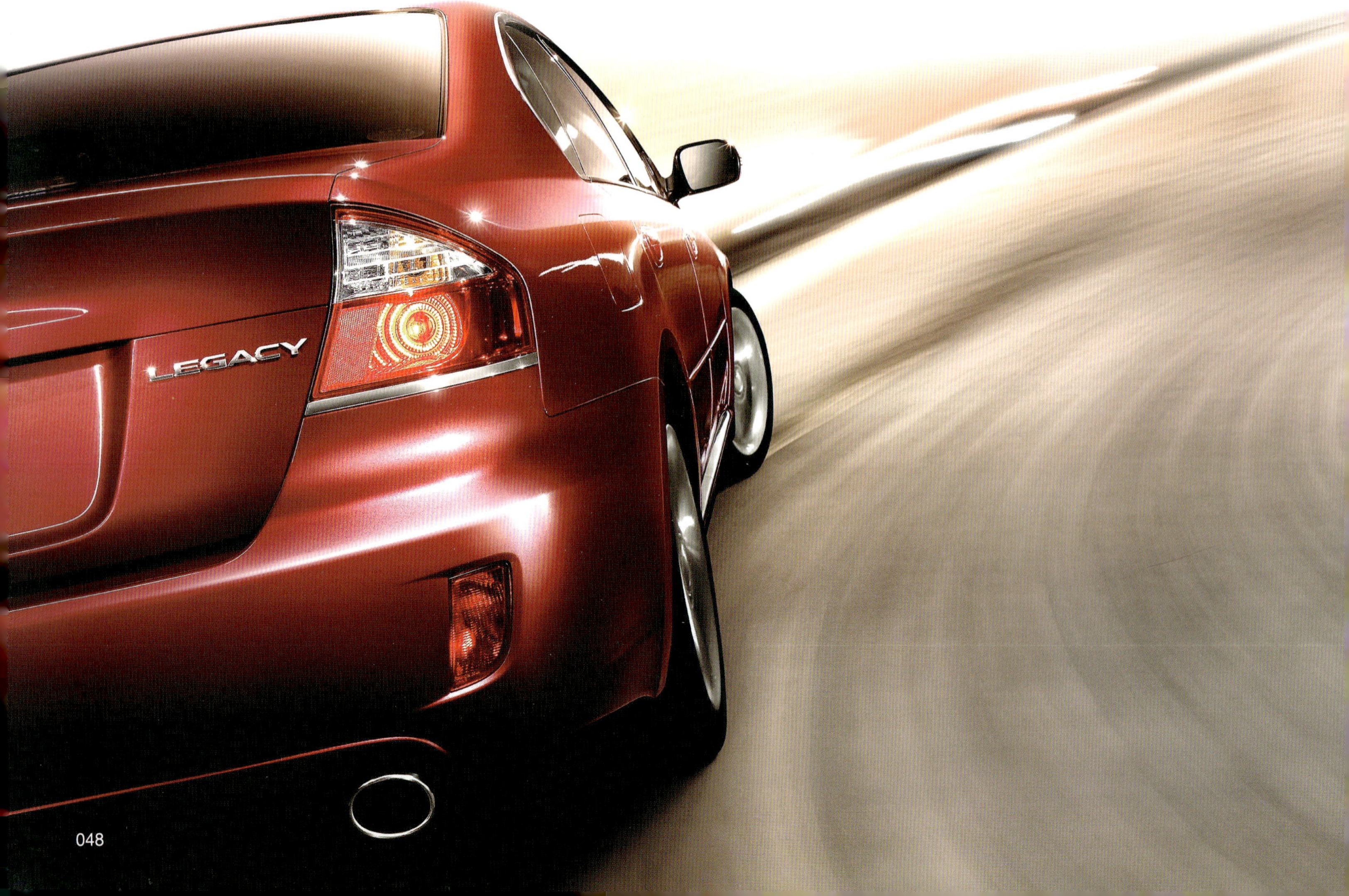

그 이유는 ESC의 「효과」가 인정되었기 때문이다. ESC를 장착한 자동차에서 도로의 일탈 사고가 적다는 것, ESC를 장착하고 있으면 사고에 이르지 않을 가능성이 높다. 는 것이 보고되어 있다. 도로에서 차가 튀어나가거나 스핀을 하는 사고는 다른 자동차나 보행자까지 말려들게 되어 때때로 커다란 참사로 이어져 사회적 손실에 이른다. 그러므로 그것을 미연에 방지하려는 것이다. ESC 가격에 대해서는 NHTSA(미국고속도로교통안전국)나 IIHS(미국고속도로안전보험업협회)가 히어링(Hearing) 조사를 실시한 결과 장착의 의무화를 해도 사용자에게 커다란 금전적 부담을 입히는 일은 없을 것이라고 판단하였다.

유럽과 미국은 물론 한국과 일본에서 판매되는 모든 신조차의 승용자동차에 ESC를 의무적으로 장착하게 되었다. Ball in Bowl을 위한 시스템이 표준장비로 된 것이다.

그러면 Vehicle Dynamics라는 시점에서 볼 때 ESC의 표준화는 과연 어떤 의미가 있는 것일까?…….

엔진을 운전자의 후방에 배치한 MR(Midship Rear drive) 레이아웃의 어려움에 대하여 집어보았다. 리어 타이어에 대한

있었다고 생각한다. 그러나 운전자에게 그 정도의 스킬까지 요구하는 것은 이제 자동차 메이커로서는 할 수 가 없다」

엔지니어들의 말과 같이 MR은 이제는 대량으로 생산하는 자동차의 메이커가 상품으로서 마무리하는 것은 대단히 어렵다. 현재는 AUDI R8이 세계적인 메이저 메이커로서 제조 판매하는 유일한 MR 스포츠카이지만 R8은 「위험한 자동차」로 마무리가 되어 있지 않다. 그것은 AUDI의 사회적 책임이다. 그러나 제1세대 Lotus Elan 시대에서는 MR 스포츠카는 스킬이 필요한 자동차로 훌륭했다. 어느 쪽이 행복할지의 판단은 독자 여러분에게 맡기지만 현재의 메이저 자동차 메이커에게는 사회성이 요구된다.

아니 옛날부터 자동차 메이커는 자동차의 성능을 마무리함에 정확히 사회와 대치하여 왔다. 어느 엔지니어는 이렇게 말한다.

「흔히, Porsche 911은 최종적으로 오버 스티어이기 때문에 그 바로 앞에서는 언더로 마무리되어 있다고 말들을 하지만 그것은 완전한 오해이다. 자동차 메이커는 기본적으로 오버 스티어의 자동차는 만들지 않는다. 리어 엔진인 911은 정

현재는 자동차의 패키징에서 기인되는 운동성능 상의 문제점도 ESC에서 상당 부분 보정할 수 있다.

더 나아가서는 한계 영역을 잘 유지시키면서 절대적인 스피드를 추구하는 것도 가능하다. 1970년대 초기에 등장한 ABS(Antilock Brake System)가 점점 진화한 것처럼 Toyota가 Ball in Bowl을 예로 들며, 설명했던 시대의 VSC와 현재의 ESC 사이에는 제어의 방식이 전혀 다르다. 초기의 ESC는 자동차의 안전망(safety-net)이었지만 어찌되었던 「정지한다」가 그 테마였다. 현재도 ESC의 기본 콘셉트는 「정지한다」이지만 정지하는 방법(작동의 개입)의 자유도는 대단히 넓다. ESC가 거의 완성 영역에 도달함으로써 Vehicle Dynamics 논의가 새로운 무대로 판을 옮겼다라고 말해도 좋을 것이다.

이 책에서는 Vehicle Dynamics의 제1장으로서 ESC를 중심으로 한 현재의 제어 기술을 소개한다. 이 기능에 의하여 무엇이 가능하게 되었는지 미래는 어떠한 방향으로 진화할 것인지에 대해 탐색해 본다. 이러한 시스템이 이미 유럽과 미국은 물론 한국과 일본에서도 표준으로 장착하도록 되었다.

조향 핸들을 돌려 자동차가 선회할 때 차량의 중심 주변에는 요 모멘트(Yaw moment)가 발생한다. 그러나 서스펜션이 유연하게 움직이면서 댐퍼가 필요한 스트로크를 적절히 내고 타이어의 접지 하중의 변화가 크지 않다면 더욱이 리어 타이어가 알맞은 타이밍에 모든 성능을 잘 발휘하여 그 상태를 유지켜 준다면 자동차는 요 모멘트를 잘 활용하여 원활하게 회전할 수 있다. 그러나 타이어의 그립 한계를 벗어나면………

중량 배분의 비율이 내체로 커지는 MR에서는 후륜에 가까운 위치에 엔진이라는 중량물이 배치되기 때문에 요(Yaw) 관성 모멘트가 커지는 경향이 있어 스핀 모드에 들어가기 쉬운 자동차가 되는 경향이 있다는 점은 부정할 수 없다. MR 스포츠카의 설계에 있어서 이러한 경향을 어떻게 제어하여야 하는가가 중요하다는 것을 엔지니어들의 증언으로서 소개하였다. 물론, 이러한 경향을 역이용하여 특성으로서 이용하는 방법도 있지만 어쨌든 운동성능의 조립은 매우 어렵다.

어느 베테랑의 테스트 드라이버는 이렇게 말하였다.

「제1세대 Lotus Elan에서는 타이어 4개의 그립력을 균등하게 사용하여 주행하도록 한 자동차였다. 당시의 타이어는 현재와 비교하면 그립력은 조잡했지만 조향 핸들을 돌렸을 때의 응답성, 선회성이 좋고 거기에서 롤/피치/요(yaw)가 복잡하게 얽히며, 자세의 변화가 시작되지만 그 움직임은 알기 쉬웠다. 어떠한 자세를 만들고 어느 타이밍에서 어느 정도로 액셀러레이터 페달을 밟는지는 운전자의 실력이었으며, 당시의 스포츠카는 모든 움직임을 만들어 내기위해 필요한 수준이

하숭인 상태에서는 리어 타이어의 그립력이 더 크다. 트랙션(Traction)을 가하여도 리어 타이어가 자동차를 앞으로 민다. 소위 푸시 언더(push under)가 되기 쉽다. 911은 언더가 강한 것이 아니라 리어 타이어에 부하를 가하는 것은 운전자가 할 일이라는 설계자의 판단에 의거한 설계이다. 앞뒤 타이어가 함께 힘을 다 발휘하는 차원에서 옆으로 미끄러지는 상태가 되었을 때 더욱이 트랙션이 가해져있는 상태에서 강렬한 요(Yaw) 모멘트를 앞뒤에서 균형을 잡기 위해서는 리어 타이어의 능력이 크지 않으면 안 된다. 예전부터 자동차 메이커는 이러한 이론적인 설계를 하여 왔다」

현재의 제어기술을 활용한다면 제1세대 Lotus Elan의 패키지와 타이어를 그대로 「타이어의 한계를 사용해 가면서 주행하는 것」같은 세팅은 가능할 것이다. 단, 타이어의 능력이 낮기 때문에 한계와는 좀 먼 곳에서부터 제어를 개입시키지 않으면 안 될지도 모른다. 그리고 현재의 911에는 실제로 안정성(Stability) 프로그램이 들어있다. 이것을 환영해야 할지 어떨지는 개개인에 따라 다르겠지만……

불론, Vehicle Dynamics=자량 운동성능을 제어만으로 말할 수는 없다. 아무리 패키징에서 기인되는 어려운 점을 커버해 준다고 해도 제어 이전에 기계로서의 설계가 중요한 것이다. 우선은 정확히 자동차의 끝마무리를 잘하고 그 다음에 제어가 있어야 한다고 생각한다. Vehicle Dynamics에 영향을 주는 것으로는 스티어링, 서스펜션, 보디, 댐퍼, 타이어, 구동계통 그리고 시트나 공력 등 자동차의 모든 부분이며, 여기서 모든 것을 망라하는 것은 어렵다. 우선은 최신의 제어 기술부터 살펴보면서 여기에서 기계부분으로 거슬러가도록 순차적으로 고찰을 해나가고자 한다.

Vehicle Dynamics………이것, 어딘지 모르게 근사한 말 속에 들어있는 「깊은 부분」 속까지 들여다보는 것은 쉬운 일이 아니지만 지금부터 세계 선진국은 물론 모든 나라에서도 표준 장착율이 급상승하고 있는 ESC를 중심으로 자동차 본연의 자세를 생각해 보는 계기를 제공할 수 있다면 하고 생각해 본다.

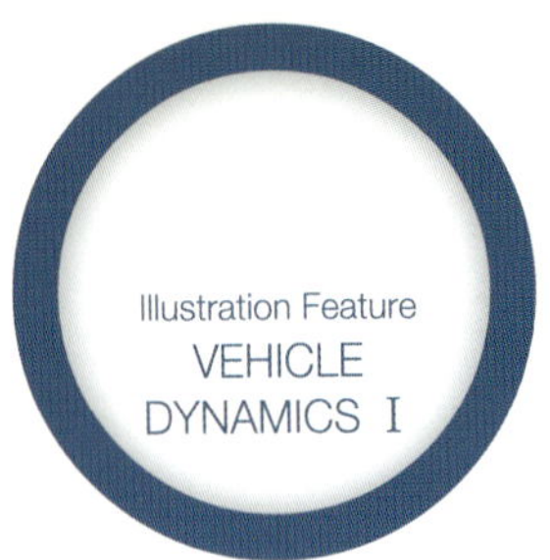

주행 중인 자동차의 "역학(力學)"

The dynamics of a moving vehicle

Chapter 1

Pitching — 피칭

자동차 전후방향의 중심축(x축)을 따라 발생되는 직선운동으로 인하여 좌우방향의 중심축(y축)에서 일어나는 차체의 회전운동을 피칭이라고 부른다. 완전히 평탄한 노면 위를 주행하고 있다고 가정하였을 때 차체의 전후방향의 움직임에 동반하는 하중의 이동에 의하여 y축을 중심으로 하여 차체 전체가 회전하려고 하는 움직임이라고 생각하면 감이 올 것이다.

피칭은 타이어의 접지 점과 차량의 중심위치가 떨어져 있기 때문에 발생한다고도 표현할 수 있다. 차체 전체를 움직이려고 하는 힘의 기점은 구동륜의 접지 점이다. 이 점과 차량의 중심이 떨어져 있음으로 인하여 회전방향의 움직임이 발생된다. 이때에 생기는 힘(피칭 모멘트)의 크기는 「가속력×중심높이」에 의하여 도출된다.

운전자가 자동차를 주행하고 있는 시간의 95% 이상은 「직진」을 하고 있는 상태이다. 그 중에서 가속을 하거나 감속했을 때 일어나는 「차체 운동」으로서 피칭은 누구에게나 이해하기 쉬운 움직임일 것이다. 그리고 실제로 주행하는 노면은 완전히 평탄하지 않으므로 노면의 형상에 따라 자동차가 들리거나 가라앉거나 한다. 이것을 상하방향의 축(z축)을 따라서 동시에 차체의 앞과 뒤가 시간차를 갖고 직선운동을 하는 움직임이라고 생각하면 역시 y축을 중심으로 한 회전운동이 일어나게 된다. 이것은 「차량의 자세」로서 피칭이지만 실제로 자동차를 운전하다 보면 많이 느끼게 된다.

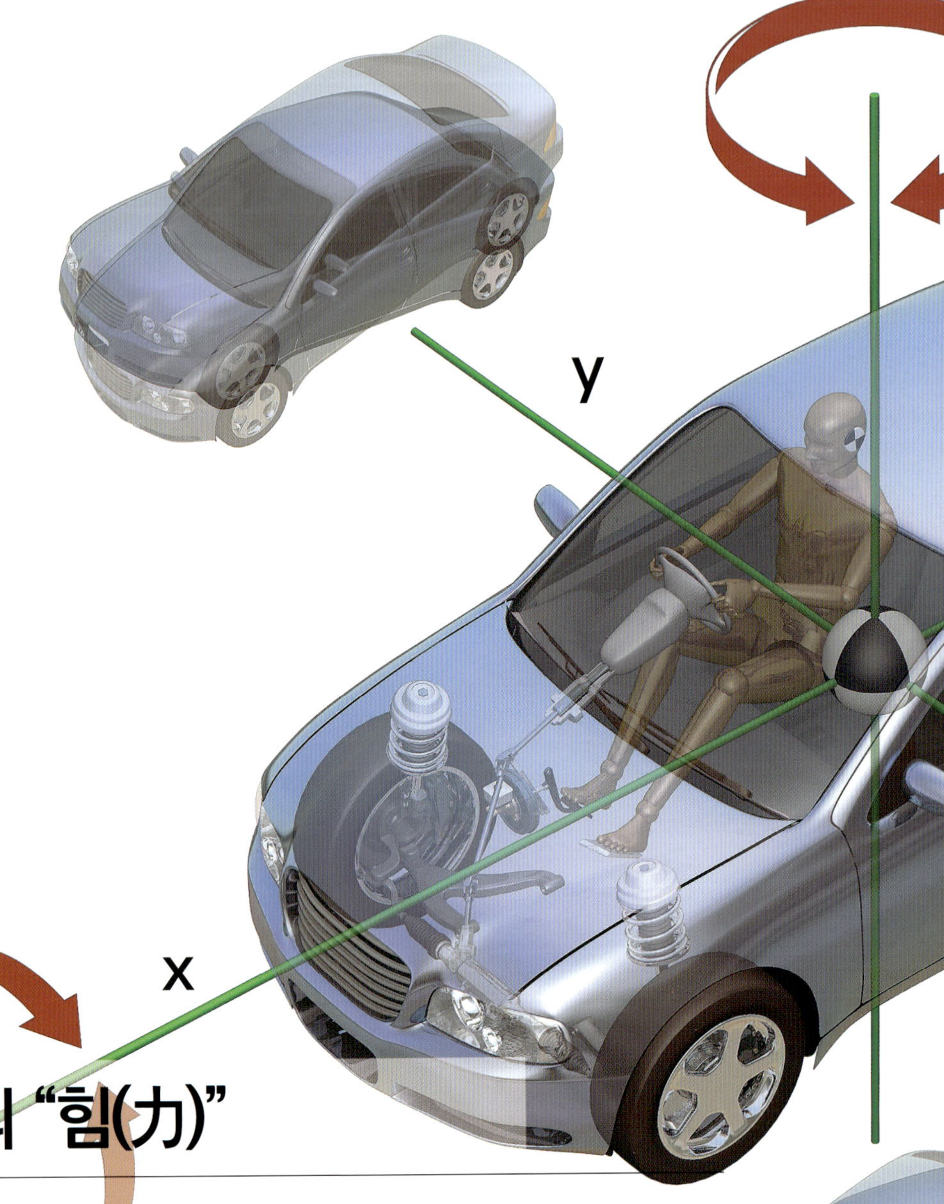

자동차 주위의 "힘(力)"

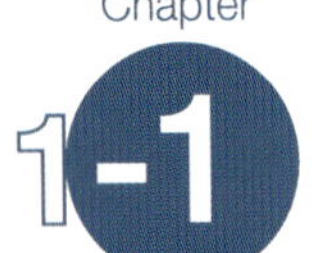

Forces around the vehicle

자동차가 움직이기 시작한다면 그 순간부터 자동차에는 여러 방향에서 다양한 종류와 크기의 「힘」이 작용하여 「움직여지며」 동시에 스스로를 「움직이는」 상태가 한결같이 반복된다. 그 「움직임」들을 세분화하면 3개의 축을 따라 움직이는 직선운동과 각각의 축을 중심으로 하는 회전운동의 조합인 것이 보인다. 자동차의 운동역학(=Vehicle Dynamics)은 이 3개의 축과 「움직임」 그리고 「힘」의 관계를 생각하는 것으로부터 모든 것이 시작된다. 이 책에서는 되도록 수식의 종류를 사용하지 않고 기본적인 논리를 정리하여 본다.

실제로 운전의 경험에 비추어 생각해 본다면 결코 어려운 이야기는 아닐 것이다.

글 : 마츠다 유지(松田勇治)　그림 : 쿠마가이 토시나오(熊谷敏直)

자동차의 운동은 기본 6종류의 조합이다.

물건에는 반드시 "중심"이 있다. 자동차의 중심에 대해서는 우선 「휠 베이스 중의 어딘가에 떠있다」고만 생각해 두자.

그 중심점을 전후방향, 좌우방향, 상하방향으로 각각 가로지르는 3개의 축이 있다고 생각하길 바란다. 차체의 움직임이란 이 3개의 축 각각을 따라 움직이는 직선운동과 축을 중심으로 한 회전운동의 조합으로서 해석할 수 있다. 가령, 가속도란 전후방향의 축(x축)을 따라 움직이는 직진운동이고 그것에 동반하여 일어나는 좌우방향 축(y축)을 중심으로 한 회전운동이 피칭이다.

이렇듯 어느 축을 따라 움직이는 직선운동에 동반하여 다른 축을 중심으로 한 회전운동이 일어난다. 이 6종류의 움직임이 차체의 움직임 그리고 자동차의 "운동"을 생각할 때 대전제가 된다.

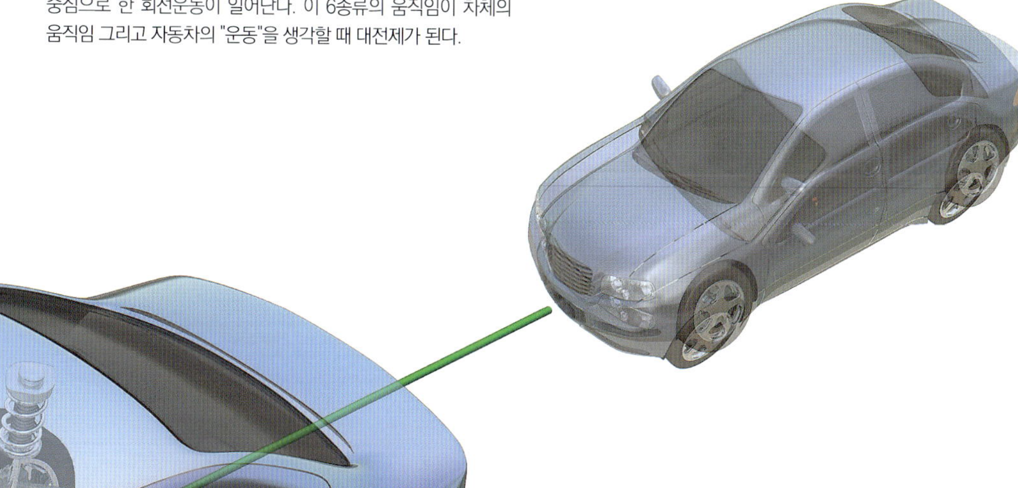

Rolling — 롤링

자동차의 중심점에 대하여 좌우방향의 축(y축)을 따라 움직이는 직선운동에 동반하여 일어나는 전후방향 축(x축) 주위의 회전운동을 롤링이라고 한다. 롤링을 일으키는 힘도 그 기점은 타이어의 접지 점이다.

자동차가 커브 길을 선회할 때 그 움직임 속에는 y축 방향의 직선운동에 해당되는 성분이 포함된다. 더욱이 원심력도 작용한다. 그러나 노면과 타이어 사이의 마찰에 의한 항력이 그것들을 멈추게 하려고 작용한다. 그리고 이 항력의 크기는 관성질량으로서 접지면의 하중이 증가되는 외측륜 쪽이 내측륜보다 커진다. 이것에 의해 x축을 중심으로 한 회전방향의 움직임이 생긴다. 이것이 롤링 모션이다.

피칭과 마찬가지로 롤링 모션도 노면에서의 영향에 의해 생기는 경우가 있다. 가령 좌우의 타이어가 다른 높이의 노면에 놓인 경우나 울퉁불퉁한 노면의 바퀴자국에 의하여 타이어에 캠버 스러스트(Camber thrust)의 힘이 작용했을 때에도 x축을 중심으로 한 회전운동이 일어난다. 이렇게 생각하면 실제의 주행 중에는 가령 직진 중이라고 해도 차체에는 항상 미세한 피칭 모션과 미세한 롤링 모션이 일어나고 있으며, 그것이 조합된 움직임을 지속시키는 것이다. 라고 이해할 수 있을 것이다.

Yawing — 요잉

자동차의 중심점에 대하여 수직방향의 축(z축)을 중심으로 한 회전운동이 요잉이다.

자동차가 정상적으로 선회하고 있는 상태란 타이어와 노면 사이의 마찰력이 원심력과 정확히 균형이 이루어진 상태이다. 그 마찰력 중에 선회하는 내측을 향하고 있는 힘을 「코너링 포스(Conering force)」라고 하며, 타이어의 슬립 각(Slip angle) 1°당의 코너링 포스를 「코너링 파워」라고 한다.

직진하고 있던 상태에서 코너를 향하여 조향 핸들을 돌리기 시작하면 지동치는 관성에 의하여 직진을 유지하려고 하기 때문에 전륜 타이어에는 슬립각이 생긴다. 그러면 코너링 포스가 발생하여 자동차에 횡방향의 운동과 중심점 주위의 회전, 즉 요잉 운동을 발생시킨다. 이 때 후륜에는 횡방향의 운동에 의하여 선회하는 내측으로, 요잉 운동에 의하여 선회하는 외측으로 움직이려고 하지만 힘의 밸런스에 의하여 거의 직진을 유지한다.

더욱 조향 핸들을 많이 돌리면 전륜의 코너링 포스가 증가되고 회전 모멘트(Turning Moment)가 커진다. 이와 동반하여 요잉이 커지게 되면 힘의 밸런스가 붕괴되어 후륜도 선회하는 외측으로 움직이기 시작한다. 그러면 후륜에도 슬립각이 생기고 코너링 포스가 생긴다. 요잉은 이 전후 코너링 포스의 크기 차이에 따라 증감된다.

선회 이외에서는 옆에서 불어오는 바람이나 노면의 상황에 의한 외적인 요인에 의해서도 요잉이 발생한다.

힘의 영향

Influence of the force

직진상태에서 감속하며, 선회에 들어가는 과정을 통하여, 차체에 작용하는 '힘'의 영향, 즉 여러 가지 힘은 단시간에
방향과 세기를 크게 바꾸어간다.
이 상태는 주행중인 자동차의 자세에 있어서 가장 불안정한 상태이다.
정적인 중심위치와 중량의 배분이 아무리 뛰어나다고 해도 이 상태에 있어서는 "본성"이 드러나기 때문에 생각한
대로 제어할 수 없을 수도 있다.
그러면 이 과정 중에 있는 자동차에서는 각 부분에 어떤 일이 일어나고 있는 것일까?
롤(Roll), 피치(Pitch), 요(Yaw) 등 각각의 움직임에 대하여 생각해보자.

글 : 마츠다 유지(松田勇治)　그림 : 쿠마가이 토시나오(熊谷敏直)

▶▶▶ Roll의 영향

선회중인 자동차는 원심력의 작용에 의한 영향으로 차체가 롤 운동을 한다. 롤에 의하여 스프링 위의 중량은 선회하는 외측으로 쏠리면서 이동하기 때문에 타이어에 가해지는 하중은 외측이 커진다. 타이어의 코너링 포스는 노면과의 사이에 발생하는 마찰력×하중에 따라 증감하는「하중 의존성」을 갖고 있으므로 선회 중에는 같은 슬립각이라 하더라도 내측 타이어보다 외측 타이어가 커다란 코너링 포스를 얻게 된다. 이에 따라 타이어의 슬립각이 일정하더라도 롤이 증가하기 때문에 코너링 포스가 포화(Saturate)되는 곳 까지는 요(Yaw)도 크게 된다.

그리고 롤의 경우 양뿐만 아니라 각속도(angular velocity)도 하중의 이동에 영향을 미친다. 각속도에 따라 관성 질량이 변동하기 때문이다. 만일 타이어의 코너링 포스가 일정하다고 하면 롤의 양은 원심력에 따라 증감하게 된다. 단, 노면의 형상에 따라서 차체가 들리는 것에 의해서도 증감하고 서스펜션의 구성에 의하여 롤 자체가 차체를 들어 올리려는 잭업 모션(Jack-up motion)이 생기기도 한다. 서스펜션에는 이러한 요인들의 변동에 좌우되지 않도록 차체의 자세를 안정시켜주는 능력이 요구된다. 그리고 롤에 따르는 서스펜션 스트로크의 변화에 의하여 타이어 접지점의 순간 회전중심은 시시각각으로 변동한다. 이로 인한 특성의 변화를 흡수할 수 있는 기하학적 구조(Geometry)의 설정도 필요하게 된다.

상당히 저속으로 직진하고 있는 경우를 제외하면, 주행 중인 차체에는 피치(Pitch), 롤(Roll), 요(Yaw) 각각의 운동이 일어나고 있다. 그리고 하나의 움직임이 다른 움직임에 영향을 주고 그것이 또 다른 움직임에 영향을 미치는 것이 반복되고 있다. 당연히 각각의 운동에 따라 일어나는 힘도 항상 변이를 계속하고 있다. 더욱이 각각의 타이어 마찰 원도 크기와 형상이 변하게 되고 그 변이도 차체에 대하여 영향을 끼치게 된다.

서스펜션의 역할은 노면과 차체 사이에 위치하여 양쪽으로부터의 힘을 받아내면서 완충작용을 하는 것으로 차체의 움직임과 자세를 필요 이상으로 변화시키지 않는 것이라고 생각할 수도 있다. 이러한 발상을 일보 전진시켜 실현화시킨 것이 노면의 형상과 주행의 상황에 좌우되지 않고 항상 차체의 자세를 일정하게 유지시키려고 하는 액티브 서스펜션(Active Suspension)이다.

▶▶▶ Yaw의 영향

　자동차를 선회시키기 위하여 조향 핸들을 선회하는 방향으로 천천히 회전시킨다. 그 회전운동은 조향 기구를 통하여 접지 점의 순간 중심을 축으로 하여 전륜을 회전시켜 나가는데 전륜의 타이어에는 슬립각이 생긴다. 이 시점에서 벌써 요는 발생한다. 요가 전후 타이어의 코너링 포스 차이에 의하여 생기기 때문이다. 그리고 사실은 「직진」이라고 인식하고 있는 상태에서도 노면 형상과의 관계에서 타이어에 캠버 스러스트(camber thrust)의 힘이 발생되면 이로 인해 요가 발생되기도 한다. 즉 요는 「선회」 중에 한정되지 않고 「직진」일 때에도 미세하게 발생과 수렴(收斂)을 반복하고 있다.

　요의 크기와 롤의 크기는 밀접한 관련이 있으며, 요의 증감에 따라 롤도 증감한다. 스프링 아래 계통의 움직임으로서는 선회 외측은 바운스(Bounce), 내측은 리바운드(Rebound) 측으로 움직인다. 그에 따라서 차체와 허브를 접속(링크)하는 암(Arm)류의 위치도 변이되고 타이어의 접지면도 형상을 변화시켜 간다. 그러한 과정을 거쳐 원심력과 코너링 포스가 평형을 이루고 조향각과 속도가 일정한 상태로 선회 자세가 안정되면 그 다음은 그것을 어떻게 수렴시킬 것인가가 문제가 된다. 요는 발생시키는 것보다 수렴시키는 것이 훨씬 어렵다. ESC는 4륜 각각의 브레이크를 개별적으로 제어하여 요를 발생/수렴시킴으로써 종래의 운전 조작과 기구에서는 불가능했던 효과를 실현시키고 그것으로써 차량의 운동을 제어하는 장치로 차량 운동제어에 새로운 영역을 개척했다고 말할 수 있다.

▶▶▶ Pitch의 영향

　타이어의 접지 하중에 대하여 전후의 밸런스를 변동시키는 요소가 피칭이다. 코너에 대비하여 감속을 하면 그에 따른 피칭 모션에 의하여 전륜의 접지 하중이 증가된다. 즉 마찰원이 커진다. 이 상태대로 전륜에 슬립각이 생기도록 코너링 포스를 발생시키면 상대적으로 선회운동을 하기가 쉬워진다. 고속으로 코너에 접근하는 경우 등 이 과정을 신중하게 행할 것인지 아닌지에 따라서 자동차의 거동은 크게 변해간다. 지금까지는 언급하지 않았지만 이러한 움직임에 동반하여 차체 안에서는 여러 가지 부품들이 움직임에 관여하고 있다. 우선 파워 트레인이다.

　시판되는 자동차의 경우는 스트레스 마운트(Stress mount)가 아니므로 금속의 부품이 밀도가 높게 채워져 있는 중량물인 파워 트레인은 차체의 운동과 근소한 위상 차이를 갖고 움직이게 된다. 이 관성 질량도 자동차 전체의 움직임을 간섭하는 요소가 된다. 여기에서 중요한 것이 엔진 마운트(Engine mount)이다. 차체와 엔진 사이에서 완충작용을 하는 장치이며, 자동차의 운동을 좌우하는 중요한 부품 중 하나이다. 마찬가지로 서스펜션에 있어서는 구성부품들 사이에 배치되는 조인트(Joint)나 부시(Bush)도 자동차의 조종성과 안전성을 크게 좌우시킨다. 양산차에서는 소음과 진동 대책의 일환으로 「흡수」「차단」이 우선시 되는 경향이 있지만 힘과 움직임이 전달되는 계통에서는 그로인하여 손해를 보게 되는 경우도 예상외로 많다.

언더 스티어와 오버 스티어

Under Steering and Over Steering

언더 스티어와 오버 스티어. 이렇게 중요하면서도 하물며, 이렇게까지 뜻이 애매모호한 말도 아마 드물 것이다.
「조향에 있어서 노즈(Nose)가 안쪽을 향하는 것………등」의 말은 이제부터 머리 속에서 깨끗이 지우기 바란다.
양산되어 판매되는 모든 자동차는 언더 스티어로 만들어지고 있다.

글 : 마츠다 유지(松田勇治)　그림 : 쿠마가이 토시나오(熊谷敏直)　사진 : BOSCH/Continental

Over Steeringa —— 오버 스티어

자동차의 운동성능은 「안전성」과 「운동성」의 밸런스에 의하여 결정된다. 그리고 어떠한 상황에서 어느 쪽에 비중을 둘 것인가? 하는 것이 운동 특성을 결정한다. 이에 관하여 기본적인 특성을 판단하는 기준이 되는 것은 외적인 방해(disturbance)를 받았을 때의 자동차의 반응이다.

직진 중에 옆바람 등에 의하여 순간적으로 외적인 방해를 받았다고 하자. 그로 인하여 발생된 요 운동을 그대로 유지하면서 어떤 반경을 가진 원주 위를 계속해서 돌고 있는 자동차에서는 전륜과 후륜의 코너링 포스가 균형을 이루고 있는 경우에 그러한 운동을 실현하는 안정성의 개념을 「뉴트럴 스티어(Neutral steer) 특성」이라고 한다. 이것과 달리 전륜의 코너링 파워가 후륜보다도 크고 외적인 방해에 의하여 발생된 요 운동이 회전 모멘트(Turning Moment)에 의해 증대되는 경향을 가진 것을 「오버 스티어 특성」이라고 부른다. 반대로, 후륜의 코너링 파워가 전륜보다도 커서 복원 모멘트가 작용하여 요 운동을 억제 혹은 수렴시키는 경향을 갖는 것이 「언더 스티어 특성」이다.

이것들은 전륜과 후륜의 코너링 포스가 합해져서 작용하는 힘의 작용점(=뉴트럴 스티어 포인트)에 영향을 준다. 이것이 중심보다 뒤에 있다면 언더 스티어 특성, 앞에 있다면 오버 스티어 특성으로 되기 쉽다. 중심에 가까울수록 뉴트럴 스티어 특성에 가깝다.

Under Steering —— 언더 스티어

다음으로 안정된 선회상태에서 서서히 가속을 진행하는 상황을 생각해 보자. 선회 상태란 원심력과 코너링 포스가 균형을 이룬 상태이다. 거기에서 점점 가속하면 원심력이 커지기 때문에 균형을 유지하기 위하여 코너링 포스도 증가되어 간다. 원심력의 작용점은 자동차의 중심점이므로 뉴트럴 스티어 포인트와의 위치 관계에 따라서 그 후의 거동이 달라진다.

다만, 모든 자동차는 이 상태에서는 언더 스티어가 되도록 만들어지고 있다. 조향각을 일정하게 유지하고 선회하면서 점점 가속시킬 경우 시간이 경과하여도 계속 같은 원주 위를 달리거나 혹은 안쪽으로 더 꺾어져 들어가는 듯한 운동성은 있을 수 없다.

일반적으로 「오버 스티어」가 되는 경우는 「마찰원」에 의해 전륜보다 후륜이 먼저 접지력이 약해지면서 슬립각이 커져가는 상태이다. 이것을 파워 오버 스티어(Power Oversteer)라고 한다.

언더 스티어는 반대로 전륜의 접지력이 후륜보다 먼저 약해지게 되면서 회전 모멘트가 줄어드는 상태이다. 혹은, 느린 선회로부터의 가속시와 같이 전륜의 접지 하중이 상대적으로 가벼워져 충분한 코너링 포스를 확보하기 어려운 상태에서 구동력이 후륜에서 유효하게 작용하고 그것이 밀려가는 듯한 형태에서 전륜이 요 운동의 궤적보다 큰 궤적으로 주행하려는 상태이다. 이것을 푸시 언더 스티어(Push Understeer)라고 한다.

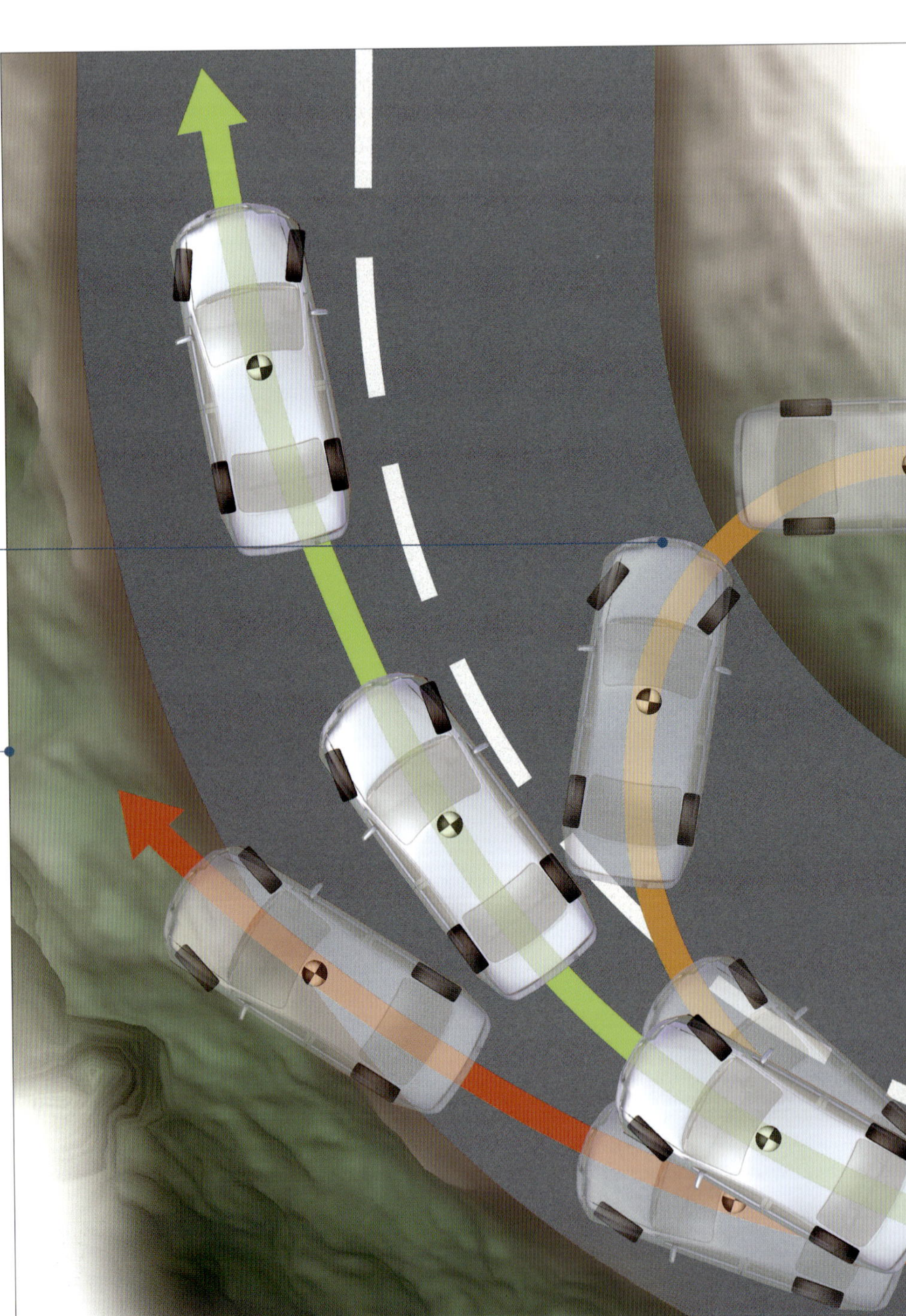

정상의 원을 선회하는 상태에서 크게 액셀러레이터 페달을 밟는다. 테스트 드라이버의 트레이닝(Test driver's Training) 등에서 자주 설정되는 과제이다. 어느 정도 이상의 출력을 갖는 후륜 구동차라면 리어 타이어의 마찰원이 구동 측으로 커져서 횡방향으로 내는 힘이 감소하기 때문에 전후의 밸런스는 뒤가 약해진다. 속도나 노면의 상황에 따라서는 간단히 스핀을 하게 될 것이다. 전륜 구동차라면 반대로 앞이 약하게 되어 드리프트 아웃(drift out)되어 간다. 마찰원의 논리에 의거하여 생각해 보면 이것은 일어날 만하여 일어나게 된 그야말로 당연한 반응에 지나지 않는다.

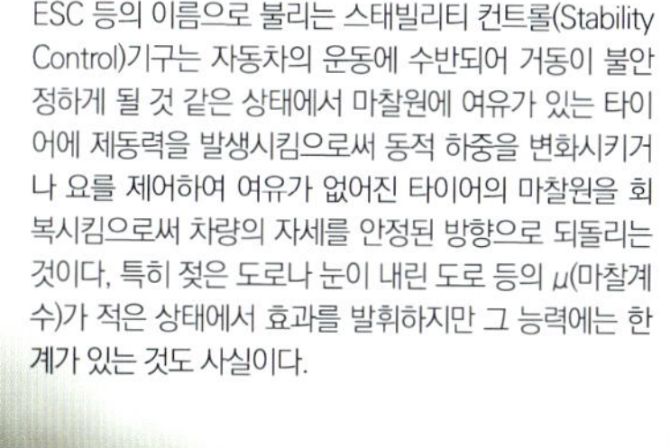

ESC 등의 이름으로 불리는 스태빌리티 컨트롤(Stability Control)기구는 자동차의 운동에 수반되어 거동이 불안정하게 될 것 같은 상태에서 마찰원에 여유가 있는 타이어에 제동력을 발생시킴으로써 동적 하중을 변화시키거나 요를 제어하여 여유가 없어진 타이어의 마찰원을 회복시킴으로써 차량의 자세를 안정된 방향으로 되돌리는 것이다. 특히 젖은 도로나 눈이 내린 도로 등의 μ(마찰계수)가 적은 상태에서 효과를 발휘하지만 그 능력에는 한계가 있는 것도 사실이다.

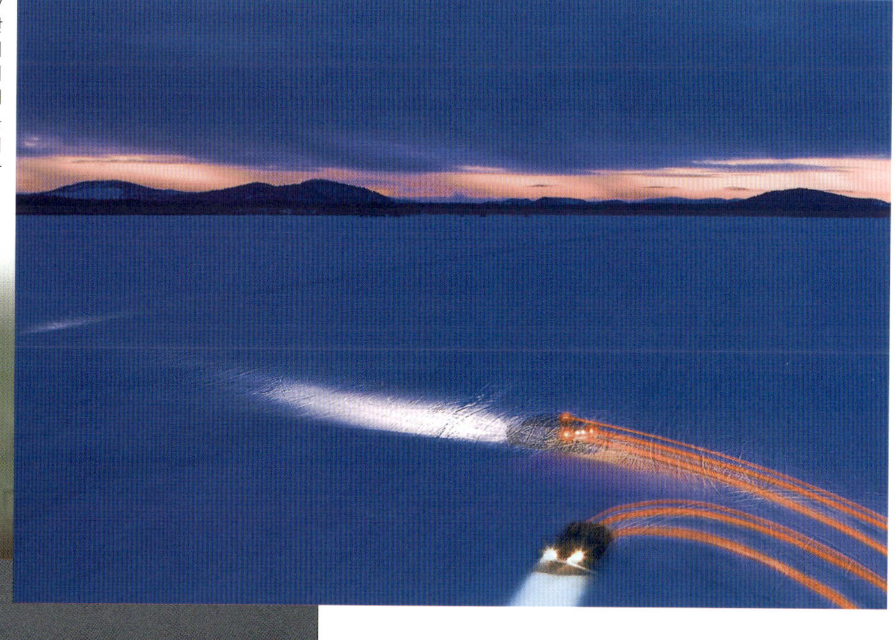

「오버」도 「뉴트럴」도 있을 수 없다.

언더 스티어, 오버 스티어란 무엇일까? 「직진 상태에서의 조향에 반응하여 얻어지는 초기의 차체 슬립각의 크고 작음」과 같은 뉘앙스로 쓰이기 쉽지만 이것은 차량의 운동에 대하여 사용되는 정의와는 무관한 「자동차 잡지 용어」에 지나지 않는다. 원래 조향의 양과 각속도, 타이밍, 전후의 동적인 하중이라는 요소에 따라서 그 반응은 달라지기 때문에 정량화 할 수 없으며, 그것이 언제나 「언더 스티어」나 「오버 스티어」로 될 자동차를 자동차 메이커에서 출하할 리가 없다. 올바른 언더 스티어/오버 스티어의 정의를 곱씹어 적어두니 머릿속 한편에 잘 새겨두기 바란다.

카운터 스티어와 요 컨트롤

Counter Steering and Yaw Control

차량의 자세에 대한 안정을 유지시키기 위해 기본이 되는 것은 후륜의 스태빌리티 성능이다.
구동륜을 불문하고 상황에 따라서는 후륜이 그립(Grip)의 한계를 넘으면 테일 슬라이드(Tail slide)가 발생된다.
이것을 방지하기 위한 조작인 「카운터 스티어」의 효능을 생각해 보자.

글 : 마츠다 유지(松田勇治) 그림 : 쿠마가이 토시나오(熊谷敏直)/FUJI HEAVY INDUSTRIES/Daimler/NISSAN

차체의 슬립각으로 자동차의 운동을 생각해 보자.

선회란 자동차가 선회중심에 대하여 「공전」하고 있는 상태이다. 공전의 궤적인 원주의 접선에 대한 차체의 x축 각도를 차체의 슬립각이라고 한다. 선회를 실현하는 힘인 요(Yaw)는 차체를 「자전」시키는 작동이므로 선회란 자동차가 공전하면서 자전하고 있는 상태라고도 할 수 있다.

자전 운동의 크기는 곧 요의 크기이므로 앞뒤 타이어의 코너링 포스의 차이가 변하면 자전의 세기가 변하는 것으로 인해 공전의 궤적에서 벗어나려고 한다. 원래의 공전 궤적보다 큰 원주를 그리려고 하는 상태는 원래의 원주보다 슬립각이 작아지는 것이며, 반대로 공전 궤적보다 작은 원주를 그리려고 하는 상태에서는 차체의 슬립각이 커진다. 전자는 「언더 스티어」이고 후자는 「오버 스티어」인 것이다.

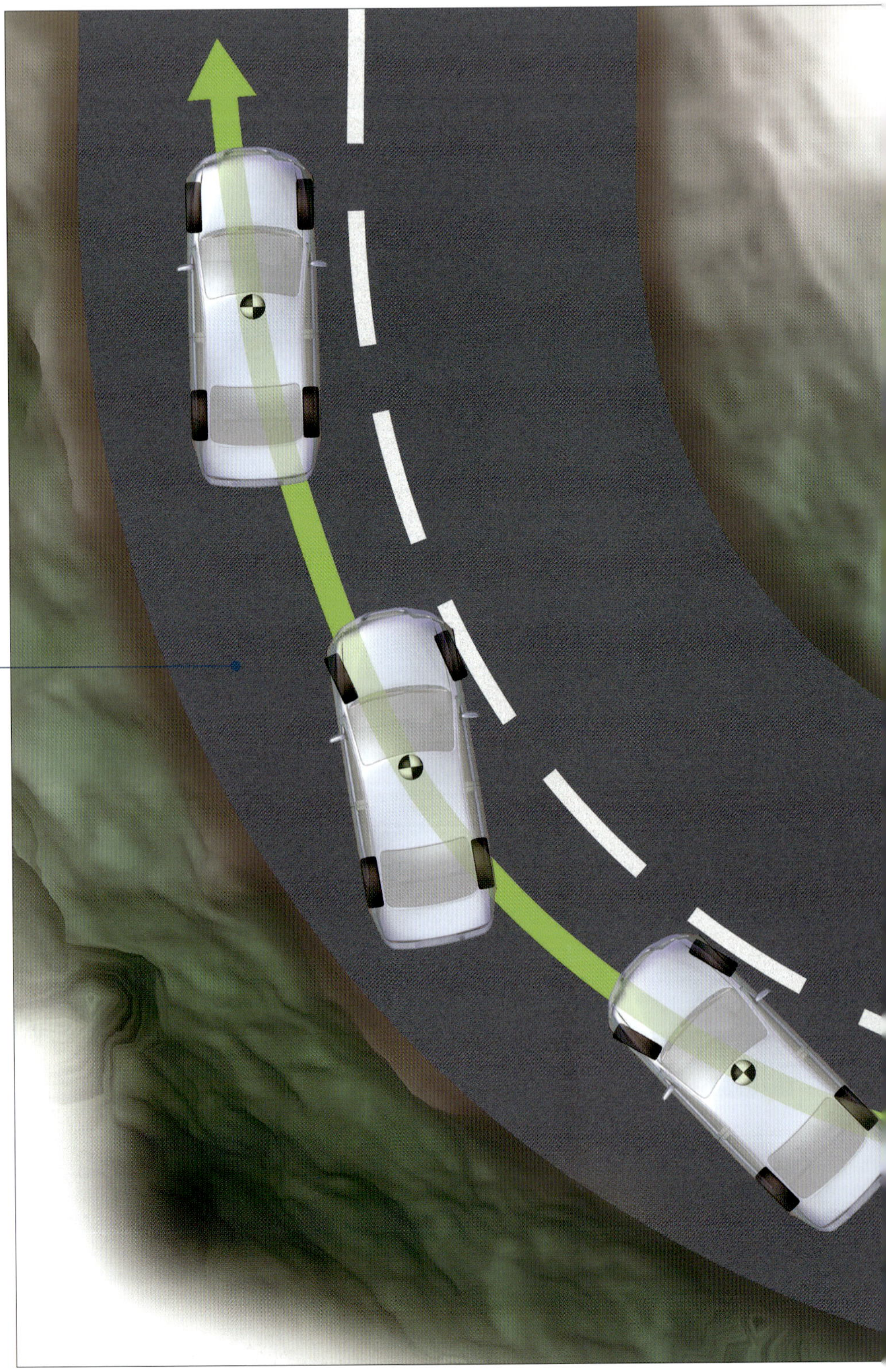

Counter Steering —— 카운터 스티어

선회 중인 타이어에는 슬립각이 있다. 하중이 같다면 어느 지점까지는 슬립각이 커지는 만큼 코너링 포스도 증가되어 간다. 전륜의 슬립각이 후륜의 슬립각보다 작은 상태를 유지하면서 속도(=원심력)를 증가시켜 나가면 코너링 포스의 차이에 따라 전륜이 미끄러지기 시작한다. 여기에서 조향 핸들을 더욱 돌려 전륜의 슬립각을 더욱 크게 만들면 코너링 포스가 피크를 넘어서 줄어드는 영역으로 들어가게 되면서 더욱더 선회 운동으로부터 벗어나게 된다. 이것이 소위 말하는 「핸드 언더(Hand under)」상태이다.

반대로 후륜의 슬립각이 전륜보다 크고 코너링 포스가 저하하는 곳에 도달하게 되면 요(Yaw)가 순식간에 크게 되면서 원심력에 의하여 후륜이 미끄러지기 시작한다. 이것이 테일 슬라이드(Tail Slide) 상태이며, 차체의 슬립각도 과대해지게 된다.

이 상태를 회복시키기 위해서는 코너링 포스의 앞뒤 밸런스를 수정하면 된다. 좀 더 단순히 말하면 전륜과 후륜이 진행하려는 방향 혹은 양을 바꿔주면 된다. 그래서 전륜을 진행방향과 반대로 향하게 해주면 전륜의 좌우 코너링 포스의 크기가 변한다. 이로 인하여 전후 코너링 포스의 관계가 바뀌게 되어 요를 수렴시키는 것이 카운터 스티어이다. 프런트 서스펜션의 기하학적 구조(Geometry)가 적절하다면 손을 핸들에서 떼는 것만으로 셀프 얼라이닝 토크(Self Aligning Torque)에 의하여 적절한 양의 카운터 스티어가 저절로 이루어진다.

● 스태빌리티를 유지하기 위해서는?

1 : 미리 속도를 낮춘다

■ 다운 시프트
블리핑(Blipping) 컨트롤에 의한
원활한 변속 이미지
(E-5AT를 매뉴얼 모드로 조작 시)

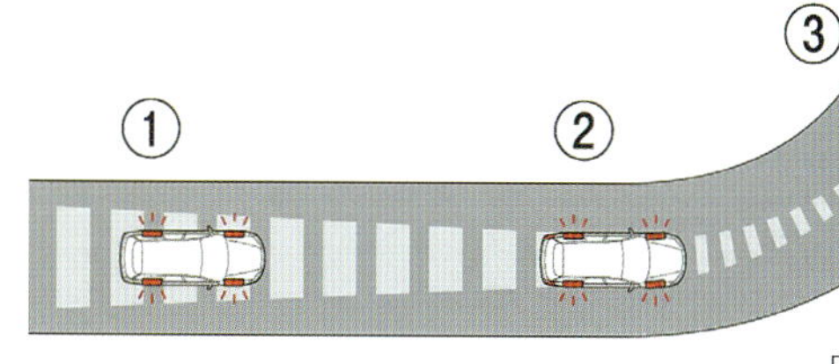

① 코너 바로 앞에서 시프트 다운
② 엔진 브레이크로서 코너에 진입
③ 출구를 향하여 부드럽고 파워 풀(Power full)하게 가속

2 : 적절한 브레이크를 작동시켜 자세를 유지한다.

자동차의 운전이란 운전자가 자신의 의지와 자동차의 움직임을 일치시키기 위하여 「속도」 「라인」 「요」라는 세 가지 요소를 컨트롤하면서 조작하는 것이다. 자동차 자체에 전혀 흥미가 없는 운전자라도 속도와 라인에 대해서는 컨트롤하지 않으면 안되는 것으로 인식하고 있을 것이다. 그러나 요에 대해서는 개념을 갖고 있지 않으므로 그것을 컨트롤하기 위한 조작을 의도적으로 행할 수는 없다. 그러한 운전자가 위험한 영역에 빠지려고 할 때 어떤 수단에 의하여 차량의 자세를 안정시켜 주고 운전을 보조하는 것, 이것이 스태빌리티 컨트롤 (stability control) 장치의 의의이다.

차량의 자세를 컨트롤하는데 있어서 대전제가 되는 것은 타이어의 그립에는 한계가 있으며, 그것을 크게 넘어버린 상태에서는 어떠한 기구라도 아무런 도움이 되지 않는다는 점이다. 스태빌리티 컨트롤 기구는 어디까지나 그립에 여력이 남아 있는 타이어의 힘을 사용하여 자동차의 자세를 안정된 방향으로 끌고 가거나 혹은 어떠한 수단으로 그립의 여력을 증가시키는 것으로 차량의 자세를 제어하는 것이며, 그 범위를 넘어버리면 대응할 수 없다. 랜서 에볼루션에 탑재된 「S-AWC」라는 것도 마찬가지이다. 그러므로 무엇보다 중요한 것은 운전자의 속도 관리이다. 현재는 차량에 탑재된 카메라와 화상의 해석에 의한 전방의 상황을 모니터링 하는 기술이 급속히 진보하고 있다. 그 중에서 자동차 측이 전방의 상황을 판단하고 안전하다고 판단할 수 있는 레벨까지 자동적으로 감속해 주는 장치도 출현하게 될 것이다. 시스템적으로는 전방 추돌 방지를 위한 자동 브레이크 기구의 응용으로 해결할 수 있다.

타이어의 여력만 남아 있다면, 가령 ESC가 개입하여 요를 수렴시키면서 강제적으로 차량의 자세를 안정된 방향으로 되돌리는 것이 가능하다. 그리고 요의 크기는 전후 타이어의 코너링 포스 차이에 의하여 결정되기 때문에 가령 4WD의 센터 디퍼렌셜로 전·후륜 사이의 차동을 제한하는 것으로도 조정할 수 있다. 4륜 조향도 요 제어를 위한 기구이다. 저속 시에는 전륜과 반대의 위상으로 조향함으로써 적극적으로 요를 크게 해주고 속도기 높아지게 되면 전륜과 같은 위상으로 조향하여 요가 과대해지지 않도록 함으로써 자세를 안정시킨다. 원리적으로는 매우 단순하고 명쾌한 요 제어기구이다.

3 : 차동을 제한한다.

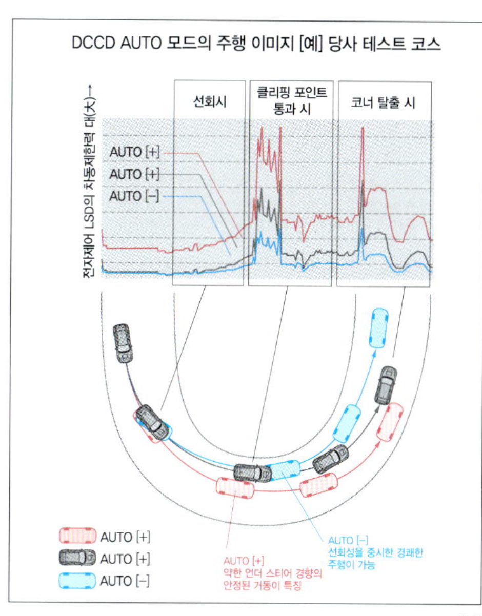

4 : 후륜도 조향을 한다.

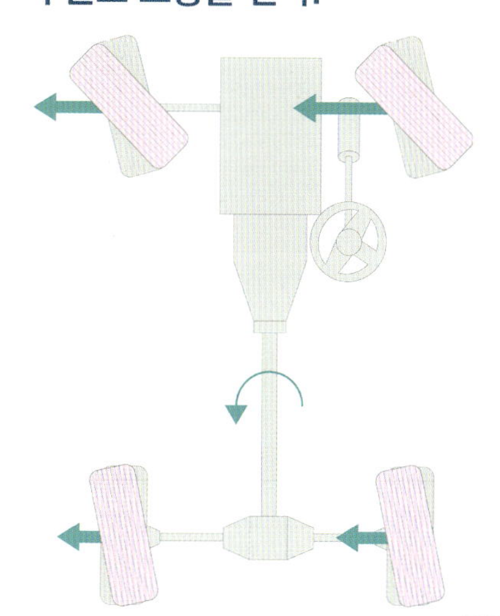

Chapter 2

이상적인 「주행」이란 무엇인가

우리들은 아직
자동차 본래의 모습을 알지 못한다.
그렇게 생각하고 있다.

후지중공업에서 오랫동안 테스트 드라이버(Test driver)로서 실력을 떨친 타츠미 에이지.
현재는 Subaru Tecnica International(=STI)의 차량 실험부장으로서 「자동차의 즐거움」과 「진정한 속도」에
대한 총괄 지휘를 맡고 있다.
그 타츠미 부장에게 「이상적인 주행이란 무엇인가?」「자동차가 지켜야하는 기본은 무엇인가?」에
대하여 물어보았다.

인터뷰 & 글 : 마키노 시게오(牧野茂雄)　사진 & 그림 : 테츠카 타카시(手塚 高司)/FUJI HEAVY INDUSTRIES/쿠마가이 토시나오(熊谷敏直)

타츠미 에이지(辰巳英治)

Subaru Tecnica International
차량 실험부 부장

오랫동안 Legacy/Impreza의 테스트 드라이버로 근무했던 타츠미는 2006년 10월에 후지중공업을 퇴사하고 STI로 전직하였다. 현재는 Subaru 자동차를 베이스로 한 컴플리트 카(Complete Car ; 최고급 사양으로 다시 개조한 맞춤형 자동차)나 주행기능의 부품 개발에 종사하고 있다. 이 세계에서는 상당히 유명한 인사이다.

이제부터 이야기 하는 것은 나의 개인적인 견해이며, 세상 사람들이 생각하고 있는 것과는 상반될지도 모르겠다. 우선 그 점을 미리 말해두고자 한다. 내가 만들어 보고 싶은 자동차는 이런 자동차이다. 라는 것을 이해 해주면 고맙겠다.

우선, 자동차를 똑바로 주행하도록 하는 것. 사실은 이것이 어렵다.

보통 자동차의 일생 전체에서 똑바로 주행하는 시간이 압도적으로 길다. 95%는 직진상태이다. 그렇다면 어쨌든 자동차는 똑바로 주행하지 않으면 곤란하다.

현재의 자동차는 조향륜인 전륜에 캐스터 각(Caster angle)이 주어져 있다. 자전거를 바로 옆에서 보았을 때 핸들에서 전륜으로 뻗은 포크가 뒤로 기울어져 있는 것과 마찬가지이다. 이 캐스터 각 때문에 가령 손을 놓고 있어도 자전거는 똑바로 달릴 수가 있다. 자동차도 킹핀 축은 차륜 중심에서 수직인 선보다도 앞으로 나와 있다. 타이어의 접지면에 캐스터 트레일이 있기 때문에 조향 핸들을 돌려도 원래대로 돌아가려고 하는 힘이 작용한다.

그러면 후륜은 어떨까? 후륜은 조향하지 않으므로 명확한 킹핀 축을 갖고 있지 않다. 가상의 킹핀 축을 두어 리어 서스펜션을 설계하는 것이다. 캐스터 각은 이른바 네거티브(negative caster)가 된 경우가 많다고 말할 수 있을 것이다. 뒤쪽에 캐스터 트레일이 있다. 나는 이 설계에 의문을 갖고 있다. 서스펜션의 설계를 하고 있는 엔지니어에게 이유를 들어보면 「킹핀 축을 앞으로 하면 선회 시에 토 아웃으로 되기 때문에 안된다」라는 대답이 돌아온다.

정말로 그럴까? 실험 운전자로서 경험으로 말하면 이런 리어 서스펜션으로는 자동차의 진로를 똑바로 유지시키는 것 자체가 어렵다고 생각한다. 테스트 코스는 별개로 하더라도 보통 도로에는 반드시 작은 요철(凸凹)이나 굴곡이 있다. 절대적으로 평평한 노면이란 있을 수 없다. 그러므로 타이어에는 여러 가지의 힘이 가해진다.

「자동차를 똑바로 주행하도록 하고 싶다면 리어 서스펜션도 킹핀 축을 앞으로 가져오면 되는 것이 아닌가?」⋯⋯⋯이것이 나의 제1의 가설이다.

다음은 타이어. 현재의 타이어는 점점 그립력이 커지면서 점점 편평하게 만들어 지고 있다. 한계는 매우 높아졌다. 과연, 이것은 좋은 일일까?

반복해서 말하지만 자동차가 주행하는 도로는 편평하지 않다. 포장면이 변형되면서 바퀴 자국이 움푹 파이기도 한다. 바퀴 자국이 있으면 광폭 고성능 타이어의 트레드 면은 캠버 스러스트의 영향으로 일부분밖에 사용할 수 없다. 테스트 코스와 같은 편평한 μ가 높은 도로에서는 초편평 광폭 타이어를 장착한 자동차는 정말 주행을 잘 한다. 그러나 실제의 도로에서는 타이어의 폭이 나쁘게 작용하여 똑바로 주행하지 못하는 장면이 많아진다. 일반 사용자는 그러한 도로에서 자동차를 사용하고 있는 것이다. 테스트 코스와 일상의 도로 사이에는 커다란 갭이 있다.

타이어에 대해서는 사용자 측의 오해도 있는 것은 아닐까?「두터운 타이어이기 때문에 똑바로 주행할 것이다.」라고.「똑바로 주행하지 않는다」라고 느끼더라도 그것은 자신의 실력 탓이라고 생각해 버리고 마는 사람이 많지는 않을까 하고 상상해 본다. 솔직히「똑바로 주행하지 않는다.」라고 표현을 하면「당신은 자동차를 잘 모르는 군요」하고 한소리 듣기도 한다. 나 자신도 젊은 시절에는「좋은 자동차를 만들었으니 이런 자동차를 제대로 주행할 수 없는 것은 실력이 부족한 탓」이라고 교만에 차 있었던 것도 사실이다. 이제와 보니 그것은 틀린 생각이었다.

즉, 제2의 가설은 '두터운 타이어가 필요 없는 것은 아닐까?'라는 것이다.

다른 하나는 보디의 강성에 대한 것이다.

개인적으로는 트럭이야말로 직진성이 좋다고 생각하고 있다. 트럭은 솔직한 성격을 갖고 있으며, 4톤 차에 4톤을 적재했을 때의 안정성은 훌륭하다. 빈 트럭이라면 주행할 때 튀고 적재 한도를 넘어서 짐을 실었을 때도 좋지 않지만 정량을 적재한 자동차의 안정성은 정원을 태운 승용차보다도 좋다.

트럭의 프레임은 강성이 낮다. 저 정도로 휠 베이스가 길면 단단할 수가 없으며, 단단하게 하면 부러질 것이다. 프레임은 비틀린다.

그「비틀림」이 타이어의 접지성에 기여하고 있는 것은 아닐까 하고 생각한다. 반대로 현재의 승용차는 보디의 강성이 너무 높다. 초고장력 강을 사용하는 부위도 있기 때문에 단단하다. 이 강성이나 경도가 자동차를 어렵게 하고 있다고 생각한다.

그렇지. 제3의 가설은「강성이 적당한 것이 좋은 것은 아닐까」하는 것이다. 확실한 증거는 없지만 과거의 경험을 통해 그렇게 느끼고 있다. 자동차 메이커는「불필요하게 강성이 높아졌다」는 것을 증명하지 않으며, 사용자 측도「강성이 높은 쪽이 좋다」라고 생각하고 있다. 리어 서스펜션의 네거티브 캐스터와 두터운 편평 타이어 그리고 지나치게 높은 보디 강성. 이 3가지가「똑바로 주행하지 못하는 자동차」에 대한 나의 의문점이다. 계측해 본 것이 아니고 증명해 본 것도 아니지만 테스트 드라이버로서 자동차의 개발에 종사해 온 경험으로부터 이렇게 생각하게 되었다.

조금 더 이야기를 진행시켜보자. 자동차가「선회 한다」라는 것은 어떤 것인가?

조향 핸들을 비교적 크게 돌려 자동차를 회전시키는 동작은 어쩌면 자동차의 일생 중 5% 정도에 그칠지 모르지만 이러한 상황의「선회」에서는 과연 타이어를 어떻게 사용하고 있을까?

245 사이즈의 타이어와 175 사이즈의 타이어를 비교해 보면 보통은 245가 접지면적이 크다고 생각하게 된다. 그러나 노면의 상황에 따라서는 175 쪽이 접지면적이 넓은 경우도 있다. 타이어의 두께와 접지 되었는지 여부는 별개의 이야기이다.

245 타이어에서도 상황에 따라서는 선회하는 외측의 타이어는 휠의 림(Rim) 바로 아랫부분만 접지하고 있을지도 모른다. 편평하고 단단한 타이어일수록 그러할 가능성이 높다. 서스펜션의 설계가 훌륭하다면 노면에 착 달라붙게 접지시킬 수 있으며, 실제로 잘 설계된 하체를 갖고 있는 자동차도 있다. 서스펜션의 완성도로서 타이어의 접지성을 상당히 개선시킬 수 있다. 그러나 캠버 스러스트의 출력은 타이어의 코너링 파워에 비례하는 것도 사실이다. 폭이 넓은 타이어의 트레드 면을 일반 도로의 노면에 밀착시키는 것은 어렵다.

그러면 이것을 선회하는 외측의 타이어와 내측의 타이어로 나누어 생각하면 어떨까? 과연 뜨기 쉬운 내측 타이어는 잘

접지되어 있는 것일까?

조향 핸들을 돌렸을 때 좌우의 타이어에는 같은 정도의 조향 각이 되는 것은 아니다. 조향 핸들 측에서 1도를 돌렸을 때 선회하는 외측은 0.8도 내측은 1.2도와 같이 내륜 측이 외륜 측보다 더 많이 꺾인다. 내륜쪽 타이어가 한 일의 양이 많을 가능성이 높다. 혹시 내륜이 떠있는 상태라면 일의 양은 제로가 된다. 내륜을 뜨게 하지 않도록 설계할 필요가 있다. 그러나 실제로는 내륜의 그립이 없어지는 경우도 많다.

조금 더 깊게 생각해보자. 선회 중의 서스펜션은 어떻게 움직이고 있을까?

나는 서스펜션의 설계는 할 수 없다. 조종 안정성의 시험을 담당하고 있는 운전자이므로 서스펜션의 설계는 알지 못하지만 안정되어 있는지 불안정한지 노면에서의 추종성이 좋은지 나쁜지는 알고 있다. 그 경험에서 말해보면 자동차는 전후 서스펜션의 일체감이 매우 중요하다. 조향 핸들을 돌렸을 때 곧바로 타이어가 반응한다든지, 요가 시작될 때의 좋은 감촉은 프런트뿐만 아니라 리어로부터도 느껴진다. 조향 핸들에 아주 작은 조향각을 주었을 때 그 응답싱이 나쁘면 프런트가 아니라 리어 서스펜션을 개량하면 좋아지는 경우가 종종 있다. 내륜의 접지성을 개선시키면 외륜 측도 좋아지는 경우가 있다.

물론 전후 서스펜션을 연결하고 있는 것은 보디이고, 보디의 좋고 나쁨도 자동차 움직임의 감촉과 밀접한 관계가 있다. 전후 서스펜션은 연결되어 있어 서스펜션과 보디도 따로 떼어놓고 생각할 수 없다. 하면 할수록 재미있고 동시에 심오(深奧)한 것이 서스펜션의 세팅이다.

그러나 현재의 자동차 제조에서는 타이어 그립의 성능에 의존하여 섀시 측을 소홀히 하는 경향도 볼 수 있다. 내륜이 떠 있어도 그립력이 뛰어난 타이어를 끼워두면 코너링을 할 수 있기 때문이다. 타이어 콤파운드의 진보가 자동차를 잘못된 방향으로 가도록 하는 것은 아닌지 모르겠다.

그 옛날에는 코너링 파워가 낮은 바이어스 타이어를 장착하고 있었기 때문에 우선은 섀시의 설계를 확실히 해 두지 않으면 안 되었다. 이 순서를 다시 한 번 부활시켜서 접지성이 좋은 하체를 만들고 나서 고성능 타이어 를 장착한다면 지금보

다도 더욱 레벨이 높은 자동차가 되는 것은 아닐까, 라는 생각을 해본다. 내가 셋업하는 STI의 컴플리트 카(Complete car)에서는 이러한 것을 염두에 두고 있다. 내륜을 어떻게 잘 접지시킬까 그리고 어떻게 잘 다룰 수 있을까 하는 점에 에너지를 쏟고 있다.

그리고 의외로 배려가 부족한 것이 조향장치이다. 이곳이 상당히 중요하다고 생각하고 있다.

예전에는 파워 어시스트가 없었으므로 「조향 기어는 참 대단한 일을 하고 있구나」라고 운전자가 피부로 느낄 수 있었다. 그러나 어시스트의 부착이 당연하게 된 오늘날에는 랙 기어(rack gear)의 톱니 1개에 실려 있는 1톤의 힘에 대하여 조향장치 설계자나 섀시 설계자가 모두 망각하고 있는 것은 아닐까? 모노코크 보다라도 1톤의 힘을 받는다면 변형이 될 텐데……245 사이즈와 같은 두툼한 타이어를 장착하고 있다면 엔진이 멈추어서 어시스트가 끊기면 조향 핸들을 돌릴 수 없게 된다. 그러한 조향장치를 인간은 손으로 취급하고 있는 것이다.

이것은 중요한 문제다. 앞에서 말했듯이 자동차 일생 중의 95%는 직진이라고 말했는데 일반도로에서 사용자가 운전할 때에는 가령 도로가 똑바로 나있다고 해도 요철(凸凹)이나 굴곡이 있기 때문에 늘 미세한 조향각을 계속해서 주면서 수정을 하게 된다. 테스트 코스와 같이 편평한 노면이 아니므로 계속해서 조향을 해야만 직진을 할 수 있게 된다. 이것은 조향 핸들에서 손을 떼었을 때의 「핸드 프리 직진성」과는 전혀 다른 것이다.

어떤 의미에서는 자동차에 있어서 절대적인 「직진」은 없다. 일반도로에서의 직진은 선회이다. 동시에 코너링도 직진과 같은 것이다.

도로의 단면은 어묵과 같은 표면의 형태를 띠고 있다. 편도 1차선인 양방향 도로에서 주행하고 있는 자동차는 도로의 외측으로 가게끔 되어 있는 곳을 운전자가 섬세하게 조향을 해나감으로써 정말 약간씩 조향 핸들을 수정해 가며, 직진을 하는 것이다. 고속도로에서는 도로의 상황이 그나마 좀 나은 경우가 많지만 커브진 곳에는 경사가 져 있기 때문에 완만한 커브라면 직진에 가깝다. 일정한 속도라면 조향 핸들을 그다지 돌리지 않더라도 자동차가 선회하도록 되어 있다. 그러나 고속도로에서도 미세한 조향 조작에 의한 수정은 필요하며, 운전자는 그것을 수행하고 있다.

「자동차는 여하튼 똑 바로 주행하도록 하고 싶다」고 말한 의미는 여기에 있다. 직진의 정의는 어렵지만 옆에서 부는 바람이던, 노면의 요철이나 굴곡이던, 조향 핸들을 돌려서 「되돌리는 것」이 아닌 직진이 자동차에 있어서는 가장 중요한 것은 아닐까? 라고 나는 생각한다. 테스트 코스나 서킷이 아닌 일반 사용자가 보통의 도로위에서 주행을 잘 할 수 있고 또 보통의 도로위에서 운전이 능숙하게 되는 것처럼 느낄 수 있는 그런 자동차를 만들기 위해서는 무엇보다도 「직진하는 것」이 중요하다.

그런데, 조종 안정성의 실험에서는 사용자가 거의 사용하지 않는 영역들이 중시되고 있다. 그것들도 중요하지만 좀 더 실용적인 영역에서의 주행감을 중시한 실험이 되어야 한다고 나는 생각한다.

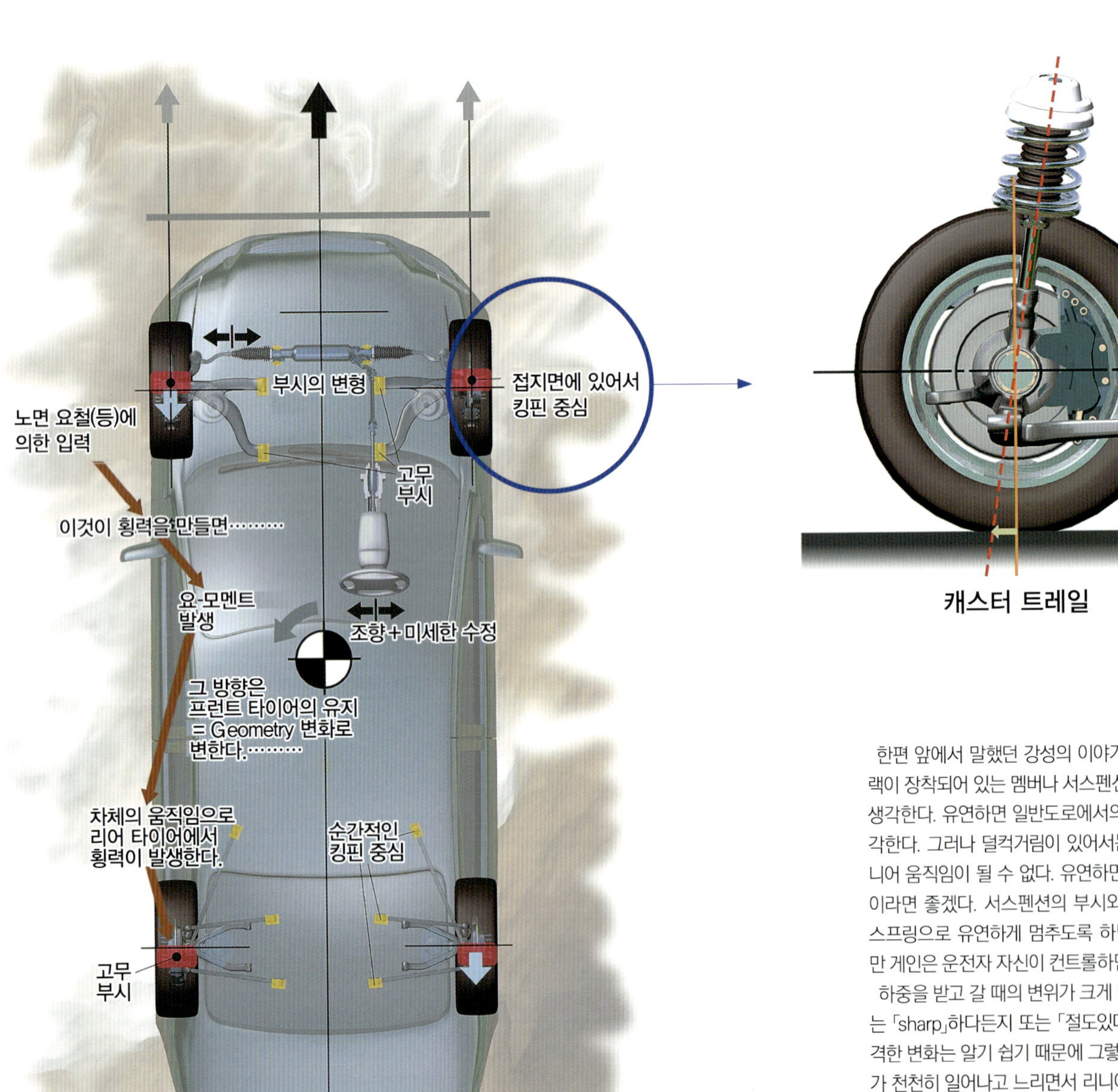

한편 앞에서 말했던 강성의 이야기를 좀더 해보면 스티어링 랙이 장착되어 있는 멤버나 서스펜션 자체는 유연해도 된다고 생각한다. 유연하면 일반도로에서의 조작성도 좋아진다고 생각한다. 그러나 덜컥거림이 있어서는 안 된다. 덜컥거리면 리니어 움직임이 될 수 없다. 유연하면서 선형성을 갖는 스프링이라면 좋겠다. 서스펜션의 부시와 조인트도 마찬가지이다. 스프링으로 유연하게 멈추도록 하면 게인(Gain)이 내려가지만 게인은 운전자 자신이 컨트롤하면 된다.

하중을 받고 갈 때의 변위가 크게 일어나는 것을 일반적으로는 「sharp」하다든지 또는 「절도있다」는 등으로 표현한다. 급격한 변화는 알기 쉽기 때문에 그렇게 느끼게 될 것이다. 변위가 천천히 일어나고 느리면서 리니어한 변화는 「알기 어렵다」라고들 말한다. 그러나 변위가 리니어하면 게인은 운전자가 조정할 수 있으므로 마음만 먹으면 샤프한 움직임은 운전자가 만들어 낼 수 있는 것이다.

지금, 내가 자동차 셋업에 있어서 가장 중요시 여기는 것은 「미세한 조향으로 어느 정도나 자동차를 움직이게 할 수 있을까」라는 점으로 미세한 조향에 대한 반응의 추구인 것이다. 바꿔 말하면 「조작하여도 반응하지 않는 부분을 어떻게 하면 제로에 가깝게 할 수 있을까?」하는 것이다.

자동차는 미세한 움직임이 전부라고 생각한다. 미세한 수정의 조향에 맞추어 움직여주는 직진, 노면의 요철을 통과할 때 쇽업소버의 반응에 의한 미세한 스트로크, 아주 약하게 밟은 액셀러레이터에 의해서도 엔진이 되돌려 주는 아주 작은 반응⋯⋯⋯등 「때리면 곧바로 울리는」 미세한 반응(Response)인 것이다.

조향 핸들의 「미세한 조향」이 어느 정도의 조향각이 될지는 사람에 따라서 제각각 다르다고 생각한다. 2°일수도 있고 5°가 될지도 모른다. 여하튼 조향 핸들을 돌리면 즉시 곧바로 반응하길 바란다. 0.1°라도 좋으니까 움직이기를 원한다. 「얼마만큼 움직였을까?」는 문제가 아니다. 「반응하고 있는지 아닌지」가 문제인 것이다. 고속 영역에서 빠른 조향각으로 인해 핸들을 돌렸을 때 자동차가 「휙」하고 돌아가는 등의 문제는 아

반응을 말하는 것이다.

엔지니어에게 이런 이야기를 하면 대부분 「그것은 위험하다」라고 하는 대답이 돌아온다. 「반응의 크기는 필요 없고 반응해 주는 것으로 충분하다」라고 설명해 봐도 좀처럼 통하지 않는다. 「게인은 낮아도 좋으니 그 대신 입력으로부터 반응까지의 시간차를 무한정 짧고 제로에 가깝게 그러나 그 반응이 리니어 하게 일어나 주기만 하면 된다」라고 말 해봐야 이해해 주려고도 하지 않는다.

쇽업소버도 마찬가지다. 노면에서 조그마한 요철을 통과할 때에 언제든지 미세한 스트로크가 정확히 이루어지는 「스탠바이」만 있으면 된다. 브레이크는 페달을 밟는 발에 아주 작은 힘을 가해도 유압이 곧 스탠바이 하여 액체가 휙 하고 채워질 상태의 「스탠바이」만 있으면 된다. 엔진도 완전히 마찬가지다. 스로틀 밸브를 아주 조금 열었을 때 곧 연소가 반응하여 엔진 전체가 시원시원하게 돌아가며, 기어가 확실하게 맞물려 주는 것 같은 「스탠바이」를 원한다. 트랜스미션도 마찬가지다. 아무렇지도 않게 회전하던 기어가 맞물림의 정도를 늘리는 것처럼 언제든지 다음의 가·감속에 대응할 수 있는 「스탠바이」

므로 「이게 뭐야. 답답한 놈이네!」라고 느끼는 사람도 있다. 그러나 그것은 이야기의 차원이 다르다. 게인은 본인이 만들어 내면 된다. VW Golf 등을 탑승해 보면 설계자와 실험 팀이 생각하고 있는 「스탠바이」를 잘 알 수 있다.

다만, 최근에 걱정이 되는 것은 유럽에서도 「알기 쉬움」을 추구하여 게인을 급격히 일어나게 하는 경향이 나오고 있다는 점이다. 나는 가령 사용자에게서 「알기 어렵다」라는 말을 듣더라도 리스폰스의 빠름과 낮으면서도 리니어한 게인을 중요시 하고 싶다. 최근에 와서야 비로소 나 자신도 겨우 알게 된 점이다.

덧붙여서 말하면 내가 고안한 「유연하게 휘는 스트럿 타워 바(strut tower bar)」도 조향 장치가 반응하지 않는 영역을 줄여주고 보디를 쓸데없이 단단하게 만들지 않으면서도 「스탠바이」를 만들어내기 위한 것이다. 선회 시에 좌우의 스트럿 타워(strut tower)의 톱 마운트 거리가 변하는 것을 방지하고 입력에 대하여 정확한 조향각을 만들어 내면서 딱딱하게 멈추도록 하는 것이 아니라 놓치지 않도록 붙잡아주기 위한 바(Bar)이다.

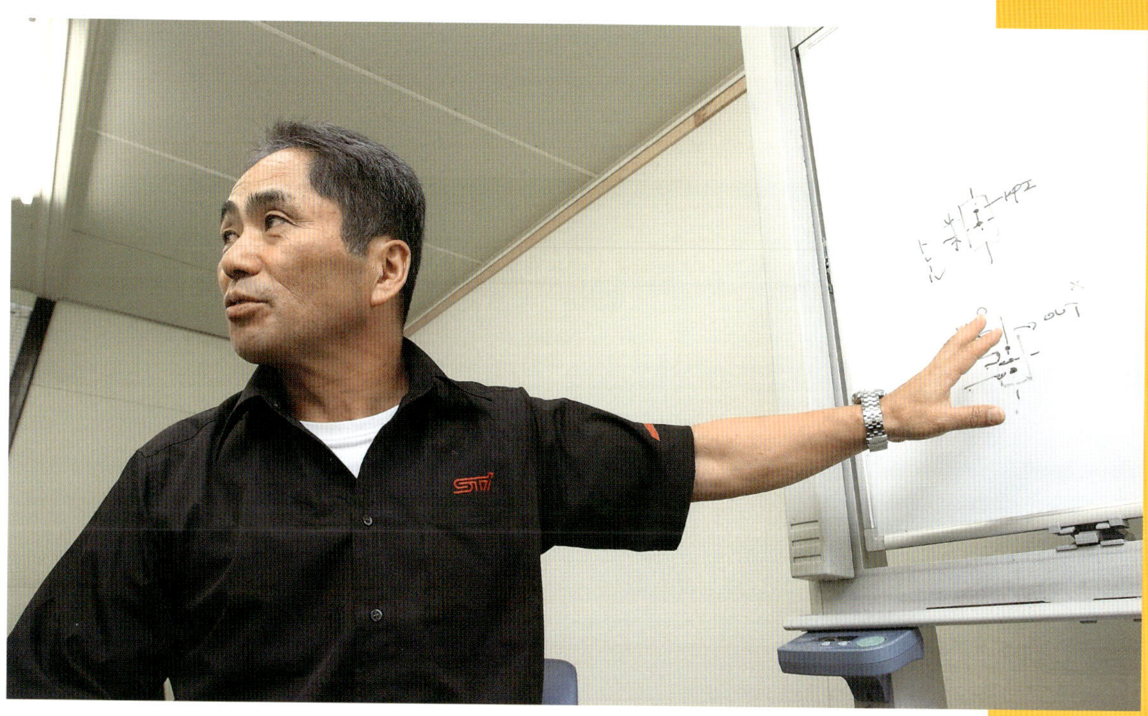

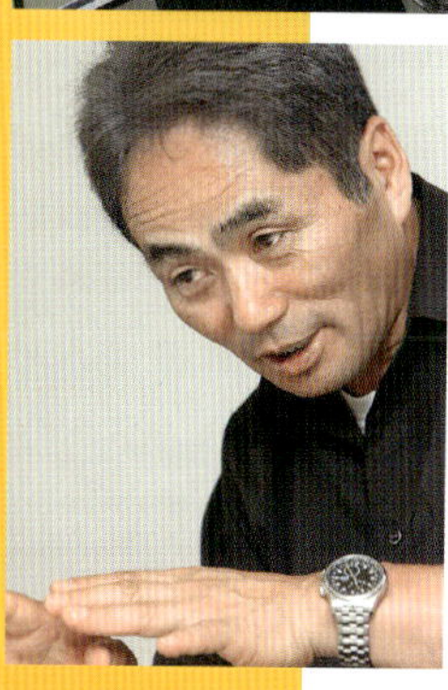

무래도 좋다. 그게 돌리면 자동차는 언젠가는 선회를 하게 되어있다. 그러나 미세한 조향은 그렇게는 되지 않는다. 미세한 조향의 리스폰스가 좋아지게 되면 롤 감이나 요(Yaw)를 느끼는 감도 모두 바뀌게 된다.

필요한 것은 「스탠바이(Standby)」이다. 스포츠의 한 장면을 떠올려 보자. 피처가 공을 던질 때 런너는 자세를 취한다. 뻣뻣하게 서 있어서는 타구가 날라 가더라도 곧바로 달릴 수 없지만 다리를 벌리고 허리를 낮추어 자세를 취하고 있다면 재빨리 반응할 수 있다. 이 「언제든지 와!」라는 「스탠바이」를 자동차로 실현하고 싶다.

조향 장치는 센터 부근에 유격이 있다. 이곳은 움직이게 하려고 해도 반응하지 않는 부분으로 이것을 가급적 제로로 만들고 싶다. 조향 장치의 센터 부근에서 거의 완결되어 조향 핸들을 잡은 손에 조금 힘이 들어가 팔의 골격과 근육이 움직이기 시작하면 그 힘을 받아 곧바로 반응해 주었으면 좋겠다. 그것은 「작은 힘으로 크게 돌린다」는 의미가 아니고 사람의 손 동작에 반응하여 순식간에 「스탠바이」태세를 갖출 수 있는

가 있기를 원한다.

입력에 대하여 「준비가 되어 있다」고 할 정도의 반응만으로도 충분한 것이다. 반대로 과잉 반응은 곤란하다. 게인은 운전자가 조절할 수 있기 때문에 아주 작은 반응만을 되돌려주면 된다. 그러한 자동차를 나는 만들고 싶어 하는 것이다.

경험에서 말하면 유럽의 자동차에는 이런 「스탠바이」가 설비되어 있는 자동차가 많다고 생각한다. 과잉 반응이 아닌 미세한 반응만을 낮은 게인으로 돌려주는 자동차가 많다. 그러

여러 가지 두서없이 말해 왔지만 처음에 말해둔 것처럼 이 이야기는 어디까지 내 개인적인 경험으로부터 나온 생각이며, 이론적인 뒷받침이 있는 것은 아니다. 그러나 내가 만들고 싶은 자동차, 이상적이라고 생각하는 자동차가 이러한 「스탠바이」가 있는 자동차라는 점을 여러분이 이해해 준다면 더 없이 기쁠 것이다.

[문장 책임 : 마키노 시게오(牧野茂雄)]

자동차/사람/사회라는 3요소(Triple layer) 안에서 제어가 지향하여야 할 이상에 대한 사고(思考)

차량 제어기술의 최첨단을 연구하고 있는 닛산 엔지니어들의 이야기를 들어보았다.
「이미, 제어로 할 수 없는 것은 거의 없다」「그러니까 콘셉트가 중요하다」라고 말한다.
그리고 「무엇을 할 수 있는가 ?」가 아니라 「무슨 도움이 될 수 있을까 ?」라는 말이 인상에 남았다.

글 : 마키노 시게오(牧野茂雄)　사진 & 그림 : 마사히로 세야(瀬谷正弘)/NISSAN

인간적인 자기 보존 본능을 자동차와 일체로

자동차 주위에 실드(Shield)를 둘러치고 주행을 지원하면서 충돌을 피할 수 없는 영역에서는 적극적으로 자동차를 보호한다. 닛산자동차는 「세이프티 실드」라는 콘셉트를 비이클 다이내믹스에 채용하고 있다. 이것은 필자 나름의 해석이지만 세이프티 실드는 단순한 「안전기술」이 아니고 인간의 감각을 자동차에도 분담시키는 자동차 방호막(Mobile Suit)적인 발상의 구체화라고 생각한다. 가령 상대가 신뢰할 수 있는 지인이라도 제삼자와의 거리를 우리는 무의식중에 확보하고 있다. 모르는 상대방과는 30cm정도까지 가까이 있고 싶지 않다. 그리고 미지의 물체는 어느 정도 이상의 거리를 두고 확실히 인식하고 싶어 하며, 그 미지의 물체가 가까이 다가온다면 피한다. 이러한 인간적인 감각이 세이프티 실드일 것이다. 이러한 종류의 장치를 「자동운전으로의 포석」이라고 느끼는 사람도 있겠지만 그와는 완전히 다르다. 이것은 자동차가 인간의 자기 보존 본능을 확대하여 주고 있을 뿐이며, 인간의 운동능력을 훨씬 뛰어넘는 자동차라는 움직이는 물체 안에서 운전자가 「위험」과 접하지 않도록 센싱하고 때로는 주의를 촉구하고 때로는 늦은 판단을 만회시켜 준다.
「운전지원」이라는 말로도 표현할 수 없는 상당히 인간 냄새가 나는 피가 통하는 시스템을 지향하고 있다는 생각이 든다.

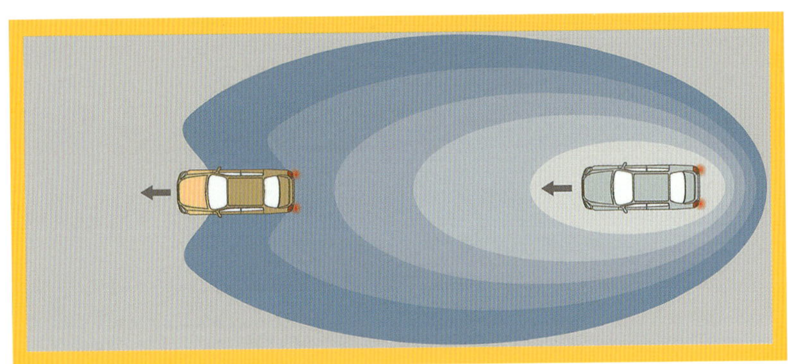

실드의 앞 모서리에 장애물이 부딪히면 그 거리에 따라 자동차 측이 대응을 생각한다. 1톤이 넘는 물체가 시속 100km로 이동하고 있을 때 적절한 인지 · 판단이 순간적으로 요구되지만 인간에게는 한계가 있다. 그러므로‥‥‥‥

● 자동차 측이 전개하는 실드

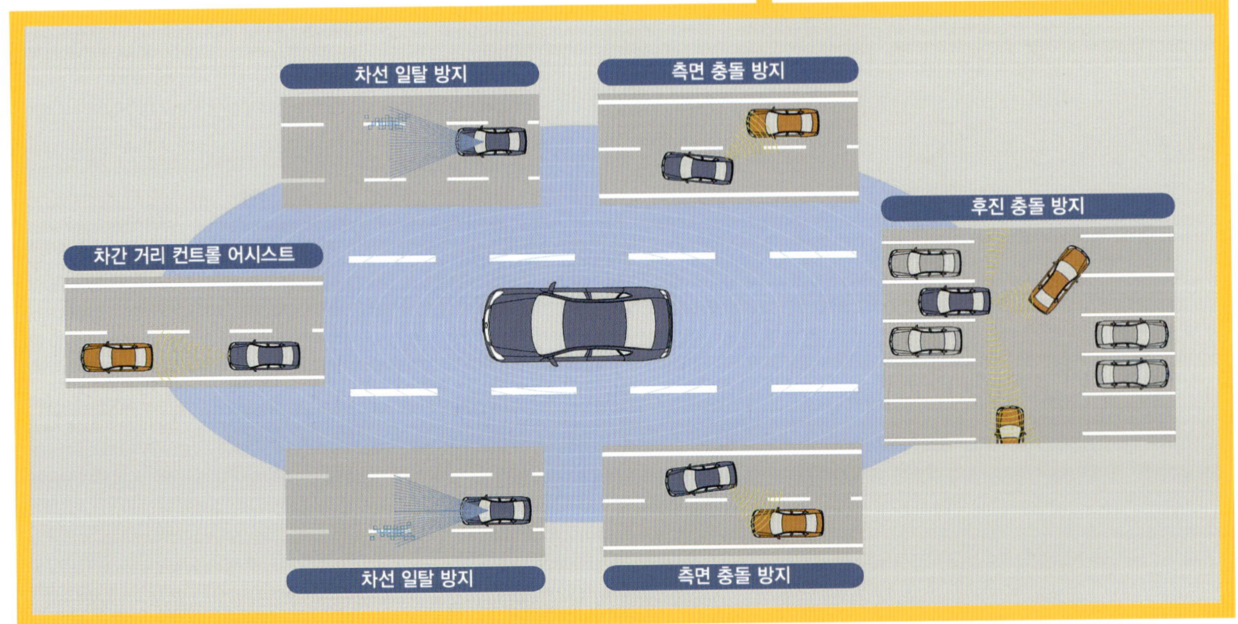

자차(自車) 주위의 환경변화는 원래 운전자가 알아차리고 행동을 하여야 한다. 그러나 인간은 반드시 실수를 한다. 가급적 자연스런 감각으로 환경의 변화를 운전자에게 전하여 대응을 촉구하려는 것이다.

인프라와의 협조로 자동차의 주행을 지원한다. 차량에 탑재되어 있는 센서만으로는 부족한 정보를 외부에서 도입하여 먼 곳의 도로상황이나 장애물의 정보를 받아들인다. VICS 정보를 이용한 카 내비게이션의 루트 검색과 같이 이미 양산 자동차에 적용되고 있는 것도 있지만 앞으로는 비이클 다이내믹스(Vehicle Dynamics)로의 활용이 시도된다. 단순히 정보를 표시만 할 것인지 혹은 적극적인 운전 개입이 될 것인지의 콘셉트를 세우는 방향에 따라 제어는 바꾸어질 것이다.

● 외부 지원에 의해 확대되는 실드

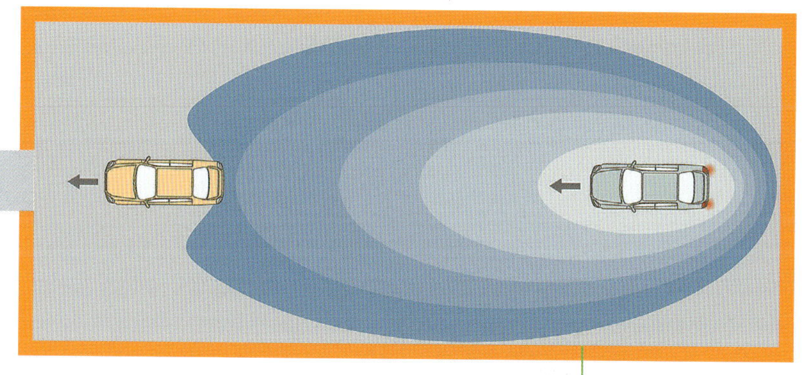

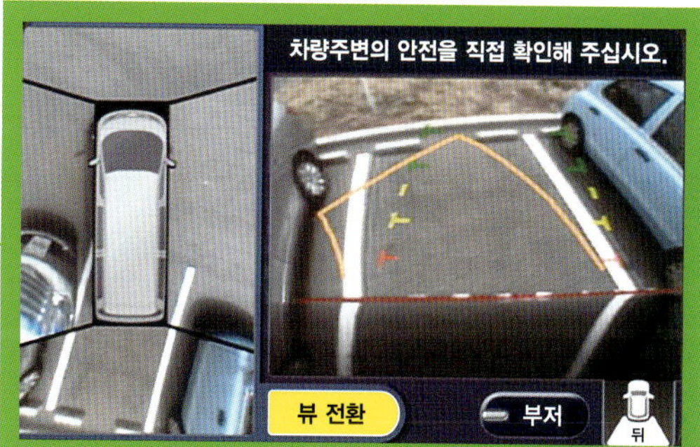

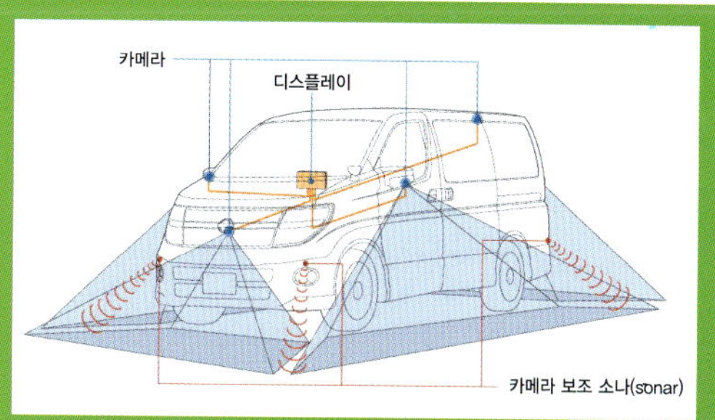

● 충돌을 피할 수 없는 영역

● 중고속

● 저속 · 후진

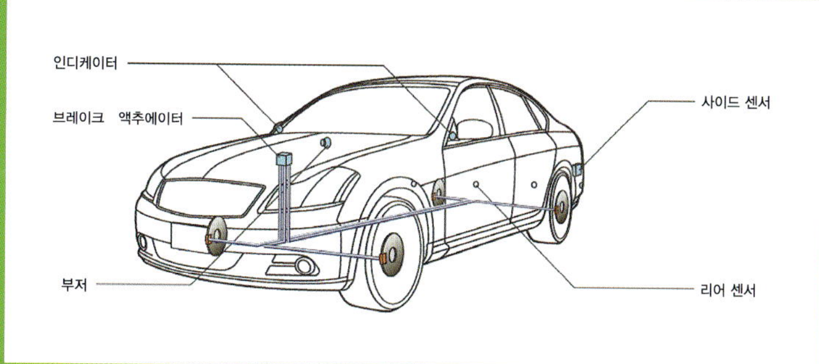

현재는 어라운드 뷰(Around view) 모니터가 주차 지원의 도구로써 후진 할 때를 포함, 극저속 영역을 담당하는데 그치지만 카메라와 센서의 활용방법은 이것만이 아니다. 고속 영역에서의 최종 방위에도 활용할 수 있고 실제로 검토되고 있다. 어디까지 운전자에게 정보를 「보이고」, 어떠한 작동과 조합시킬 것인지 하는 콘셉트를 설정하는 것이 중요할 것이다.

이느 정도의 센시(신경계)를 깃추고 액추에이터(근육계)에는 여력(餘力)을 주며, 신호처리 계통인 컴퓨터는 외부로부터의 정보에도 대응할 수 있도록 한다. 충돌을 피할 수 없는 영역에서의 실드를 최종 방위선으로 하고 이곳을 기점으로 실드를 밖으로 전개하고 있다. 레이더도 포함되어 있어 단순한 하이테크 장비가 아니다.

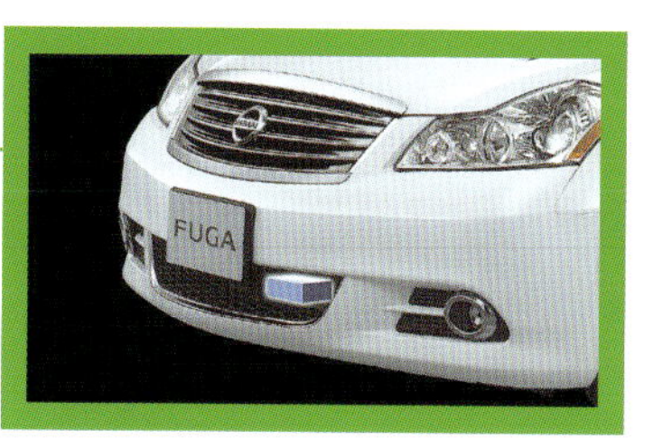

이상적인 차량 제어라는 것은 어떤 것인가? 자동차 메이커는 ESC의 장래를 어떻게 평가하고 있을까? 그리고 비이클 다이내믹스의 방향성을 어떻게 생각하고 있을까?………닛산자동차에 이러한 질문을 던졌다. 앞에서 소개한 것처럼 이 회사는 「자동차 주위에 실드를 둘러친다」고 하는 사상(思想)으로 여러 가지의 주행지원 장치를 도입하고 있으며, 차선 일탈을 방지하기 위하여 LDP(lane departure prevention) 등 시선을 끄는 장비를 갖고 있다. 그러나 그 기초가 되는 것은 「무엇이 가능할까?」가 아닌 「무엇을 하고 싶은가?」라는 콘셉트이며, 결코 기능 지상주의는 아니다. 그래서 「무엇인가 말해 줄 것이 있지는 않을까?」라고 생각하며, 질문을 하였다. 이하는 4인의 엔지니어들의 말을 필자가 음미하고 나름대로 걸러서 표현한 문장이다. 편리하게 일인칭으로서 표현한 것이지만 각 엔지니어들이 한 말을 베이스로 한 것이므로 그 사상성을 헤아려 준다면………고맙겠다. 여기서는 비이클 스태빌리티(Vehicle Stability) 제어 시스템을 VDC라는 표현으로 통일한다.

※　　　※　　　※

브레이크 유압의 감압에 의해 레인 안에서 자동차를 멈추는 ABS. 구동력을 제어하는 트랙션 컨트롤. 이것을 통합하고 더욱이 각 륜의 독립적인 승압 제어를 추가한 통합시스템으로서 VDC가 등장하였다. 기본은 「안전하게 멈춘다」는 것으로 특히 초기의 VDC는 그 성격이 강하였다. 그러나 현재의 시스템에서는 제어가 부드럽고 조용하며, 리니어(Linear)하게 되었다. 그리고 단순하게 「멈춘다」가 아니라 자동차의 성격에 맞추어 「한계 영역의 바로 직전까지 사용하면서 주행하게 한다」는 것이 가능하게 되었다. GT-R의 VDC에 세트되어 있는 「R 모드」에는 이러한 제어가 장착되어 있다.

기본적으로 VDC가 갖는 센서는 처음 등장했을 때와 거의 변함이 없다. 4륜의 차륜 속도/요레이트/횡G/스티어링 조향각/차속을 검지하여 제어하고 있다. ECU에는 2륜 모델을 베이스로 한 자동차 모델이 기억되어 있어 주행상황을 항상 감시하면서 실제 주행 상태와 자동차 모델과의 「괴리율」이 일정 이상이 되면 VDC가 작동하도록 되어 있다. 소위 피드백(Feed back) 제어이다. 개입 타이밍은 센서의 능력을 고려하여 오프셋 각을 주고 있다. 이 방법은 어느 자동차 메이커라도 거의 다 같을 것이다. 차이점은 VDC가 개입하는 직전 단계를 어떻게 공을 들여서 만드는가 하는 것이다. 비상의 상태에 대

응하는 장비로서 시작된 VDC이지만 우리에게 있어서는 비상 상태의 바로 직전 아직 그릇 속에 볼이 머물러 있는 상태를 어떻게 처리할 것인지가 커다란 테마이다.

그릇 속의 공이 어느 정도까지의 가장자리에 접근했을 때 VDC를 작동시킬까, 그 연결 방식은 어떻게 할까, 혹은 가장자리를 따라서 달리게 할까………등등 그것은 자동차의 성격에 따라 다르다. 예를 들면 닛산에서는 요 레이트 뿐만 아니라 β점(옆 미끄럼 각속도=슬립 각속도)도 판단하는 재료로 추가되어 있는데 이것은 옆 미끄럼이 편차로서는 가장 크기 때문이다. 요 레이트와 횡G의 위상차로 미끄러짐을 알 수 있다. 미끄러진 경우는 오버 스티어의 경향을 억제하도록 제어한다. 언더 스티어의 경우는 스티어링의 조향각을 보면서 목표한 요 레이트와 β(옆 미끄럼 각)에 대한 편차를 만들어 차속이 낮아지도록 제어하고 있다. 개략적으로 보면 이러한 제어이다.

검출하는 정보의 항목이 적은 듯 느껴질지 모르지만 가령 운전자의 스티어링 조작의 「빠르고 느림」도 조향각으로부터 계산해 낼 수 있다. 타이어가 트레드 면의 어디를 어떻게 접지하고 있는지는 센싱(Sensing)할 수 없지만, 슬립율(미끄럼율)과 슬립 각속도에서 추측할 수가 있다. 초기의 VDC와 비교하여 차륜 속도 센서의 능력이 높아졌기 때문에 추측의 정밀도도 높아졌다. 타이어에 「앞으로 얼마만큼의 그립력이 남아 있게 될지」는 대체로 추측할 수 있다.

VDC 유닛에 내장되어 있는 밸브의 제어 정밀도도 매우 높아졌다. 브레이크 유압은 브레이크 패드의 고(高) μ화에 의해 이전보다 낮아졌지만 응답성(Response)은 빨라졌고 유압을 해제할 때의 「리턴이」이 원활하게 되었기 때문에 브레이크 시스템으로서의 능력은 상당히 높아졌다. 밸브의 특성, 모터 펌프의 응답성, 토출량, 일시적 축압을 위한 리저버(reservoir)의 용량 등은 차종 마다 맞춤으로 튜닝이 이루어지며, 그저 기존의 디바이스를 사용하는 것이 아니라 세부적인 스펙의 마무리는 차량측의 요구나 운동능력에 따라 섬세하게 튜닝을 실행하고 있다.

더욱이 최근에는 자동차 모델을 기본으로 한 피드백 제어뿐만 아니라 예측 값을 입력한 피드 포워드 제어(feed forward control)도 채용하고 있으며, Fuga에 탑재시킨 VDC가 그것이다. 그리고 GT-R에서는 4WD시스템인 ETS와 VDC의 협조 제어가 실행되고 있다. ETS나 VDC나 요 레이트 피드백에 의한 제어이지만 차륜 마다 브레이크 압력 센서를 두고 압력을 엄격히 감시하고 있기 때문에 제어는 상당히 원활하다. 밸

브는 ON/OFF의 디지털 제어가 아닌 아날로그적인 제어가 가능한 것을 GT-R에서 사용하고 있다. 현재의 디바이스 중에서는 가장 매끄럽게 리니어 제어를 할 수 있는 밸브이다.

GT-R에서는 「브레이크가 로크된 뒤라도 답력에 의한 컨트롤이 가능하도록 하고 싶다」는 요구가 있다. 그때 브레이크 페달에 진동이 전해진다면 운전자의 미세한 답력 컨트롤을 방해하고 만다. 그러므로 밸브의 정도와 유압의 해제를 미세하고 재빠르게 이루어질 수 있도록 하여 진동을 억제하였다. 한편, 운전자가 VDC의 개입을 느끼지지 못하는 것은 곤란하기 때문에 느낄 수 있도록 배려도 하고 있다. 우리에게는 일보 진전된 VDC 제어인 것이다.

VDC 자체는 운전의 즐거움(Driving pleasure)을 위한 디바이스는 아니지만 GT-R의 R모드에서는 한계 영역이 커다란 가치를 갖고 있으며, 거기에서 제어를 갈고 닦는다. VDC의 개입을 억제시켜 트랙션 컨트롤과 ETS로써 훌륭하게 주행할 수 있게 한다. VDC는 최종적인 Guard 기능을 하는 것이다. 그런 콘셉트이다.

현재의 VDC에 대하여 덧붙인다면 같은 차종이라도 차량의 중량 차이나 2WD/4WD의 차이 등으로 몇 개의 모델을 설정해 두고 있다. 플랫폼의 설계 단계에서 VDC의 스펙도 설정되므로 그 설정 중에 가령 타이어를 스터드 리스(Studless) 타이어로 교환하는 경우 등에 대비하여 마진을 갖게 하는 튜닝인 것이다. 보통 시판되는 타이어로의 교환은 배려하고 있지만 타이어 특성이 크게 다른 경우에는 설계대로 VDC가 기능을 하지 않는 경우도 생각할 수 있고 수출국의 사정에 맞추어 VDC 버전이 다른 경우도 있다.

엄밀하게 말하면, 브레이크 캘리퍼(Caliper)의 능력에 따라서도 VDC 유닛 안에 있는 브레이크 오일의 리저브 탱크 용량(보통은 3~5cc)은 변화되고 밸브의 특성이나 모터 펌프의 사양도 변화된다. 가장 좋은 상태로 끝마무리를 하기 위해서는 자동차 메이커가 차종마다 결정한 스펙이 필요하게 된다. 브레이크 패드의 μ(마찰계수)나 응답성에 맞추어 타이어의 모델 등은 최적화 되어 있기 때문에 제동 능력(Stopping power)의 값은 여기에서 결정된다. 타이어의 관성력과 패드의 작동 효율에 의해 타이어 모델의 응답이 결정된다. 그 정도로 엄격한 설정인 것이다.

타이어 특성이라는 점에서는 GT-R에 장착되어 있는 것처럼 피키(Peaky)의 하이 그립 타이어(High grip tire)는 제어가 어

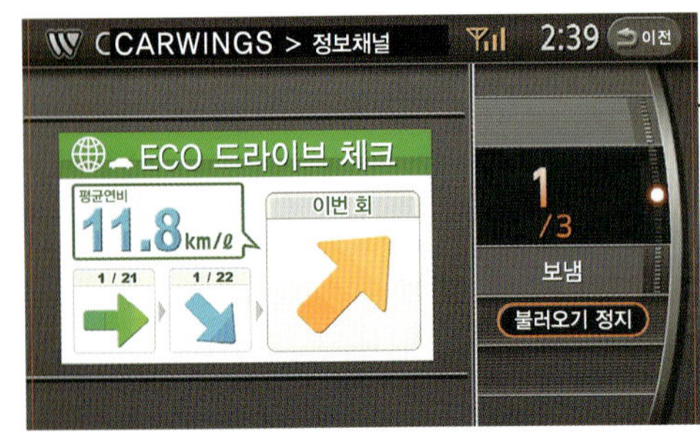

대시 보드(Dash board)에서 가장 좋은 위치에 배치된 디스플레이를 어떻게 활용하면 좋을까? 도로상의 비콘이나 위성 등 외부로부터의 정보 지원이 증가되고 있는 현재 운전석 레이아웃(Cockpit Layout)의 재고(再考)가 필요하게 되었다. 닛산자동차는 CARWINGS 대응 내비게이션 시스템 개발에 즈음하여 표시의 시인성이나 정보를 호출할 때의 조작성, 정보의 계층화와 그 본연의 자세 등을 인간의 행동심리를 포함하여 검증해나가면서 실행했었다. 현재는 가장 「사용하기 쉽도록」배치하여 놓은 내비게이션 조작 계통이지만 앞으로의 전개 방향도 궁금하다. 위에 있는 것은 연비의 표시이다. 자기 자동차의 데이터 표시뿐만 아니라 통신 기능을 이용하여 다른 사용자와의 비교도 가능하다.

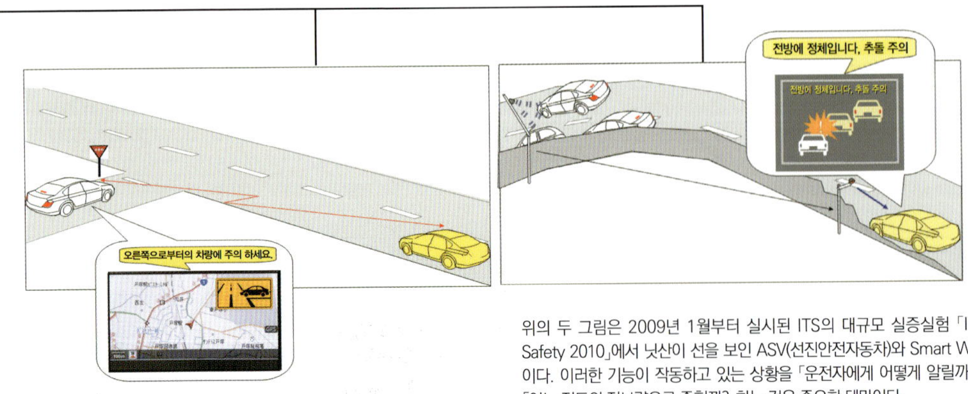

위의 두 그림은 2009년 1월부터 실시된 ITS의 대규모 실증실험 「ITS Safety 2010」에서 닛산이 선을 보인 ASV(선진안전자동차)와 Smart Way 이다. 이러한 기능이 작동하고 있는 상황을 「운전자에게 어떻게 알릴까?」, 「어느 정도의 정보량으로 좋을까?」하는 것은 중요한 테마이다.

렵다. 타이어 마찰원의 피크를 사용하면 1G 영역에 머물 수가 있지만 그러기 위해서는 제어 주기가 짧고 응답성도 재빠르지 않으면 안 된다. 반대로 보통 특성의 타이어는 제어성이 양호하다. 그 만큼 차량의 운동을 속속들이 사용할 수 있다. 향후 모든 자동차에 VDC가 표준으로 장착되겠지만 특히 승용차는 VDC의 혜택을 받을 것이다. 부품의 가격도 상당히 저렴해졌다.

그러면 미래의 스태빌리티(Stability)제어는 어떤 방향으로 갈 것인가? 향후, 자동차를 어떻게 주행을 하려는 것일까? 우리는 지식의 힘이 키워드라고 생각하고 있다.

과거, Nissan에서는 「1990년대에 기술로서 세계 제일이 되자」는 것을 목표로 한 「901 활동」이 있었다. R32GT-R은 여기에서 태어났다 「나이토(內藤)는 R32의 4WD 시스템을 담당하고 있었다.」 901 활동은 주로 자동차의 「체력」 향상을 추구하였다. 다음 스텝으로는 「신경계통」의 강화가 과제였다. 응답성(Response)의 개선이다. 「HICAS(하이카스)」의 요 레이트 피드백 등은 여기에서 만들어졌다. 이 다음 스텝은 「지식의 힘」이라고 생각하고 있다.

1990년대 말에 우리는 여러 가지의 실험차를 만들었다. 그 중에 브레이크 바이 와이어(Brake By Wire)의 시작차가 있었는데 잘 만들어진 VDC와 조합시키면 어떤 길이라도 거침없이 주행할 수 있었다. 눈 속에서도 마치 「소금쟁이」처럼 주행한다. 그러나 그 기세를 타고 더 주행을 하면 결국에는 자동차의 물리 한계에 부딪친다. 그리고 눈 속에 처박힌다. 상당한 제어를 할 수 있고 안정성도 있지만 처박힌다.

물리의 한계는 넘어설 수 없지만 박힐 때의 상황은 자동차의 한계도 타이어의 한계도 아니다. 그 결과 「사람의 매니지먼트를 하지 않으면 안 된다」라고 생각하게 되었다.

운동 능력은 매우 높다. 즉 체력은 있다. 제어의 리스폰스와 액추에이터의 리스폰스도 좋다. 신경계통도 충분하다. 그러나 처박힌다. 부족한 것은 「지식의 힘」이다. 일본에서 평상시에는 0.3G밖에 사용하지 않는다. 구미에서도 0.5G이다. 그러나 자동차에는 1G의 능력이 있다. 그 갭을 메워서 생긴 여유를 활용하고 싶다. 그러므로 지식의 힘이다.

하나 더, 현재의 세이프티 실드의 베이스가 된 매직 범퍼라는 사고방식이 있다. 눈에는 보이지 않는 범퍼가 자동차의 주위에 둘러쳐져 있고 그 끝자락에 자동차가 물체에 접촉하는

것보다도 앞서서 소리도 없이 접촉한다. 그 접촉의 감촉을 운전자가 「아, 무엇인가에 닿았다」고 직감적으로 알 수 있도록 피드백이 된다. 이른바 마법(매직)의 범퍼이다.

앞서 주행하는 자동차 또는 옆 차선을 나란히 주행하는 자동차와 마치 비나 눈이 쌓인 주행 환경을 스스로 만져서 확인해 가며 주행하는 듯한 감각을 원한다는 희망으로부터 이러한 사고방식이 태어났다. 운전자의 신체 기능이 점점 밖으로 확장되어 있는 듯 그 감각을 자동차에 갖게 하고 싶은 말하자면 운전자가 느끼는 Virtual Reality(가상현실)이다. 그렇게 하려면 지식의 힘이 필요하다. 여기에서도 지식의 힘이 포인트라고 생각한다.

지식의 힘을 높이기 위해서는 차량에 탑재한 레이더나 카메라와 같은 자율 센서를 사용하는 수단과 외부로부터 정보를 받는 수단이 있다. 외부와의 제휴가 되면 ITS 이용이 효과적이다. 자율 센서에서는 한계가 있지만 ITS 인프라에서는 정보를 받아 그것을 잘 이용할 수 있다. 이런 방향을 생각하고 있다. 사람의 지식을 비이클 다이내믹스 안으로 편입하려면 ITS와의 협조가 그 한 가지이다. 하기 쉬운 방법인 것이다.

운전 지원이라는 말로 묶는다면 VDC도 ITS도 똑 같다. 단독으로 주행하고 있을 때에는 Vehicle Dynamics이며, Driving Pressure이다. 어떤 장애물이나 주의해야 하는 대상물이 있을 때에는 ITS인 것이다. 간단히 말하면 이렇다는 것이다.

사실은, 매직 범퍼도 「사람」이 주체이며, 「사람」의 감각을 연장하는 것으로 지식의 힘을 증가시킨다는 콘셉트이다. 동시에 자율의 콘셉트이기도 하다. 이 속으로 ITS를 어떻게 편입할까. 자동차와 도로가 통신을 하고 있는 정도라면, 매직 범퍼의 연장으로 제어를 구축할 수 있겠지만 더 많은 정보를 받아들여야 한다면 새로운 콘셉트가 필요하다.

당연히 자동차와 자동차가 서로 통신하는 상황에서는 자동차가 교통사회를 구성하도록 하고 멀리서도 자동차의 흐름을 볼 수가 있다. 그 때에 자기 자동차의 움직임과 어떻게 링크시킬까. Safety Shield는 운전자가 「눈에 보이지 않는 곳에 닿는다」는 감각이지만 사회 시스템으로서 개개의 자동차를 어떻게 움직일지는 이제까지는 없었던 새로운 콘셉트가 아니면 대응할 수 없다. 자유로이 움직이는 자동차(=운전자)와 교통의 흐름을 어떻게 연결시킬 것인가?

이렇게 이야기하면 어떨지 모르지만 우리는 이미 제어기술을 갖고 있으며, 사용할 수 있는 디바이스도 있다. 인프라도

점점 구축되어 가고 있다. 결여된 것은 콘셉트이다. 「무엇을 할까?」가 아니라 「사람에게 무엇을 느끼게 하고 싶은가?」「어떻게 느끼게 하고 싶은가?」를 음미하지 않으면 안 된다. 콘셉트만 결정되면 그 다음의 전개는 빠를 것이다.

그리고 VDC나 ITS의 협조에서는 ITS 자체의 그랜드 디자인도 필요하다. 세상이 ITS를 받아들이는 방향으로 움직이지 않으면 이 시스템의 가치를 느낄 수 없을 것이고 어떤 것인지도 이해할 수 없다. 세상이 필요성을 인정해 주고 잘 다루어 주어야 비로소 일반화된다. 과거의 ABS나 VDC도 그러했다. 사용하는 방법 그리고 장점과 한계를 잘 이해시키지 않으면 안 된다.

ITS 영역에 들어오면 ABS보다도 높은 빈도로 운전자가 일상 주행 중에 사용하게 될 것이다. 에어백은 「사용되지 않는 것이 좋은」 장비이지만 ITS 이용에서는 적극적으로 이용해 주었으면 하고 생각하고 있다.

한 가지 걱정되는 점은 편리한 장비를 사용하는 것에 「중독」이 된 운전자의 스킬(Skill)이 저하되는 것이 문제이다. 인간에게는 자기 보존 본능이 있기 때문에 무모하게 위험영역에 발을 들여놓는 행동은 하지 않겠지만 이 점도 배려가 필요하다.

[문장 책임 : 마키노 시게오(牧野茂雄)]

Nissan자동차 전자기술 개발 본부
주행제어개발부 주담

이시구로 토오루(石黒徹)

Nissan자동차 전자기술 개발 본부
주행제어개발부 주관

마츠모토 신지(松本眞次)

Nissan자동차 기술 개발 본부
주행제어개발부 부장

나이토 하라다이라(內藤原平)

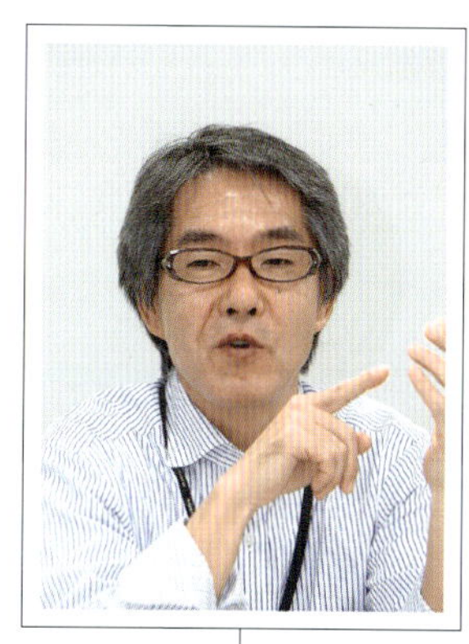

Nissan자동차 기술 개발 본부
테크놀로지 마키팅실 실장

도이 카즈히로(土井三浩)

구동과 제동의 효율을 높여주는
ABS와 TCS
Raise the efficiency of tracking and breaking/ABS & TCS

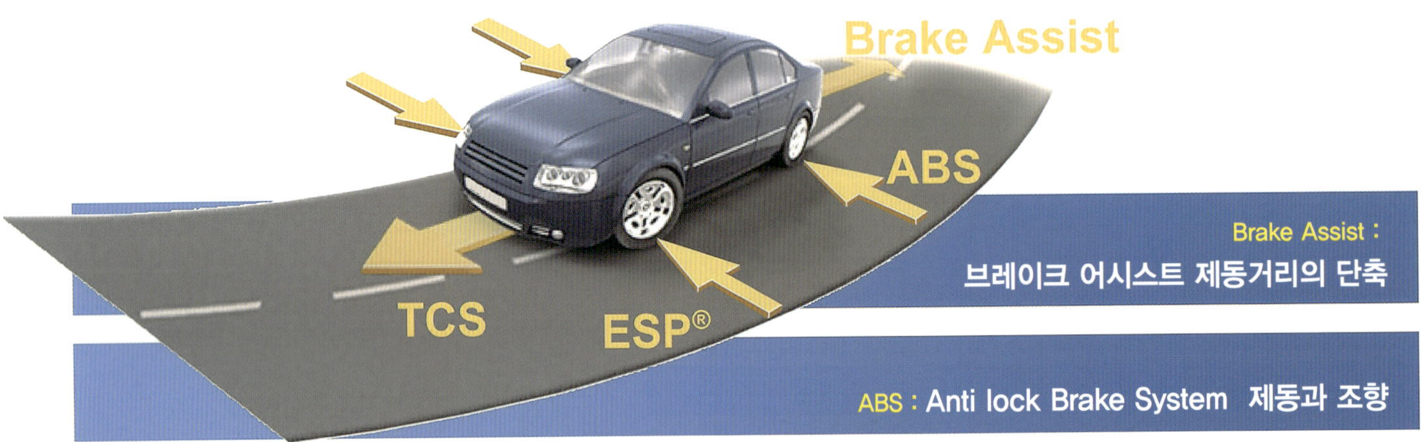

타이어의 회전을 유지하는 = ABS

Maintain the rotation of the tire = ABS

제동시에 타이어가 로크되지 않도록 하는 것이 ABS, 구동 시에 타이어가 스핀을 일으키지 않도록 하는 것이 TCS이다.
차량의 전후방향 Dynamics를 컨트롤하는 기능으로서 제동과 구동의 효율을 높이고 안전성을 향상시키는 디바이스이다.
유닛의 소형화와 경량화 그리고 저비용화가 추구되며, 보다 쾌적하고 정밀도가 높은 작동이 요구되고 있다.

글 : 세라 코타(世良耕太) 사진 : BOSCH/Continental

브레이크 페달을 4개 설치하고서 각각 개별적으로 조작한다면 차량의 거동을 섬세하게 컨트롤할 수 있지만 사람의 힘으로 이것을 하는 것은 물론 불가능하다. 대신에 전기와 오일의 힘으로 실행하는 것이 ABS(Anti lock Brake System)이다. 우선 틀림없이 인간이 하는 것보다 빠르고 정확하다.

제동 시에 차륜이 로크 되면 제동거리는 길어진다. 그리고 이 때 프런트 타이어가 로크 되어 있다면 쌍방의 타이어는 마찰원을 제동방향으로 다 소비되고, 전방의 장애물을 피하려고 조향 핸들을 돌려도 선회방향에 사용할 타이어의 그립이

남아 있지 않아 간담을 써늘하게 하면서 장애물에 부딪칠 수밖에 없다. 제동의 효율을 높이면서 조향에 사용할 수 있는 여유를 남겨두는 것이 ABS의 역할이다.

차륜의 로크를 감지하는 것은 각 륜에 부착되어 있는 차륜속도(Wheel Speed) 센서이다. 급감속 시 다른 차륜보다 속도가 낮은 차륜을 「로크에 가깝다」고 판단한다. 그러면 시스템이 명령을 내려서 로크될 것 같은 차륜만 감압(브레이크 유압을 낮춘다)시킨다. 운전자가 브레이크 페달을 밟고 있는 상태에서 로크의 가능성이 지속되는 한 ABS는 작동한다. 감압

하여 갈 곳이 없어 진 브레이크 오일은 어큐뮬레이터로 모아지고 펌프의 구동에 의하여 마스터 실린더로 되돌아간다. 이 때의 펌프 구동이 맥동이 되어 「꾸욱 꾸욱」하는 소음과 동반하여 충격이 브레이크 페달로부터 발에 전해진다. 소음과 충격을 작게 하기 위한 연구는 밤낮없이 계속되고 있다(안전에는 필수불가결). 그리고 운전자가 일반 브레이크를 조작하는 것처럼 「매끄럽게」라는 요구가 강해져 디지털 제어에서 아날로그와 같은 제어로 세련도를 증가시키고 있다.

BOSCH(인출선 및 설명은 편집부에 의한 것이다)

ABS는 미끄러지기 쉬운 노면에서의 제동이나 한쪽 바퀴만 동결된 도로위에 놓인 상황 하에서의 제동을 운전자의 기량에 맡기지 않고 안전하게 운행하기 위한 디바이스로서 개발되었다. BOSCH가 최초로 제품화한 것은 1978년이다. 1986년에 TCS의 기능이 추가되었고 1995년에 ESC가 등장하였다. 유럽과 미국, 일본과 한국에서는 ABS가 사실상 표준으로 장착해야할 아이템으로 되었다. TCS는 μ가 낮은 도로나 μ가 스플릿인 도로에서의 자세 안정성 확보에 도움이 된다.

예고 없이 전방에 나타난 장애물을 피하는 장면에서는 ABS가 도움이 되는 대표적인 예이다. 패닉 브레이크를 밟아도 타이어는 로크 되지 않고 마찰원은 선회에 사용할 여유가 남아있다. 그러므로 순간적으로 조향 핸들을 돌려도 자동차는 방향을 바꾸어 장애물을 피해 나갈 수 있다. 똑바로 정지하고 싶은 경우에도 레인을 일탈할 확률이 낮아진다. 이때 로크될 것 같은 차륜의 브레이크 유압을 약화시킬 뿐만 아니라 각 륜의 브레이크를 적극적으로 통제하여 안정된 방향으로 제어하는 것이 ESC이다.

ABS의 작동 시는 브레이크 유압을 「감압시키는 것」이다. 운전자가 페달을 밟아서 발생시키고 있던 압력이 최대압력이 되고 그 이상의 압력은 발생시킬 수 없다. 이런 의미에서 패시브(Passive) 제어이다.

한편 TCS(Traction Control System)는 액티브(Active) 제어이다. 구동 시(즉, 운전자는 브레이크 페달을 밟고 있지 않다), 차륜 속도 센서로부터의 정보에 의해 구동륜이 스핀하며, 헛돌고 있는 것을 검지하면 시스템은 엔진의 토크를 억제시킴과 동시에 스핀이 발생되고 있는 차륜에 브레이크를 작동시킨다.

이 때 운전자는 브레이크 페달을 밟고 있지 않으므로 시스템 측에서 브레이크 유압을 높여주지 않으면 안 된다. 그래서 기능하는 것이 각 륜에 배치된 감압/유지 밸브의 상류에 있는 증압 밸브이다. 운전자가 브레이크 페달을 밟고 있지 않음에도 불구하고 펌프를 구동하고 유압을 높여 자동으로 브레이크를 작동시키는 것이다. 발진할 때는 비교적 조용하기 때문에 펌프 작동의 음은 ABS 작동시보다 귀에 거슬리게 마련이다. 그래서 엔진 제어와 브레이크 제어의 쌍방을 통해 가급적 조용한 환경이 되도록 하고 있다.

Continental

ABS의 구조

Structure of the ABS

ABS는 제어 회로를 일체화한 유압 모듈레이터(Modulator)와 차륜 속도 센서(Wheel Speed Sensor),
브레이크 배관으로 된 심플한 구조다.
손바닥에 올려놓을 정도의 작은 사이즈로 「최단거리에서 자동차를 정지시키는」기능이 응축되어 있다.
ABS의 단품으로서 수요는 적어지고 TCS와 함께 ESC의 일부를 구성하는 기능으로서 진화되고 있다.

글 : 세라 코타(世良耕太) 사진 : BOSCH/Daimler

BOSCH

밸브 블록(Valve block)의 우측에 보이는
것이 모터다. 좌측이 제어회로부이며,
소형/경량/고성능/조용함/저비용을 목표
로 개발이 이루어지고 있다. ABS/TCS의
기능을 포함시킨 ESC로서는 자동차 메이
커의 요구에 대응할 수 있도록 발전성을
갖춘 설계를 하는 것이 중요하다.

▲ BOSCH ABS (ESC) 5

ABS의 감압/유지를 실행하는 8개의 솔레노이
드 밸브와 TCS/ESC의 증압을 실행하는 4개의
솔레노이드 밸브가 보인다. ABS 소형화의 역사
는 솔레노이드 밸브 소형화의 역사이기도 하다.
정밀도를 확보하면서 소형화한다. 모터나 밸브
의 에너지 절약도 연구해나갈 테마이다.

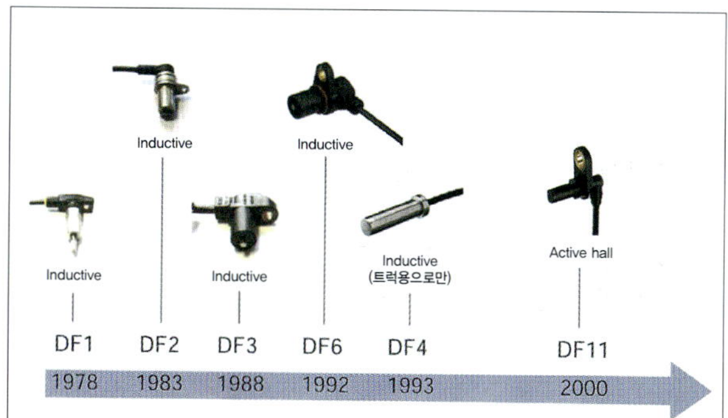

너클(Knuckle) 등에 부착된 차륜 속도 센서도 소형화 · 고성능화가 현저하다(좌로부터 우로 갈수록 진화). 허브에 장착된 로터가 회전하면 차륜 속도 센서의 자석에서 나오는 자속이 변화하며, 코일에 교류 전압을 발생시킨다. 그 주파수 변화에 의하여 차륜 각각의 속도를 검출한다.

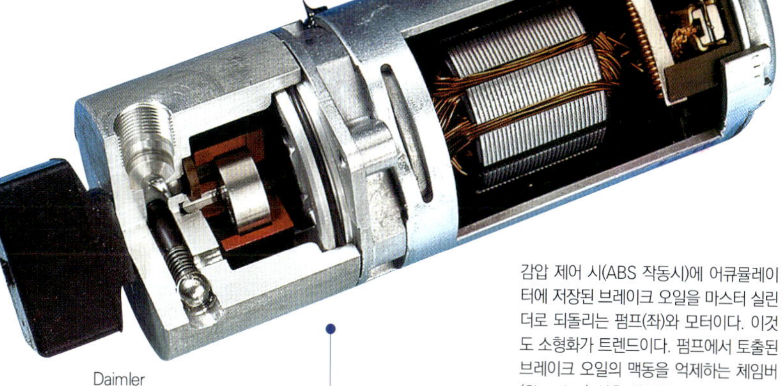

Daimler

감압 제어 시(ABS 작동시)에 어큐뮬레이터에 저장된 브레이크 오일을 마스터 실린더로 되돌리는 펌프(좌)와 모터이다. 이것도 소형화가 트렌드이다. 펌프에서 토출된 브레이크 오일의 맥동을 억제하는 체임버(Chamber) 실을 설치하는 것이 일반적이다. 모터는 직류 브러시 타입이다.

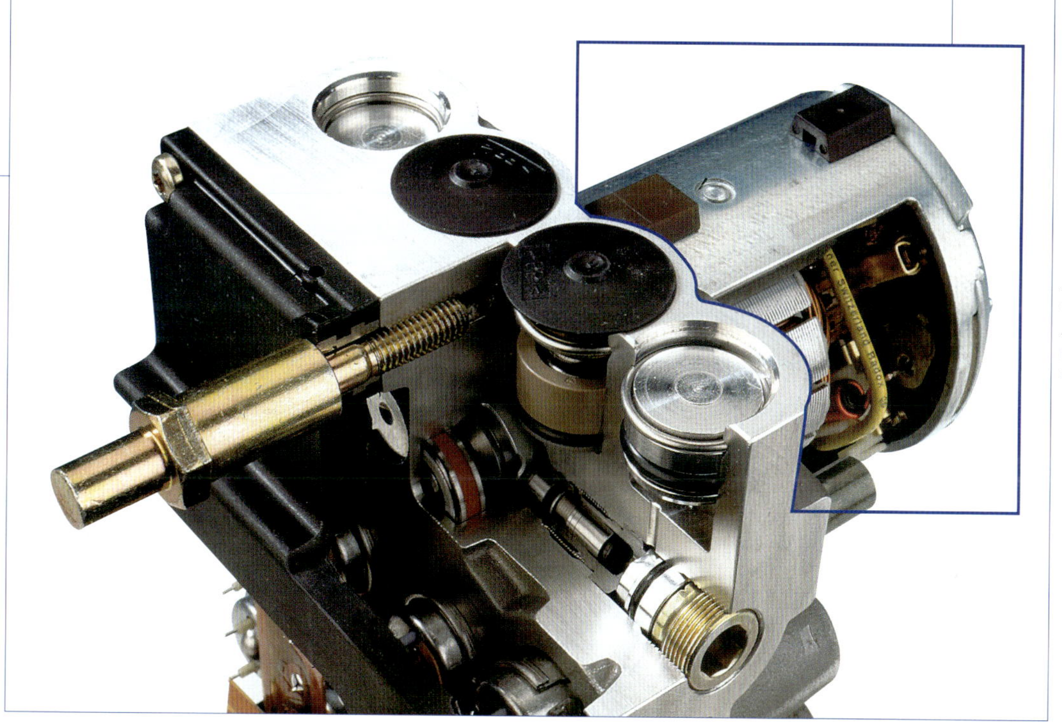

모터는 필요할 때에 필요한 만큼 작동시키는 것이 기본이다. 듀티 제어(전류의 ON/OFF 시간의 비율을 변화시켜서 평균 전류의 크기를 제어한다. ON의 시간이 길 때는 모터의 회전이 빨라진다)로 토출량을 조정한다. 맥동을 억제하기 위한 제어도 실행한다.

Daimler

ABS와 TCS는 ESC(BOSCH의 호칭으로는 ESP)의 일부이다. 유압 모듈레이터(Modulator)와 제어회로를 일체화 한 하드웨어는 공통이지만 사용하는 상황이 다르다. 차량의 전후 방향 움직임을 제어하는 것이 ABS와 TCS, 좌우방향(Yaw)의 움직임을 제어하는 것이 ESC이다. 브레이크를 수동적으로 작동하는 것이 ABS, 능동적으로 작동되는 것이 TCS와 ESC이다.

ESC를 기능시킬 때 차륜 속도 센서(WSS)에 추가하여 조향 각 센서, 횡G 센서 내장 요 레이트(Yaw rate) 센서로부터의 정보를 제어 파라미터에 사용하지만 ABS/TCS를 기능시킬 때에 사용하는 것은 차륜 속도 센서뿐이다. 그 차륜 속도 센서는 1990년대 후반에 코일을 감은 패시브(Passive) 식에서 마그네트 로터와 홀(Hall) 소자를 조합시킨 액티브(Active) 식으로 진화되었다.

사진의 BOSCH 제품 제2세대 ABS를 조립한 ESC 5(1995년 ~)에서는 유압 유닛 내부에 12개의 밸브가 배열되어 있는 것을 볼 수 있다. ABS에서 사용하고 있는 것은 각 륜 각각의 감압 밸브와 유지 밸브이며, 이 밸브들에 의해서 각 륜마다 별개의 제어로 컨트롤할 수 있다. 즉, 8개의 밸브가 ABS용이다. 남은 4개는 TCS와 ESC에 사용되는 증압 밸브이다.

BOSCH의 ABS 단독 기능 유닛의 경우는 1978년에 등장한 최초의 ABS인 「ABS2」가 6.8kg이었던 것에 비해 1993년의 ABS 5.0이 3.8kg, 1998년의 ABS 5.7은 2.5kg, 2001년의 ABS 8은 1.7kg, 2005년의 ABS 8.1은 1.4kg이다. 차세대 ABS 9는 15%정도 더 경량화 한다고 한다. 경량화와 소형화가 현저하면서도 동시에 고성능화가 진행되어 가지만 비용도 낮아지고 있다.

ABS 회로와 작동 : 1

Circuit & Operation of the ABS 1

제어회로를 일체화한 ABS/TCS 기능을 내장한 ESC의 유압 모듈레이터(Modulator)를 회로도에 적용시키면 아래와 같이 된다.
작은 알루미늄 블록의 내부는 브레이크 오일 계통이 2개로 나뉘어져 있으며, 근접한 밸브가 각각의 역할을 충실히 수행하고 있다.
실제로 외측에 돌출된 모터는 시스템 도에서는 중앙에 그려져 있으며, 2계통의 펌프를 구동한다.

글 : 세라 코타(世良耕太)　그림 : 쿠마가이 토시나오(熊谷敏直)
협조 : MITSUBISHI 자동차공업/Continental

● 제어 비작동 시

(통상 브레이크)

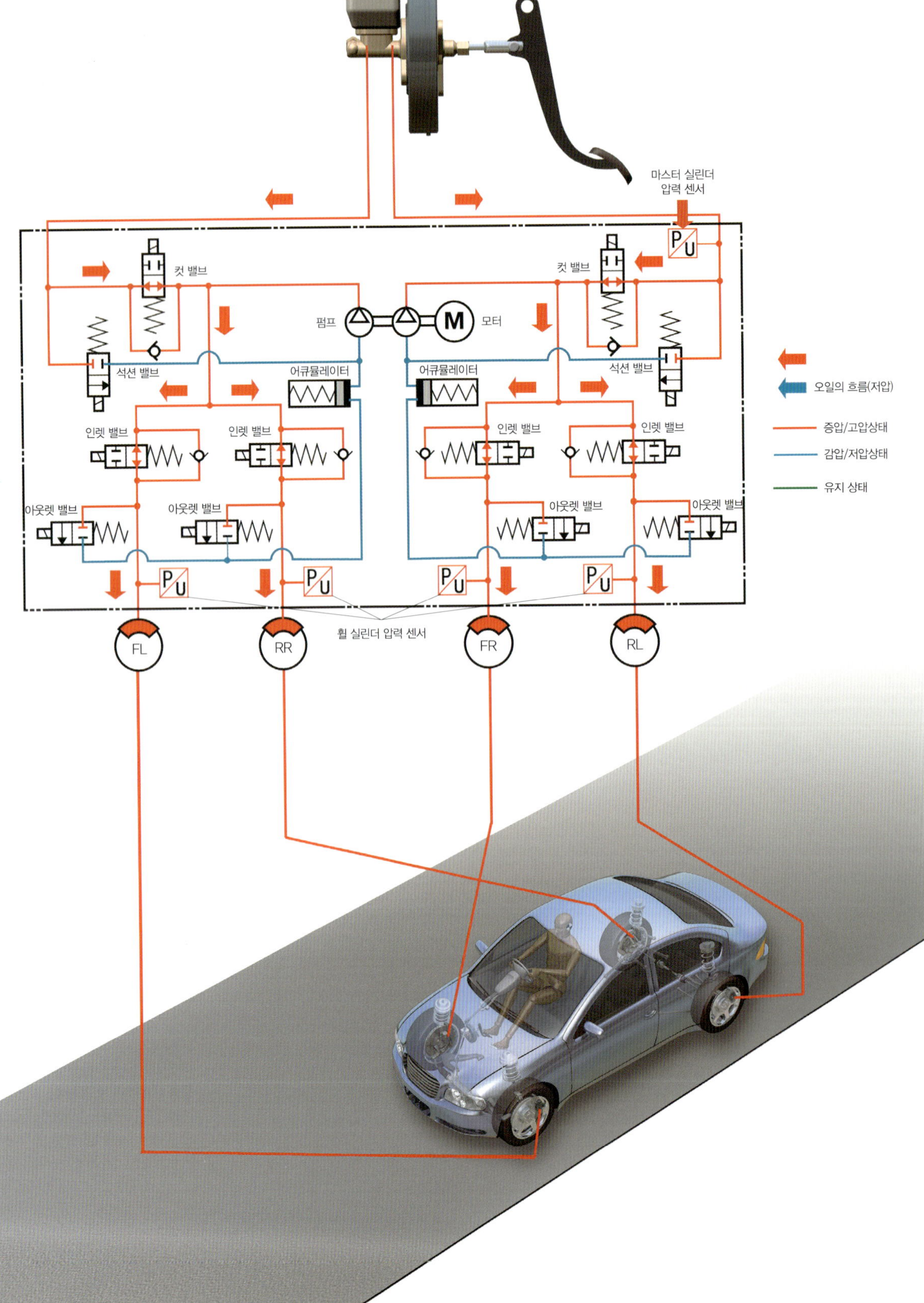

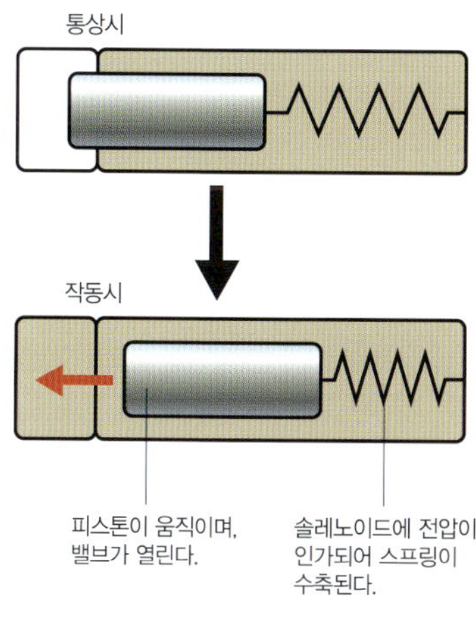

피스톤부의 기본 구조

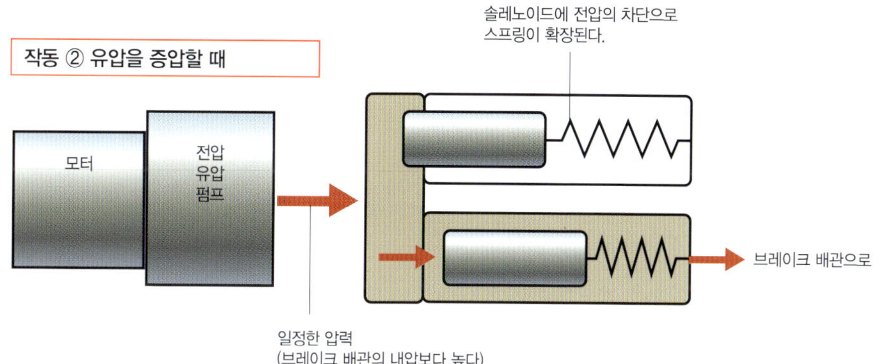

위의 일러스트는 각 륜에 설치된 감압 밸브와 유지 밸브를 모식화한 것이다. 그 역할에 의하여 명칭을 나누고 있지만 양쪽 모두 같은 솔레노이드 밸브이다. 가동형의 철심(밸브)에 원통형의 전자 코일을 조합시킨 것으로 전자 코일에 전류를 흐르게 하여 발생한 전자력을 이용하여 고속 직진 운동을 만들고 밸브를 끌어올려 개폐를 실행한다. ABS/ESC 알루미늄 블록 측 밸브, 제어 회로를 넣은 플라스틱 케이스 안에 전자 코일이 내장되어 있다. 밸브 구멍의 직경은 소수점 수mm이다. 구경을 크게 하면 한 번에 다량의 오일이 흐르게 되어 그 만큼 소리와 진동도 커진다. 그러므로 구멍의 직경을 줄이는 경향이 있다. 그리고 구멍의 직경은 작은 쪽이 컨트롤성은 높아진다. 듀티(Duty) 제어에 의하여 밸브의 개폐를 디지털로 제어하는 것이 오랫동안 일반적이었지만 소리나 진동의 억제 고정밀도의 컨트롤을 추구하는 과정에서 전류를 컨트롤하여 중간적인 위치에서 멈추는 아날로그적인 제어를 실행하는 모델도 있다.

왼쪽 그림은 ABS/TCS의 기능을 구비한 ESC의 유압시스템 도(圖)이다. 오른쪽 프런트와 왼쪽 리어, 왼쪽 프런트와 오른쪽 리어를 조합시킨 X형 배관으로 각 륜의 각각에 감압 밸브와 유지 밸브가 설치되어 있다. ABS만의 기능에는 이 8개의 밸브로 충분하지만 TCS와 ESC의 기능을 추가하기에는 불충분하므로 각 계통의 상류에 각각의 컷 밸브와 석션 밸브가 추가로 설치되어 있다. 즉, 밸브의 수가 모두 12개이다. 최상류에는 마스터 실린더 안의 압력을 모니터하는 압력 센서가 있으며, 아울러 각 륜마다 압력 센서가 설치되어 있다. 이것은 「고기능의 컨트롤을 하고 싶다」는 자동차 메이커 측의 요청에 대응하기 위하여 추가하게 된 것이다.

ABS 제어 회로로부터의 입력이 없는 경우 즉 4륜의 차륜 속도에 차이가 없고 브레이크 유압의 차이도 없는 상태에서는 2계통으로 분류된 브레이크 오일은 유압시스템을 통하여 통상의 진공 부스터 브레이크로서 작동을 한다. TCS/ESC의 제어를 위한 컷 밸브는 기능을 하지 않기 때문에 당연히 열려있다. 타이어가 로크될 것 같은 상황이 되면 브레이크 유압을 감압시키는 역할을 담당하는 각 차륜의 감압 밸브는 닫혀 있으나 유지 밸브는 열려있다. 운전자가 답력으로 만들어 낸 압력이 그대로 캘리퍼에 전달된다.

각 륜의 브레이크 유압은 각 캘리퍼에 전달되어 마찰재를 디스크에 밀착시키는 힘으로 사용되고 있기 때문에 갈 곳이 없어진 브레이크 오일을 모아두는 어큐뮬레이터를 사용할 필요는 없다. 따라서 모터/펌프도 작동하지 않는다. 브레이크 오일의 매우 심플한 흐름이다. 브레이크 페달을 놓으면 캘리퍼에 공급된 오일은 같은 루트를 따라서 마스터 실린더로 되돌아간다.

Chapter

ABS 회로와 작동 : 2

Circuit & Operation of the ABS 2

통상 브레이크 작동 시는 두 개의 계통 4개의 차륜에 동일한 브레이크 유압이 가해진다.
그런데 일단 4륜 중 어느 타이어에 로크의 조짐이 나타나면 밸브의 움직임에 변화가 나타난다.
운전자가 단지 브레이크 페달을 밟는 것만으로 시스템이 각 륜의 상황에 맞는 브레이크 상태로 조정하는 것이다.

글 : 세라 코타(世良耕太)   그림 : 쿠마가이 토시나오(熊谷敏直)
협조 : MITSUBISHI 자동차공업/Continental

● ABS 제어 중

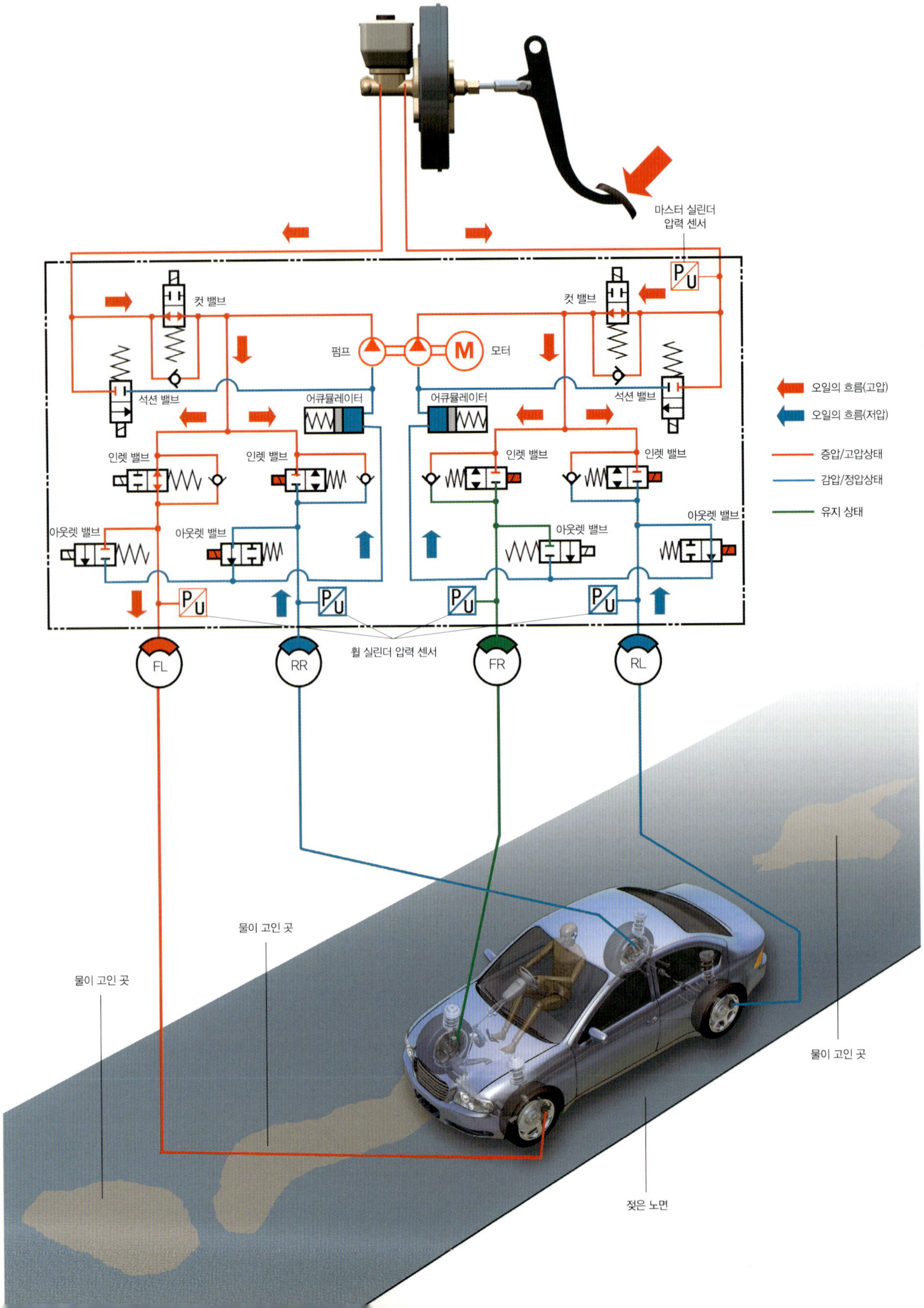

● ABS의 회로(비작동시)

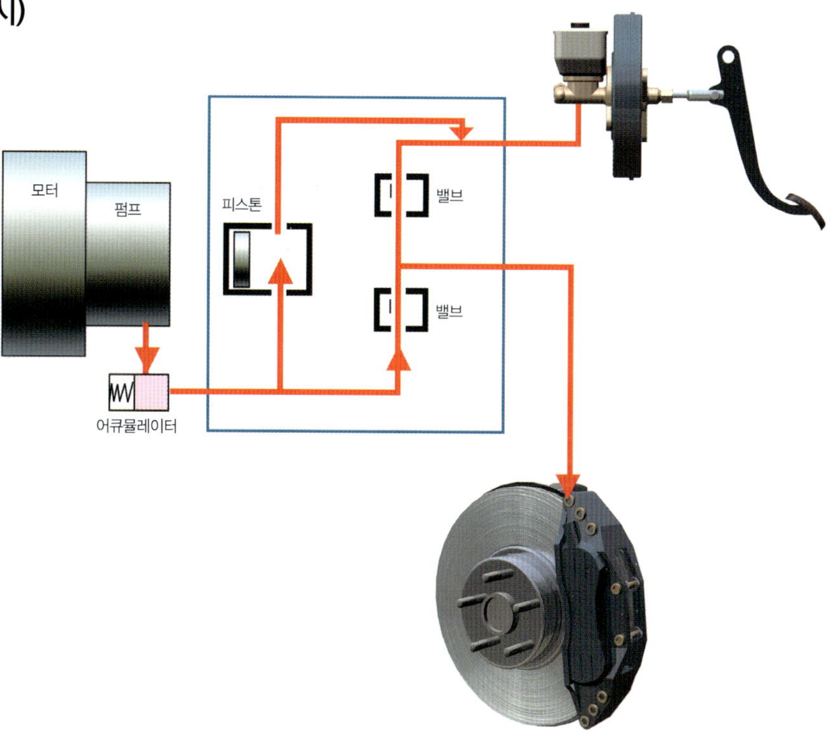

● ABS의 회로(작동시)

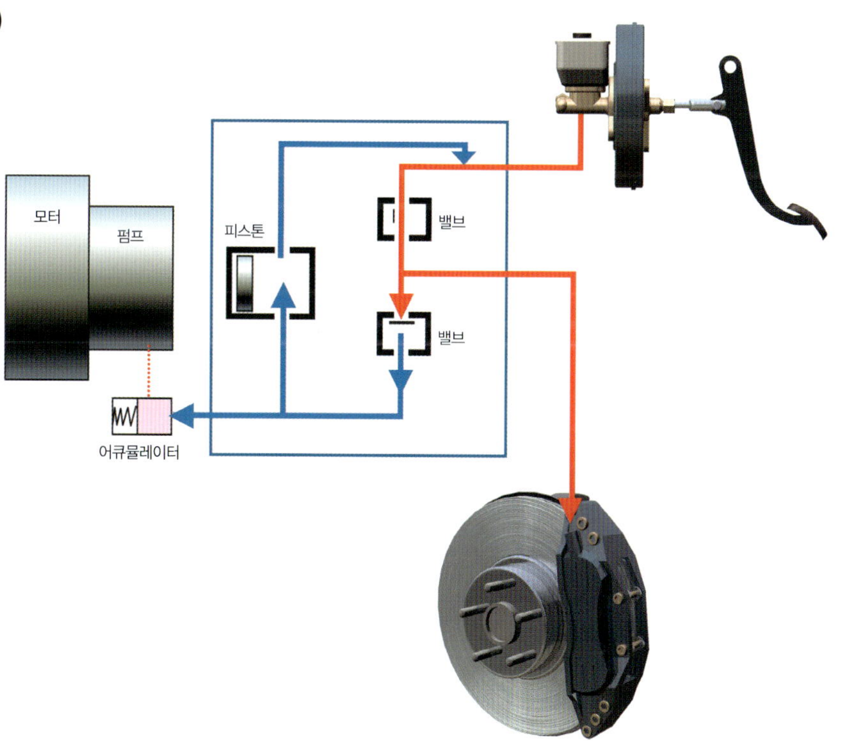

브레이크 페달을 밟으면 브레이크 오일의 압력이 높아지고 마찰재(브레이크 패드)에 힘이 가해져 디스크에 밀착된다. 그에 따라서 속도는 저하되지만 좌우 후륜이 로크될 듯이 되며, 속도 센서가 검지한 속도가 기준보다도 낮아지면 ABS 제어 회로는 좌우 후륜의 유지 밸브를 닫도록 지시를 내린다. 이로 인해 마스터 실린더로부터의 송압(送壓)이 차단되고 운전자가 브레이크 페달을 밟아 발생시키고 있던 압력이 최대압으로 되면서 이 이상은 가압되지 않는다. 더 나아가 차륜의 회전 속도가 낮아지면서 로크를 피할 수 없는 상황이 되면 감압 밸브를 열어 브레이크 유압을 낮춘다. 즉, 마찰재에 가해진 압력을 약하게 하여 로크를 방지하는 것이다. 감압된 분량만큼의 오일은 리저버로서 작용하는 어큐뮬레이터로 향하며, 펌프로 빨아내어 회로의 상류로 돌아간다. 차륜의 회전속도가 빨라지면 다시 가압 상태로 복귀하지만 거기에서 다시 회전속도가 떨어지면 감압 동작에 들어간다. 가압~유지~감압을 반복하면서 4륜의 차륜 속도가 같아질 때까지 이것을 계속 반복한다. 이 때 밸브의 개폐나 펌프의 구동이 독특한 소음이 되어 발생하며, 회로의 상류로 돌아가는 브레이크 오일의 흐름이 독특한 진동이 되어 브레이크 페달로 전해지게 된다.

한편, 왼쪽의 일러스트에서는 좌측 전륜만이 통상의 브레이크 작동 상태이다. 밸브의 개폐와 브레이크 오일의 흐름은 ABS 비 작동시와 완전히 같으며, 운전자의 브레이크 페달 조작에 의한 유압이 전달되어 있다. 우측 전륜은 유지. 감압, 복귀가 함께 대응할 수 있도록 감압 밸브, 유지 밸브가 함께 닫혀 진 상태이다.

위의 일러스트는 1륜의 감압 밸브/유지 밸브의 작동과 브레이크 오일의 흐름을 모식화한 것이다.

TCS 회로와 작동

Circuit & Operation of the TCS

ABS가 제동방향의 제어를 실행하는 디바이스라면 TCS는 구동방향의 제어를 실행하는 디바이스이다.
운전자가 브레이크 페달에 발을 올리지 않는다는 결정적인 차이가 있기 때문에,
마스터 실린더에 의존하지 않고 유압 유닛에 내장된 모터와 펌프로 압력을 높여줄 필요가 있다.

글 : 세라 코타(世良耕太)　그림 : 쿠마가이 토시나오(熊谷敏直)
협조 : MITSUBISHI 자동차공업/Continental

● TCS 제어 중

(좌측 전 · 후륜 휠 스핀 억제 제어)

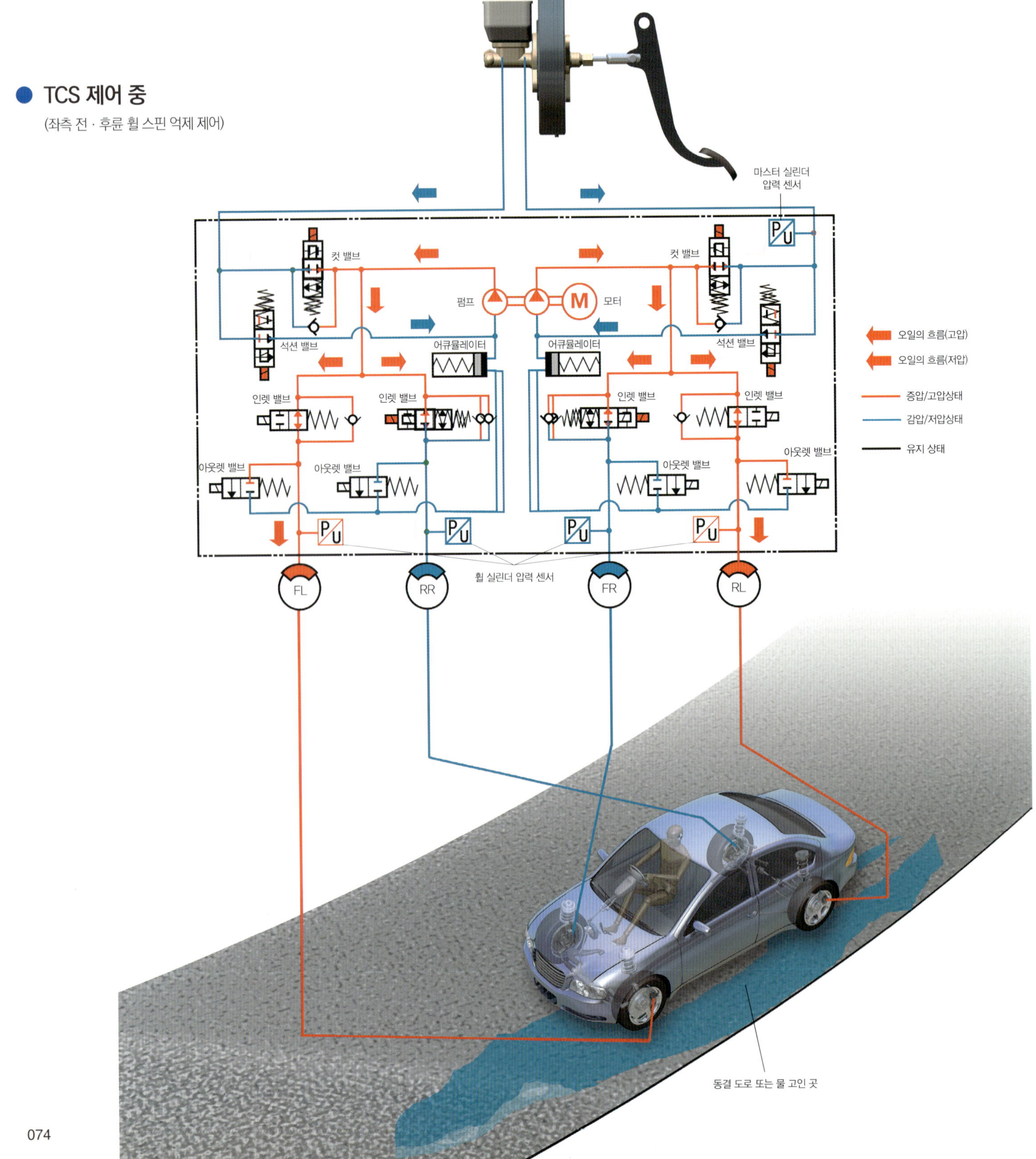

왼쪽의 일러스트는 좌측 노면의 μ가 낮은 상태이다. 차륜 속도 센서가 좌측 전·후륜의 휠 스핀을 검지하면 엔진 토크를 억제함과 동시에 스핀이 되는 차륜에만 브레이크를 작동시킨다. 이 때 운전자는 브레이크 페달이 아니라 액셀러레이터 페달을 밟고 있기 때문에 브레이크 유압은 높아지지 않는다. 그래서 모터와 펌프가 나설 차례인 것이다.

슬립되고 있는 것이 좌측 전륜과 좌측 후륜이므로 2계통 모두 컷 밸브를 닫고(슬립이 1륜이라면 1계통), 마스터 실린더 측과의 오일 흐름을 차단한다. 한편, 석션 밸브를 여는 것과

동시에 모터를 구동한다. 같은 축 위에 있는 2계통의 펌프를 작동시켜서 어큐뮬레이터에서 오일을 빨아올린다. 좌측 전륜과 좌측 후륜의 유지 밸브를 열어 브레이크 오일의 압력이 높아지면서 슬립하는 타이어의 회전을 멈추는 행동으로 들어간다. 물론 감압 밸브는 닫힌 상태 그대로이다. ABS 작동과는 반대로 차륜의 회전속도가 늦어지면 브레이크 유압을 약하게 하지만 차륜의 회전속도가 올라가면 순식간에 가압의 동작으로 들어간다. 밸브의 섬세한 제어로써 이것을 반복하는데 4륜의 차륜 속도가 균등하게 될 때까지 반복한다.

그립(Grip)되고 있는 우측 전륜과 좌측 후륜에 브레이크를 작동시킬 필요는 없으므로 유지 밸브는 닫힌 상태이다. 가압된 브레이크 오일은 여기서 차단된다.

아래의 일러스트는 1륜 마다의 밸브 작동을 모식화한 것이다. 감압 밸브/유지 밸브에 덧붙여서 각 계통에 1세트씩 있는 컷 밸브 및 석션 밸브의 제어가 필요하게 된다. 운전자가 브레이크 페달을 밟고 있지 않기 때문에 압력을 만들어낼 필요가 있는 것이 ABS 작동시와 가장 다른 점이다.

● TCS 회로(비작동 시)

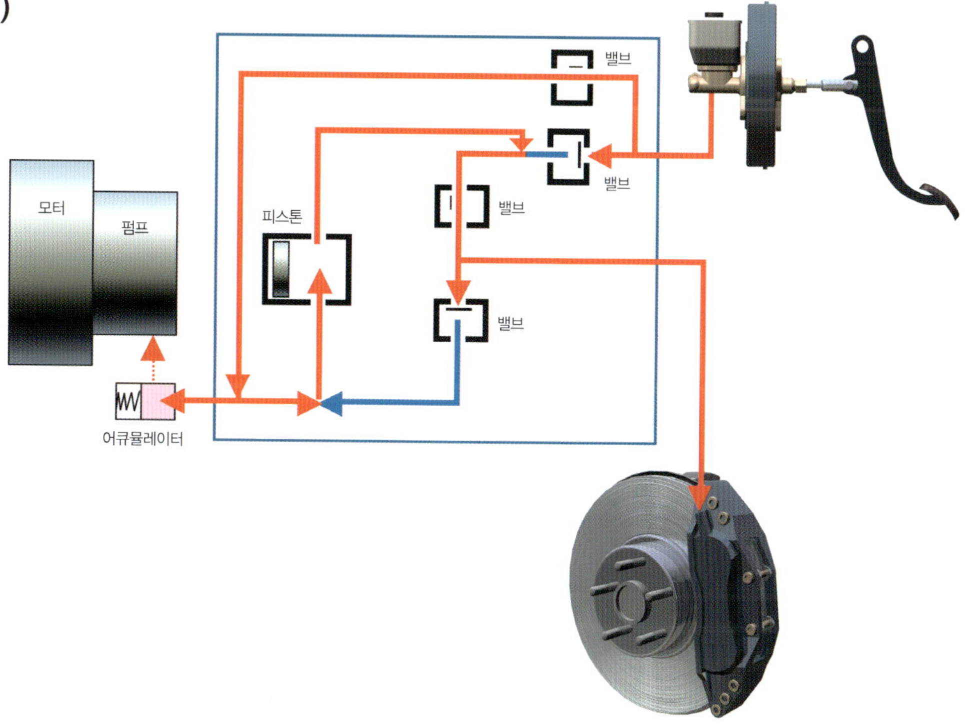

● TCS 회로(작동 시)

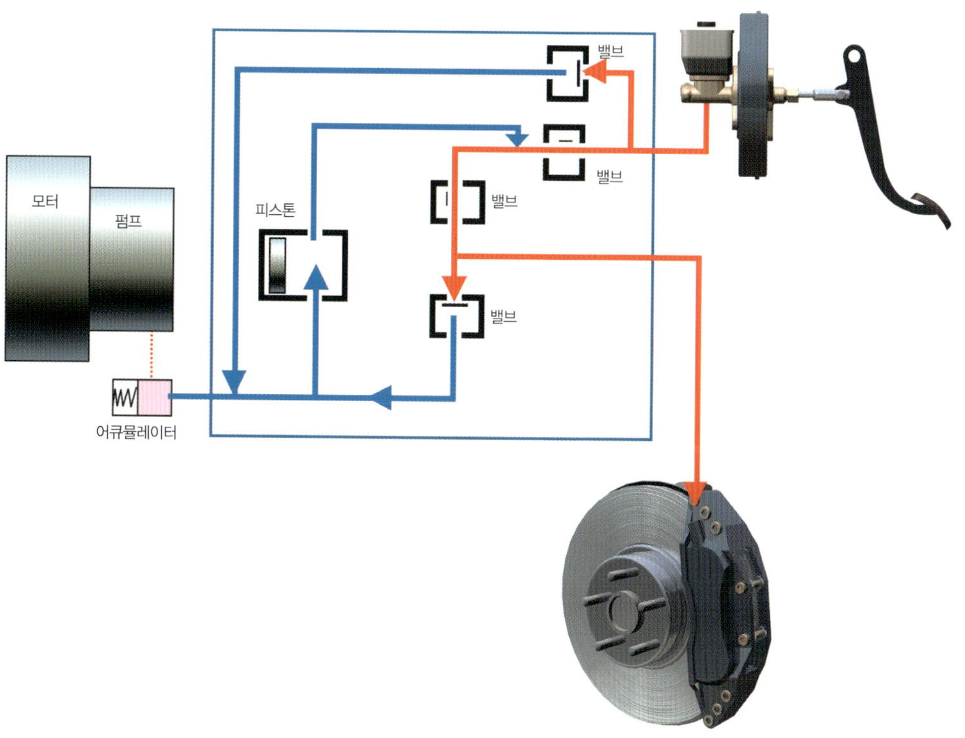

최신 ABS의 현주소 Continental MK 100

Latest ABS circumstances : Continental MK 100

작고 가벼워야 한다는 요구는 그칠 줄 모른다. 더욱이 비용의 압박까지……….
공급자로서는 자동차 메이커 혹은 차종마다 제각각의 요구에 맞도록 유닛을 설계하는 것은 효율이 나빠진다.
그래서 비용을 가장 중시하는 요구로부터 다기능의 사양까지 대응할 수 있는 발전성을 갖는 유닛이 개발되었다.

글 : 세라 코타(世良耕太)
사진 : 세야 마사히로(瀬谷正弘)/Continental

2011년에 생산을 개시한 Continental의 신 시리즈 EBS 'MK 100'.
우측의 콤팩트한 ABS 단기능 유닛이고 좌측은 TCS 및 ESC를 조립한
다기능 유닛이다. 플라스틱 제품의 케이스에 넣은 컨트롤 유닛 안에는
요 레이트와 G센서가 통합되어 있다. 용적은 MK 60에 비하여 20%
감소되었다.

● Continental EBS 유닛 일람

예전에 생산된 EBS는 MK 60이 베이스(2011년부터는 MK 100이 베이스)였다. 이 ABS 단기능 유닛이 소형 경량화 되어 MK 70으로 진화하였다. MK 25는 MK 60을 베이스로 펌프/모터와 어큐뮬레이터의 용량을 확대, 브레이크 캘리퍼 용량이 큰 차종에 대응시킨 제품이다.

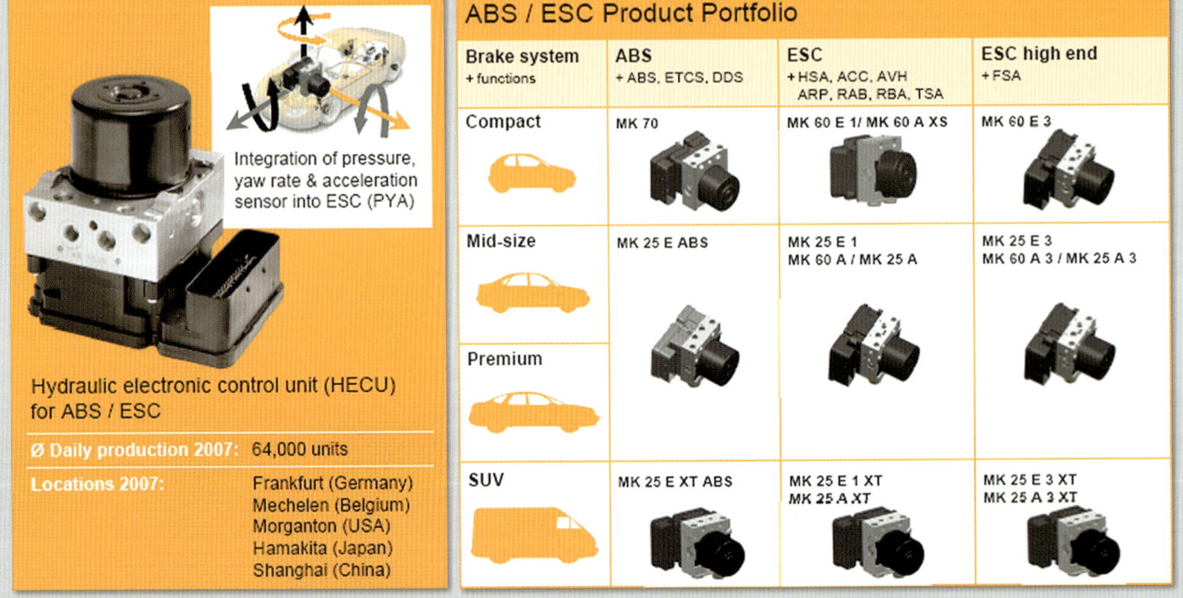

ABS / ESC Product Portfolio

Brake system + functions	ABS + ABS, ETCS, DDS	ESC +HSA, ACC, AVH ARP, RAB, RBA, TSA	ESC high end + FSA
Compact	MK 70	MK 60 E 1/ MK 60 A XS	MK 60 E 3
Mid-size	MK 25 E ABS	MK 25 E 1 MK 60 A / MK 25 A	MK 25 E 3 MK 60 A 3 / MK 25 A 3
Premium			
SUV	MK 25 E XT ABS	MK 25 E 1 XT MK 25 A XT	MK 25 E 3 XT MK 25 A 3 XT

ESC: Electronic Stability Control; PYA: Pressure Yaw Acceleration; ETCS: Engine Intervention Traction Control System; EPB: Electric Parking Brake; DDS: Deflation Detection System; HSA: Hill Start Assist; ACC: Adaptive Cruise Control; AVH: Automatic Vehicle Hold; ARP: Active Rollover Protection; RAB: Ready Alert Brakes; RBA: Rain Brake Assist; TSA: Trailer Stability Assist; FSA: Full Speed Range ACC

● Continental EBS의 소형 경량화 궤적

MK 60이 등장했을 때의 세일즈 포인트 중 하나가 「궁극의 콤팩트 설계」였지만 2011년부터 생산이 시작된 MK 100(좌측 페이지)을 보면 「개발에는 끝은 없다」는 것을 알 수 있다. 작고 가벼워져 있을 뿐만 아니라 싸며, 고기능화 하여 작동 음 및 진동은 작아졌고 작동은 보다 원활하게 되었다.

「(ABS/ESC의)구조는 오랫동안 크게 변화되지 않았다. 메커니즘에서 변화된 것은 밸브 제어이다. 종래 유압의 경로를 닫거나 열거나 하는 것은 ON/OFF 제어였지만, 이로 인한 유압의 충격에 의해 작동 음이나 진동이 발생한다. 당초에는 작동 음이나 진동을 억제하기 위하여 최근에는 차량의 컨트롤을 최적화할 목적으로 밸브를 아날로그 방식으로 제어하게끔 되었다. 이것은 밸브와 회로 쌍방의 동시 진화로 달성할 수 있었다. 그리고 노이즈의 발생원인 펌프나 모터도 진화하고 있다」

이렇게 설명하고 있는 것은 Continental Automotive의 이토 요시히토이다. Continental이 2000년까지 생산하고 있던 EBS(Electronic Brake Systems의 약어. ABS, TCS, ESC의 총칭)의 MK 20은 ABS 기능만을 구비한 유닛으로 2.7kg의 중량이었다.

2000년부터 생산이 시작된 MK 60은 ABS 기능을 구비한 유닛이 2.0kg으로 되었다. 아날로그 컨트롤식의 고속 밸브 기술, 신 설계의 펌프와 모터, 같은 신 설계의 ECU를 채용하는 것에 의해 소형 경량화를 실현하였다. 전자·유압의 성능 향상도 달성하고 있다. 외형의 치수를 변경하지 않고 TCS와 ESC를 추가하는 것이 가능하여 요 레이트 및 횡G 센서를 ECU에 내장한 점도 특색이다. 2002년에는 ABS 기능만으로 특화된 유닛을 더욱 소형·경량화 하였다(MK 70=1.6kg).

2011년에 생산을 개시한 신세대 EBS가 MK100이다. 구 EBS는 MK 60을 기본으로 차량의 사이즈(에 따른 브레이크 캘리퍼 용량)에 알맞게 여러 종류의 변형을 만들었었지만, MK 100은 콤팩트 카로부터 경트럭까지를 하나의 유닛으로 커버한다. 가격이 큰 결정 요인이 되는 엔트리용에도 대응하고 고급 지향의 ESC로 마무리하는 것도 가능하다. 즉, 확장성이 높다.

자동차 메이커의 요구에 맞게 Active·Rollover·Protection (ARP)이나 Hill·Start·Assist(HSA), Full speed range ACC 등의 부가 기능을 갖추는 것도 고려된 설계가 되고 있다. 「일반적으로 ABS에 관해서는 가급적 저속까지 컨트롤하고 싶다는 요구를 받고 있다. 차륜 속도 센서의 신호는 펄스로 입력되지만 10밀리 초에서 1사이클이다. 시속 5km이하나 3km이하가 되면 신호가 상당히 드문드문 성글게 나오지만, 제어는 가능하다. 그리고 모터는 작고 얇으면서도 또한 토크가 확실히 출력되는 것이 중요하다. 조금이라도 중량을 줄이기 위하여 ABS 전용 유닛의 모터는 한층 작아졌다」

MK 100은 연료소비의 삭감에 연결시키는 경량화의 요구에 대응하고 있는 것은 물론 소비전력의 억제(이것도 연비 저감에 효과적) 요구에도 부응하고 있다.

● Continental MK 100의 로드맵

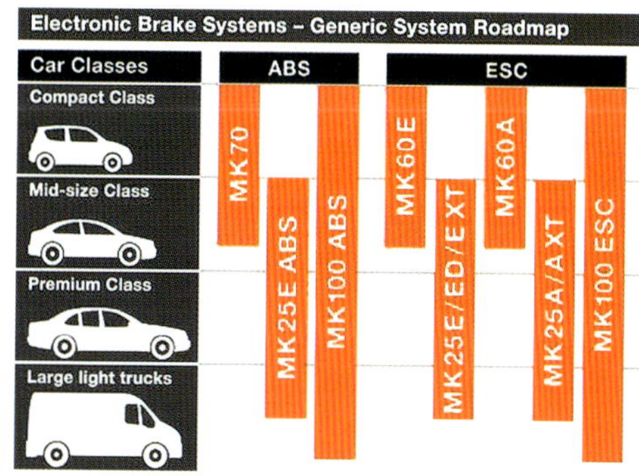

모듈러 콘셉트를 도입한 MK 100은 Compact car로부터 Light truck까지를 하나의 유닛으로 커버한다. 브레이크 부품(component)이 교환되면 자동적으로 그것을 검지하고 환경설정을 실행하기 때문에 시간이 걸리는 캘리브레이션(Calibration)을 할 필요가 없다.

Continental Automotive 임원
Director/Central R&D

이토 요시히토(伊藤善仁)

「미국과 EU연합에서는 2011년부터 ESC의 장착이 의무화되었지만」 일의 양이 증가되었는가? 에 대해서는 미묘하다고 생각하고 있다」라는 이토 요시히토. 「ESC와 ABS의 양쪽을 놓고 저울질 하던 차종이 ESC로 마무리하는 경우도 있으므로 ABS 유닛의 생산량은 다소 감소할 것으로 생각한다. 그러나 ABS도 아직 아시아 시장은 넓다고 본다」

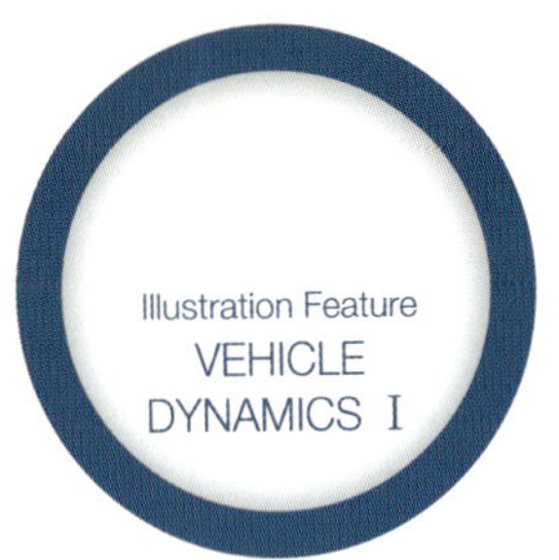

Chapter 4

선회 시의
스태빌리티 컨트롤

Stability control at the time of the turning

구동/제동력을 제어하여 컨트롤한다. = ESC

Control Traction / Braking force and use it =ESC

제동력은 마이너스 방향의 구동력이다. 4륜에 각각 설치된 브레이크를 개별적으로 제어하는 것으로,
자동차의 선회를 제어하고, 위험한 상태에서 되돌려 차량의 움직임을 안정시킨다. 이것이 ESC의 효능이다.
브레이크 기구에 의한 스태빌리티 컨트롤의 「총괄 마무리」라고도 말할 수 있는 기구인 것이다.

글 : 마츠다 유지(松田勇治)　사진 : BOSCH

BOSCH의 ESP(Electronic Stability Program)의 구성

1 : ECU 통합형 ESP Hydraulic Unit
2 : 차륜 속도 센서
3 : 조향각 센서
4 : 가속도 센서 통합형 Yaw rate sensor
5 : 통신용 엔진 매니지먼트 ECU

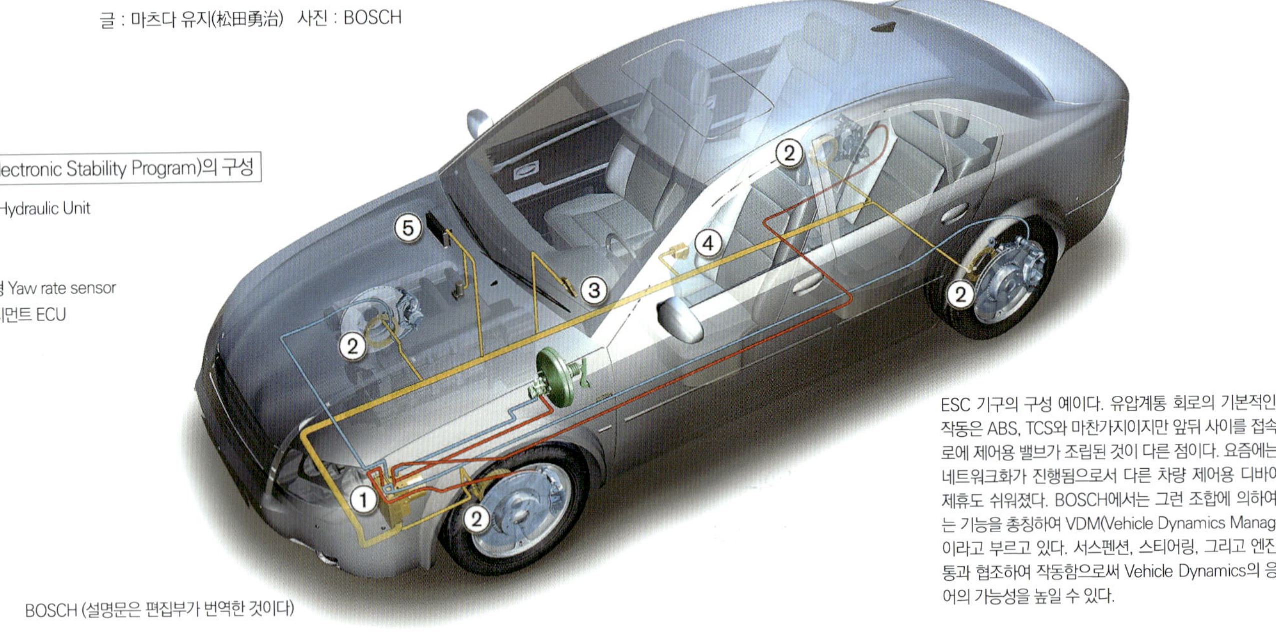

ESC 기구의 구성 예이다. 유압계통 회로의 기본적인 구성과 작동은 ABS, TCS와 마찬가지이지만 앞뒤 사이를 접속하는 경로에 제어용 밸브가 조립된 것이 다른 점이다. 요즘에는 차내의 네트워크화가 진행됨으로서 다른 차량 제어용 디바이스와의 제휴도 쉬워졌다. BOSCH에서는 그런 조합에 의하여 실현하는 기능을 총칭하여 VDM(Vehicle Dynamics Management)이라고 부르고 있다. 서스펜션, 스티어링, 그리고 엔진 제어계통과 협조하여 작동함으로써 Vehicle Dynamics의 응용과 제어의 가능성을 높일 수 있다.

BOSCH (설명문은 편집부가 번역한 것이다)

ABS는 바퀴 잠김(Wheel lock)에 의하여 노면과 타이어 사이에 마찰력이 저하되어 조향이 되지 않는 상태를 해소하기 위하여 브레이크 유압을 제어함으로써 휠의 회전을 회복시키는 기구이다. TCS는 휠의 공전에 의하여 마찰력이 저하되는 상태를 해소하기 위하여 공전 중인 휠에 브레이크를 작동시켜 회전속도를 낮추어 마찰력을 확보함으로써 구동력을 회복시키는 기구이다.

이것들이 사용해 온 차륜 속도 검출, 브레이크 유압 제어 등의 기구를 이용하면서 차량의 움직임을 판단하고 요(Yaw)의 제어에 의하여 차량의 자세를 안정된 방향으로 이끄는 장치가 ESC(Electronic Stability Control)이다.

한편, ESC는 메이커 마다 독자적인 호칭을 사용하는 경우가 많다. Audi, Mercedes, Fiat, Hyundai, Kia 등은 ESP(Electronic Stability Program 단, Audi는 Stabilization), BMW나 Mazda는 DSC(Dynamic Stability Control), Nissan이나 Subaru는 VDC(Vehicle Dynamics Control), Honda는 VSA(Vehicle Stability Assist), Toyota는 VSC(Vehicle Stability Control), Mitsubishi는 ASC(Active Stability Control)라고 부른다.

호칭의 차이를 보면 각 회사가 이 기구를 대하는 사고방식의 차이가 흘끗 보여 흥미롭기도 하지만 여기에서는 이 기구의 대표적인 공급자인 ADVICS, BOSCH, Continental Automotive가 구성하는 「ESC 보급위원회」의 의향을 존중하여 ESC로 호칭을 통일한다. 덧붙이자면 동 위원회에 의한 일본어의 정식명칭은 「옆 미끄럼 방지장치」이다.

그러면, ESC는 구체적으로 도대체 무엇을 하고 있는 것일까? 여기서 생각해 봐야 할 것은 선회가 자동차의 중심인 z축을 중심으로 한 회전운동이며, 그것은 타이어의 코너링 포스 전후 차이에 따라 생긴다는 것이다.

만약 선회 중에 있는 자동차에 어떤 수단을 가해 앞과 뒤의 코너링 포스의 차이를 없앴다고 하면 요(Yaw)가 수렴(收斂)되어 자동차는 직진하게 될 것이다. 반대로 무엇인가의 수단으로 선회 중에 전후의 코너링 포스의 차이가 커져 간다면 보다 반경이 작은 선회로 이행하여 갈 것이다. ESC는 각 바퀴의 브레이크 유압을 개별적으로 제어함으로써 전후의 코너링 포스의 차이를 변동시켜, 요(Yaw)를 제어함으로서, 차량의 자세를 제어하고 있는 것이다.

차량의 상태는 어떻게 판단하는가? 슬라롬(slalom) 주행

을 상상하길 바란다. 파일론(Pylon) 몇 개 정도까지는 무난히 클리어 한 운전자가 어느 지점에서 돌연 스핀을 하고 마는………이라는 것은 「흔히 있는 이야기」이다. 원인은 오버 요(Over yaw)이다. 가령 차량의 속도가 일정하다고 해도 방향을 자주 바꾸는 조향을 반복하는 중에 관성 질량의 영향이 커지고 그에 동반하여 코너링 포스의 차이가 요(Yaw)를 증대시키는 방향으로 변해간다. 그러면 최종적으로 타이어의 그립(Grip)이 증대된 요를 지지할 수 없게 되면서 스핀이 발생된다.

여기에서는 매우 간단히 다루고 있지만 이처럼 차량이 「안정」에서 「발산(發散)」에 이르기까지의 움직임과 거기에 작용하고 있는 힘을 정리하여 데이터화 한 것이 「카 모델」이다. ESC는 차량의 각 부분에 비치된 센서로부터의 정보에 의하여 자동차의 상태와 운전자의 조작을 감시하고 현재의 상태를 「카 모델」과 서로 대조시켜 앞으로의 작동을 예측하고 발산되는 방향이라고 판단되면 개입하여 차량의 자세를 안정된 방향으로 이끈다.

구체적으로 브레이크가 작동하는 방법은 「한쪽의 작동」으로 4륜 각각 에서 이루어진다고 생각하면 된다. 우측 코너로

● BOSCH의 VDM(Vehicle Dynamics Management)

DWT-B(Dynamic Wheel Torque Control by Brake)에 의해 업그레이드 된 다이내믹 코너링(Dynamic Cornering).

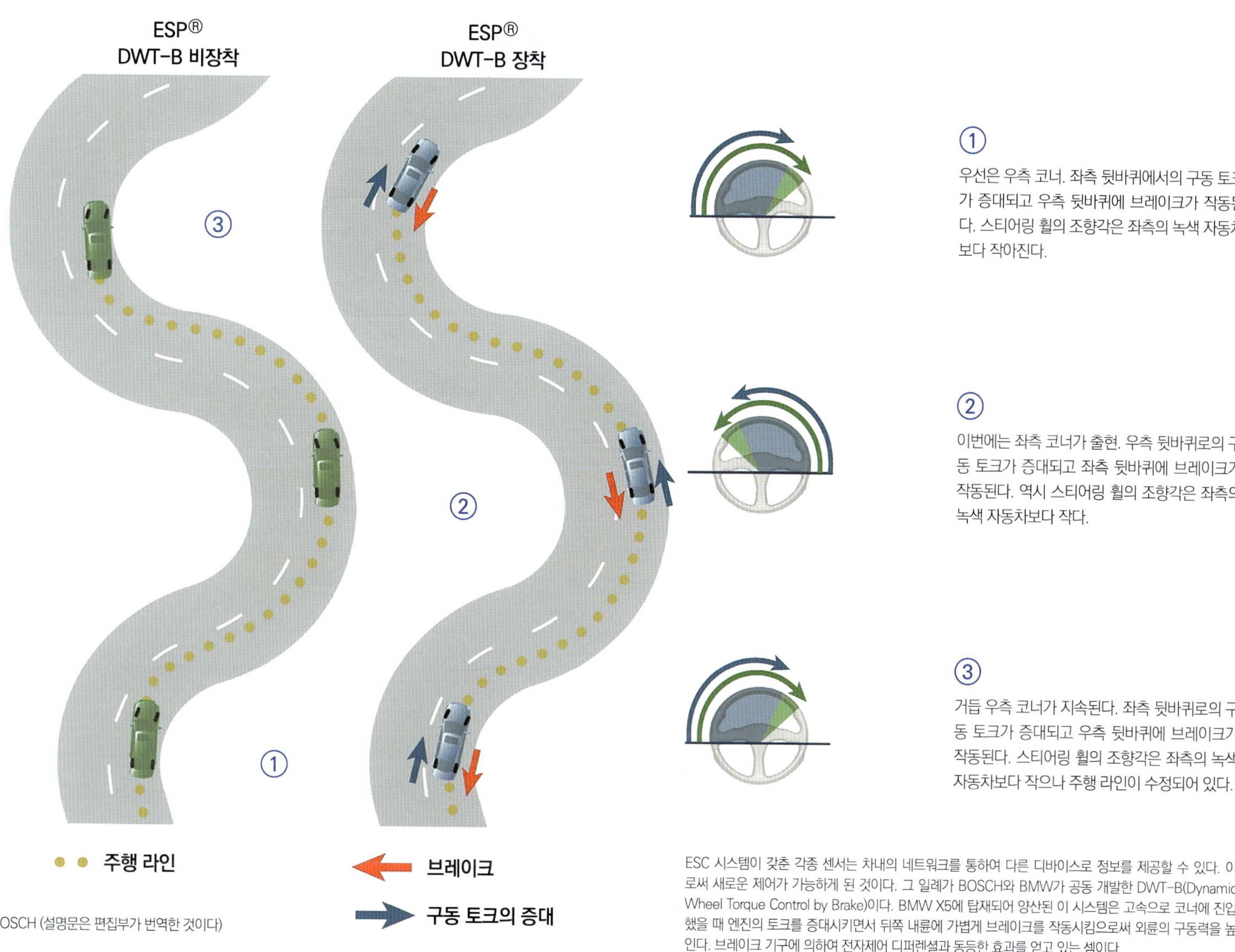

① 우선은 우측 코너. 좌측 뒷바퀴에서의 구동 토크가 증대되고 우측 뒷바퀴에 브레이크가 작동된다. 스티어링 휠의 조향각은 좌측의 녹색 자동차보다 작아진다.

② 이번에는 좌측 코너가 출현. 우측 뒷바퀴로의 구동 토크가 증대되고 좌측 뒷바퀴에 브레이크가 작동된다. 역시 스티어링 휠의 조향각은 좌측의 녹색 자동차보다 작다.

③ 거듭 우측 코너가 지속된다. 좌측 뒷바퀴로의 구동 토크가 증대되고 우측 뒷바퀴에 브레이크가 작동된다. 스티어링 휠의 조향각은 좌측의 녹색 자동차보다 작으나 주행 라인이 수정되어 있다.

ESC 시스템이 갖춘 각종 센서는 차내의 네트워크를 통하여 다른 디바이스로 정보를 제공할 수 있다. 이로써 새로운 제어가 가능하게 된 것이다. 그 일례가 BOSCH와 BMW가 공동 개발한 DWT-B(Dynamic Wheel Torque Control by Brake)이다. BMW X5에 탑재되어 양산된 이 시스템은 고속으로 코너에 진입했을 때 엔진의 토크를 증대시키면서 뒤쪽 내륜에 가볍게 브레이크를 작동시킴으로써 외륜의 구동력을 높인다. 브레이크 기구에 의하여 전자제어 디퍼렌셜과 동등한 효과를 얻고 있는 셈이다.

접근하고 있을 때 후륜 우측에만 브레이크를 작동시키면 요(Yaw)는 통상보다 급격하게 발생된다. 반대로 후륜 좌측에만 작동시키면 요의 발생이 크게 완화된다.

이러한 이치를 이용하여 그립에 여력이 있는 타이어의 브레이크를 작동시킴으로써 언더 스티어나 오버 스티어를 해소하는 방향으로 작동한다. ESC와는 별도로 구동력 제어형인 스태빌리티 컨트롤(Stability Control) 기구가 탑재되어 있다면 그것과도 연동한다. 단 엔진 제어계통과의 연계는 자동차 메이커 마다 달라진다.

한편, ESC는 일반적으로 액티브 세이프티(Active Safety) 장치로 분류된다. 위험한 상황을 향해 나아가고 있을 때 「위험하니 여기까지만 합시다」라고 되돌려줌은 물론 운전자의 조작을 허용하면서도 차량을 안정시키는 것으로 그 효능을 널리 인정받아 신조차에 대한 장착이 의무화되어가는 경향이 강하다.

미국에서는 NHTSA(National Highway Traffic Safety Administration ; 미국고속도로교통안전국)가 제정한 FMVSS(Federal Motor-Vehicle Safety Standard ; 미국연방자동차안전기준) No. 126에서 미국 내에서 판매되는 4.5톤 이하의 모든 차량에 ESC를 탑재하도록 의무화가 명기되어있다.

이 조치는 NHTSA가 2006년에 보고한 조사와 연구결과를 토대로 하고 있다. 그에 의하면 ESC의 표준 탑재에 의하여 치명적인 단독사고는 승용차에서 34%, SUV에서 59%를 저감시킬 수 있고 단독차량의 전복사고는 승용차에서 71%, SUV에서 84%를 저감시킬 수 있다고 판단하고 있다. 그 결과 매년 최대 9000명 이상의 인명이 구조되고 23만명 이상의 부상을 방지할 수 있으며, 시트벨트 의무화 이래로 최대의 구명효과가 발휘된다고 결론지었다.

그리고, 그 해의 IIHS(Insurance Institute for Highway Safety ; 미국도로안전보험협회)에 의한 연구보고에 의하면 ESC의 의무화로 인해 사망사고가 43%, 단독차량의 사망사고는 56% 그리고 단독차량 사고의 경우 41%나 저감되었다고 한다.

FMVSS 126에는 2008년 9월[2009년식(Model Year)]부터 신차로 판매되는 차량의 55%에 ESC의 탑재를 의무화하고 있다. 이후, 2009년 9월부터는 75%, 2010년 9월부터는 95%등 단계적으로 끌어올려 2011년 9월부터는 완전 100%의 장착이 의무화 하도록 되었다.

또한, EU 의회는 2009년 3월에 2011년 11월부터 EU 지역 내에서 등록되는 승용차와 상용차에 그리고 2014년 11월부터는 모든 신차에 ESC의 장착을 의무화 하도록 채택하였다.

유럽과 미국에서 의무화를 단행한 배경에는 원래부터 높은 ESC의 장착률도 한 몫을 했다. 2007년의 신차 등록 기준으로 전세계(Worldwide)의 ESC 장착률이 31%였던 것에 비해 미국의 장착률은 44%, 유럽 평균으로는 50%에 달하고 있었다. 그 후에 계속될 표준 장착율의 향상을 생각해보면 FMVSS 126에 의한 인상률도 그렇게 무리한 선은 아닐 것이다.

덧붙여 말하면 일본에서는 2007년 장착률이 불과 14%에 머물러 있었다. 인접국이면서 자동차생산국인 한국이 19% 이렇게 말하면 실례가 될지 모르지만 중국조차도 6%인 것을 생각하면 이상하게 낮은 수준이라고 말하지 않을 수 없다. 한편으로 카 내비게이션의 장착률은 65%정도라고 알려져 있다. 이것이 일본인의 자동차 관이라고 말한다면 어쩔 수 없는 일이지만………

ESC 회로와 작동

Circuit & Operation of the ESC

자동차의 운동성과 안정성 수준의 평가에 자주 이용되는 것이
「더블 레인 체인지(Double lane change)」테스트이다.
앞서 주행하는 자동차에서 떨어지는 낙하물을 회피하고 다시 주행 차선으로 복귀하는 과정을 상정한
이 테스트에서 ESC는 어느 타이밍에서 어떻게 작동되는 것일까?

글 : 마츠다 유지(松田勇治)   그림 : 쿠마가이 토시나오(熊谷敏直)   협조 : MITSUBISHI 자동차공업/Continental

● ESC 제어 중

(좌측 선회 시 스핀 억제제어)

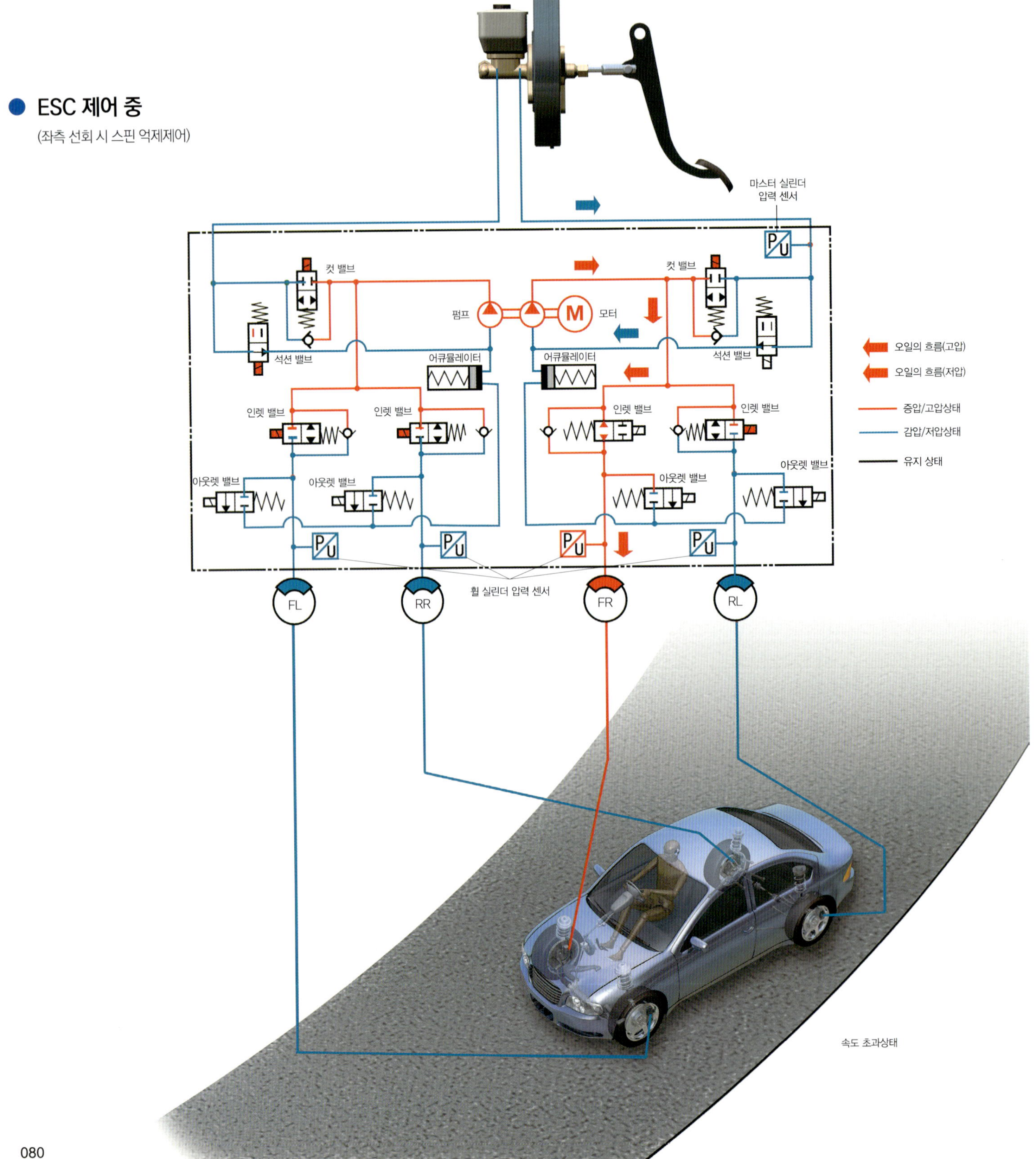

● ESC의 작동상황

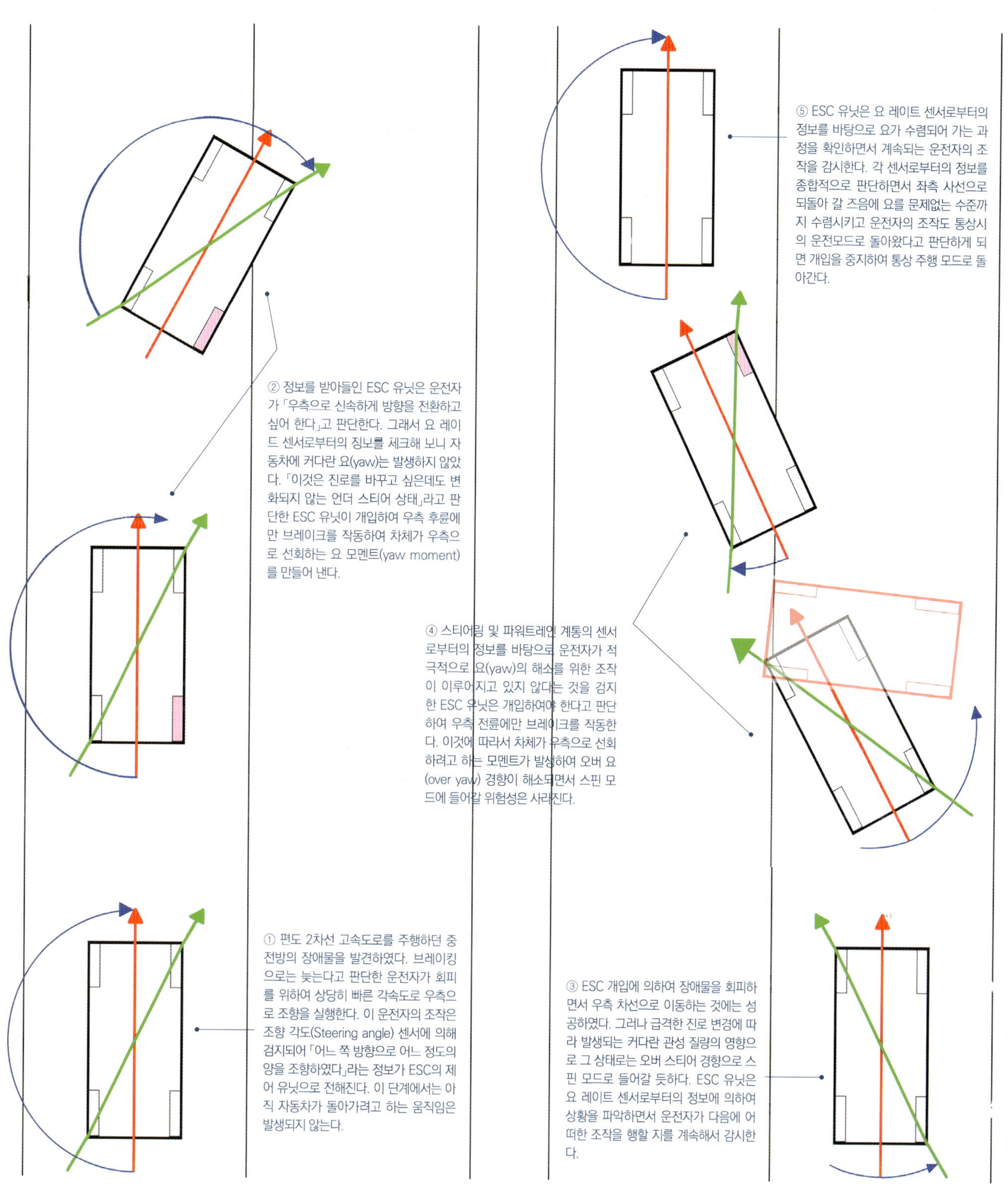

그림 제공 : MFi

ESC의 표준장착을 촉진하게 된 큰 계기가 된 것은 1997년에 발생된 1세대 Mercedes Benz A class 엘크(Elk)가 테스트 시에 전복되었던 문제와 1999년 1세대 Audi TT가 고속영역에서 빈번하게 단독 사망사고를 일으켰던 문제였다.

조종 및 안정성에 관한 과제를 해결하기 위하여 A class는 중심을 낮추고 ESC를 표준 장착하면서 타이어 사이즈도 변경하였다. TT는 공력부품과 ESC의 표준장착을 실행하였다(그 후 TUV의 검사에 의하여 ESC 비장착 자동차에도 특별한 문제점은 없었다고 판단되었다). 수리 이후 두 자동차 모두 조종 및 안정성에 관한 특별한 문제는 더 이상 입에 오르내리지 않게 되었다.

그러면 ESC는 실제로 무엇을 하고 있는 것일까? 여기에서는 소위 「더블 레인 체인지」 테스트의 절차를 따라서 ESC가 어떻게 작동하고 있는지에 대해 순서를 따라서 설명하고자 한다. 단, 여기서 예로 든 작동은 어디까지 기본적인 ESC를 말한다. 최신 시스템에서는 브레이크 기구뿐만 아니라 전자제어 스로틀이나 EPS 등 여러 가지 디바이스와 제휴하여 보다 고도의 운동성 제어를 실현하는 시스템도 증가 추세이다.

스티어링까지도 제어한다 : 1 HONDA MA-EPS

Also control a steering/HONDA MA-EPS

조향계통의 기구를 제어함으로써 안정성의 확보에 기여한다.
비교적 예전부터 있었던 발상이지만 전동 파워 어시스트 기구에 의하여 가파르게 현실화되고 있다.
여기에서는 Honda의 「Motion Adaptive EPS」를 한 예로 들어 그 목적과 구조
그리고 효능에 대하여 해설하고자 한다.

글 : 마츠다 유지(松田勇治)   사진 : HONDA

LEGEND

ACCORD

ODYSSEY

MA-EPS를 구성하는 디바이스의 배치도이다. 그림 중에 명칭의 바탕색이 녹색으로 되어 있는 디바이스가 ESC 계통이고 등색의 디바이스가 EPS 계통이며, 황록색은 공용부분을 나타내고 있다. ESC 제어유닛과 EPS 제어유닛 그리고 스펙 요구에 따른 고정밀도·고신뢰성의 요 레이트 및 G센서 사이를 CAN으로 접속하고 있다. 센서의 정보와 그것을 ESC 제어유닛이 처리하여 산출하는 데이터로부터 차량의 거동을 판단한다. EPS 모터는 일반 제품이다.

운전자가 자동차를 제어하기 위해서 할 수 있는 조작은 「증속」「감속」「조향」이 3가지 밖에 없다. 지금까지 다루어져 왔던 스태빌리티(Stability) 제어 기구는 그 중에서 감속의 기능을 이용하여 차량의 거동을 안정시켜주는 것으로 어디까지나 운전자의 조작을 「어시스트」한다는 의미에서는 간접적인 것이었다.

남은 두 개 중에서 조향 어시스트도 상황에 따라서는 유효할 수 있다는 발상 자체는 상당히 예전부터 있었다. 매우 원시적(primitive)이긴 하지만 차속 감응형 파워 스티어링 류를 그 단서로서 생각해 볼 수도 있다.

현재와 같은 스티어링 어시스트 기구를 실현할 수 있게 된 것은 파워 어시스트 기구가 유압에서 전동으로 변화하고 ESC 기구의 센서 류가 고도화·고 기능화하면서 통신 버스를 매개로 접속된 디바이스에서도 그 정보를 이용할 수 있게끔

● 시스템 구성과 효과

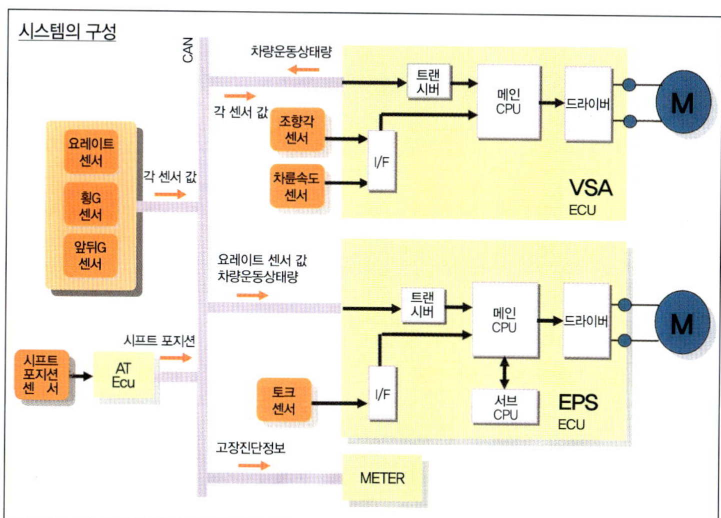

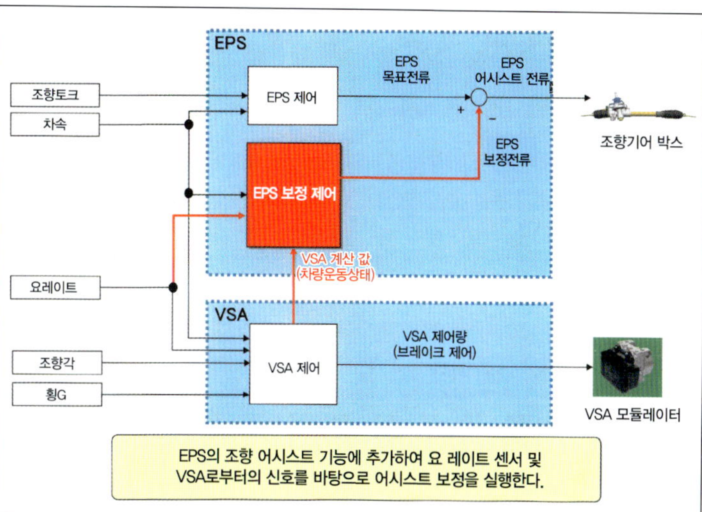

하드웨어의 구성도이다. MA-EPS가 이용하는 것은 요 레이트 센서로부터의 정보와 ESC 제어 유닛으로부터의 차량 운동 상태(요 레이트 편차계산) 데이터이다. MA-EPS 제어 유닛은 이러한 데이터에서 차량의 거동을 판단하고 ESC 측이 갖는 「카 모델」과의 괴리율을 산출하여 개입의 필요성을 판단한다. 개입한 후 조향의 반발력 제어는 MA-EPS 제어 유닛 측에서 실행한다. MA-EPS 측에서 다른 디바이스로는 정보의 제공도 제어의 명령도 하지 않는다.

제어의 개념도이다. 그림 중에서 빨간 선으로 표시된 것이 「모션 액티브(Motion Adaptive)」에 관한 흐름이다. 요 레이트와 차량의 정보를 받아들인 EPS 제어 유닛은 그것을 바탕으로 차량의 거동을 판단하고 EPS용 모터의 어시스트 전류로 보정을 위한 전류를 인가한다. 엔지니어의 표현을 빌리면 「협조 베이스인 카 모델은 어디까지나 ESC측이 장악해야 한다. ESC는 두뇌이고 EPS 등은 근육에 해당 된다」고 한다.

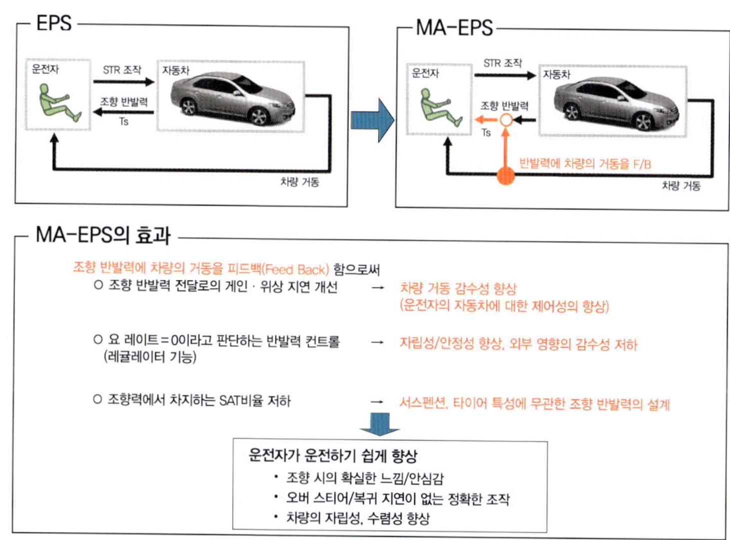

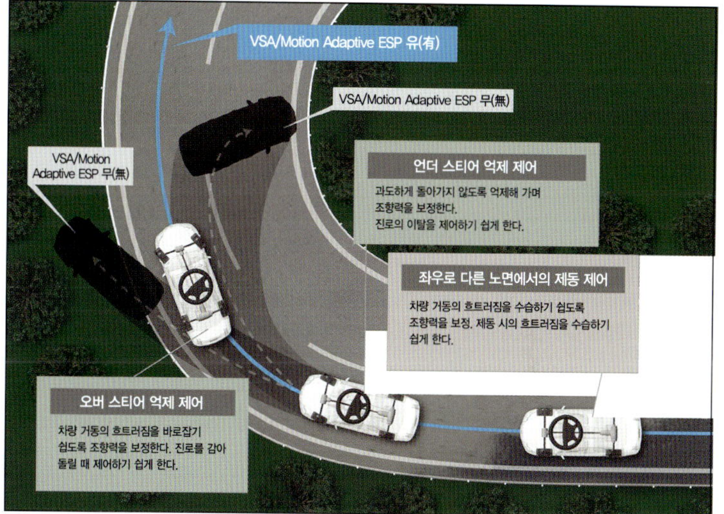

시스템 구성과 작동을 한마디로 나타내면 「조향 반발력에 차량의 상황을 피드백 함으로써 조향의 방향과 양을 정확하게 이끌어준다」가 된다. ESC 계통 디바이스의 공급자를 선택하지 않고서도 대응이 가능하지만 개입의 타이밍, ESC 와의 협조 등은 차량 본체의 특성에도 관련되는 사항이므로 모델마다 그에 알맞게 최적화하여 셋업하고 있다. 목표로 하는 것은 「효율적인 차량운동」이며, 장래에 연비의 향상에 공헌할 수 있는 기능 등도 구상 중이라고 한다.

기본적인 사고방식은 타이어가 미끄러지지 않은 상태에서는 MA-EPS로 타이어가 미끄러지기 시작한 후 부터는 ESC로 차량의 자세를 제어한다는 것이다. 횡풍(橫風)에 의한 외부 교란이나 언더 스티어 경향이 검출된 경우는 ESC 보다 먼저 개입한다. 언더, 스핀의 경향 등 타이어가 미끄러지기 시작하여 ESC가 개입한 후에도 협조 제어를 한다. 단, 어디까지나 어시스트에 투철하며, 「선(線)」을 넘지 않는 점이 특징이다.

되었기 때문이다.

모션 어댑티브(Motion Adaptive) ESP(이후 [MA-EPS]로 약칭한다.)의 시스템 구성은 그림과 해설문을 참조하기 바란다. 작동을 간단히 정리해 보면 ESC(Honda의 호칭으로는 VSA)의 센서 정보를 이용하여 차량의 거동을 감시하고 조향을 수정해야 된다고 판단되면 EPS의 어시스트 힘을 조정하여 운전자가 조향해야 하는 방향의 조향력을 가볍게 하고 해서는 안 되는 방향의 조향력을 무겁게 한다. 이로 인해 운전자가 자연스럽게 올바른 방향으로 수정할 수 있도록 한다는 것이다.

다른 ESC 기구가 개입한 후에 자동으로 작동하여 차량의 자세를 제어하는 것에 반해 MA-EPS의 작동은 어디까지나 운전자의 조작을 올바른 방향으로 「안내하는 역할」에 충실하다는 것이 특징이다. 브레이크나 스로틀과의 기구적인 차이에서 오는 것이기는 하다.

이런 종류의 기구는 기본적으로 「사람으로서는 할 수 없는 제어」를 실현하는 것이 그 목적이다. 다리 하나로 4개의 브레이크를 각각 개별적으로 동시에 조작할 수는 없기 때문에 브레이크 계통의 제어는 기구 측에 맡길 수밖에 없다. 그러나 조향은 2개의 암(Arm)으로 2방향으로만 조작하는 것이다. 요소도 조향의 타이밍과 방향, 조향량 그리고 각속도로 집약할 수 있다. 그렇다면 사람이 조작할 수 있는 여지가 있는 곳에 강제적으로 개입하여 꼭 제어를 해야만 하는가?

개발 담당 엔지니어 왈 「MA-EPS는 어디까지나 사람이 주역인 휴먼 머신(Human Machine)계통의 시스템이고 오퍼레이터는 사람이다」고 한다. 즉, 강제적으로 개입하는 것이 아니고 조작을 올바른 방향으로 이끄는 것에만 머물러야 한다고 판단했다.

「개입의 타이밍에도 많은 견해가 있다. 개입 전(前) 단계로서 자동차가 위험한 상태이다. 라는 것, 그것을 알려야만 할까? 그리고 조향의 반발력뿐만 아니라 시각이나 청각으로도 어필해야만 할까? 라는 견해이다. 실증도 해가며, 검토한 결과 최종적으로는 가능한 한 어시스트 역할만을 철저히 하도록 하는 것이라고 판단하였다」

그 과정에서 우려했던 것은 운전 조작이 후천적으로 획득하는 기능이라는 점이다. 개인차도 크고 「원래부터 이런 것」혹은 「본능적」이라고 생각되는 것들 중에는 사실 옛날 기구상의 제약으로부터 오는 것도 있다. 이 경우 "도입" 기준점을 어디로 설정할 것인가가 문제였다. MA-EPS에서는 「전문 드라이버와 같은 양, 같은 타이밍」을 목표로 하였다. 자동차 안에 사람이 탑승하는 것이므로 현실적인 문제로서 이보다 더 나은 기준은 없다는 점, 상당히 공감이 가는 견해이다.

스티어링까지도 제어한다 : 2 각종 사례

Also control a steering/HONDA MA-EPS

현재, 차량의 자세를 통합 제어하는 최첨단은 스티어링 제어까지도 포함시킨 시스템이다.
그렇지만 아직「결정타」라고 불릴만한 것은 없으며, 각 회사마다 기술자들이 나름대로 늘 고민하며,
논의를 거듭하고 있는 중이다.
여기서는 일본 자동차 메이커의 대표적인 대처 방법에 대해 소개해 본다.

글 : MFi   사진 : TOYOTA/MAZDA/NISSAN

LEXUS GS

● TOYOTA Active Steering 통합 제어용 VDIM

(Vehicle Dynamics Integrated Management)

VDIM 시스템 구성

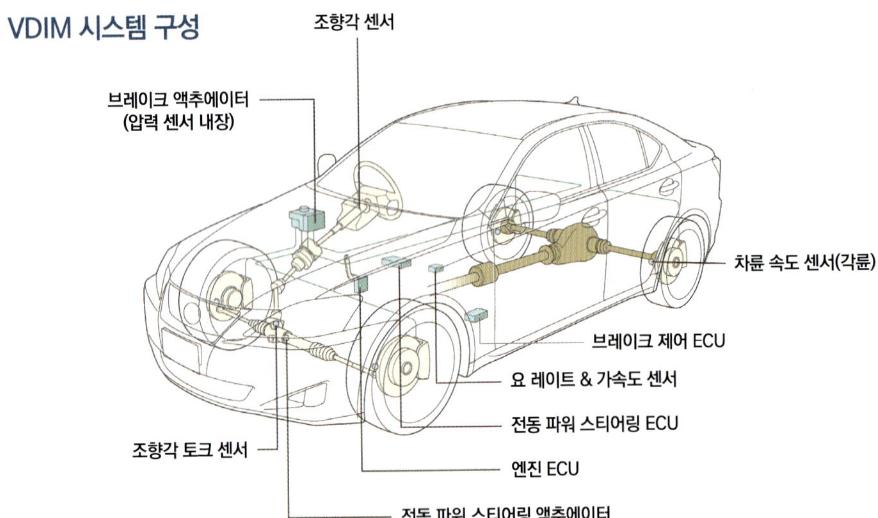

● VDIM에 의한 제어 이미지

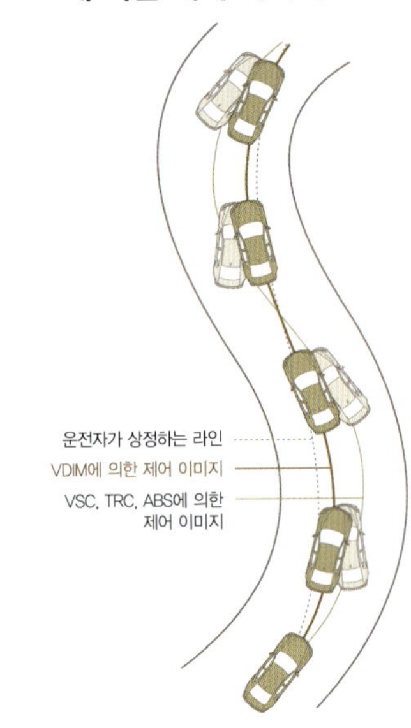

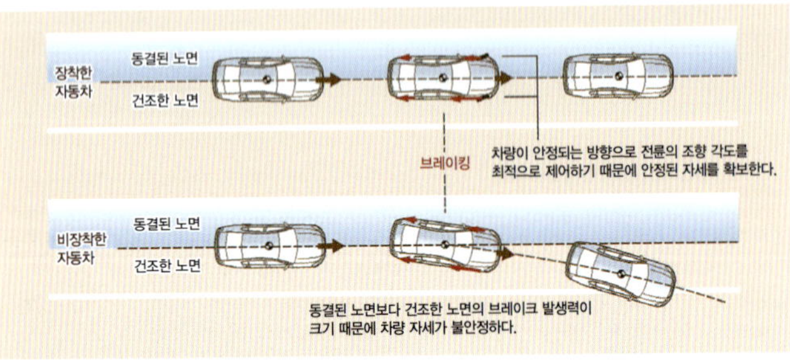

VDIM(Active Steering 통합 제어용)의 제어 이미지

자동차의 좌측이 μ가 적은 동결된 노면, 우측이 건조한 노면을 상정한 제어 이미지이다. 종래의 ABS나 ESC 등에서와 같이 낯이 익은 이미지 그림으로 보이겠지만 장착된 자동차의 그림에서는 조향계통과의 제휴를 나타내면서 전륜이 조향되고 있는 것을 알 수 있다. 그리고 이미 Toyota는 카 내비게이션과 연동하여 고속도로의 출구나 일시정지의 교차점에서 시프트다운을 실행하며, 감속제어를 보조하는「내비 브레이크 어시스트」를 실용화하고 있기 때문에 미래적으로는 정보 기구와의 제휴도 충분히 생각해 볼 수 있는 선택이기는 하다.

Toyota의 VDIM은 단순히 엔진, 브레이크, 스티어링 등의 통합제어를 의미하는 것은 아니다. 타이어의 공전이나 자동차의 옆 미끄러짐을 검지한 후에 제어를 개시하는 ABS나 TCS 등과는 달리 한계의 영역에 이르기 전부터 제어를 개시하여 자동차의 거동을 보다 원활하게 제어하기 때문에「지능화 제어」라고도 불릴 만큼 특징적인 것이다. 운전자의「액셀러레이터 페달 및 브레이크 페달의 조작량」과「이상적인 차량의 거동」과의 차이를 산출하여 그 차이가 줄어들도록 제어하고 있는 것이다.

● MAZDA IVDC (Integrated Vehicle Dynamics Control)

■ IVDC(통합 자동차 운동제어) 시스템 개념도

ⓐ CDC(Continuous Dumping Control system) 액추에이터
ⓑ 차륜 속도 센서

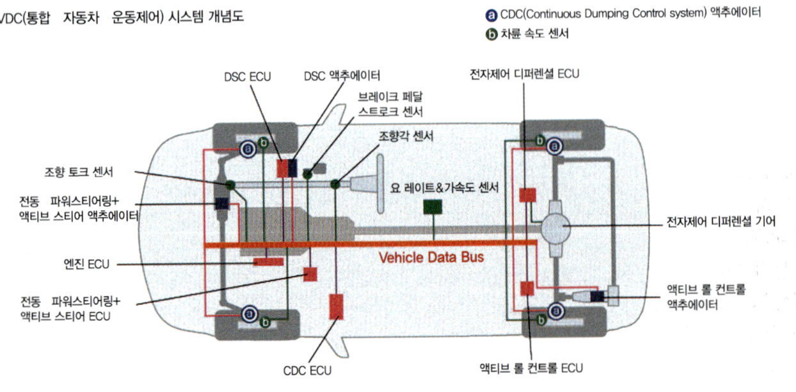

MAZDA가 2005년 제39회 동경 모터쇼에서 발표한 시스템이다. Toyota의 VDIM과 마찬가지로 스티어링 통합제어가 내장된 ESC이다. 컴퓨터가 옆 미끄러짐의 가능성이 있다고 판단한 경우에는 브레이크 및 엔진 제어와 더불어 전동 파워 스티어링을 능동적으로 카운터 스티어로 제어하여 급커브 등에서 불안정하게 되는 차량의 자세를 자동적으로 원래의 상태로 되돌리도록 운전자의 스티어링 조작을 서포트 하는 것이다. 아직 실용화되지는 않고 있다.

전륜뿐만 아니라 후륜도 조향하는 것이 4WS(4 Wheel Steering) 시스템이다. 「미리 자동차의 운동성을 최대한까지 높여 두는」것이 목적으로 「자세의 불안정화에 대비한다」고 하는 관점에서 보면 최상위에 위치하는 사상이라고 말할 수 있을 것이다. 조향방식은 기계식과 전기 제어식으로 크게 나뉘는데 NISSAN은 중량의 증가나 기구의 복잡화 리스크를 짊어진 기계식이 아닌 전기 제어식으로 "HICAS"라고 호칭하는 시리즈가 유명하다. FUGA에서는 "리어 액티브 스티어", V36 SKYLINE에서는 "4륜 액티브 스티어"로 호칭되는 기구가 탑재되어 있다.

● NISSAN 4WS

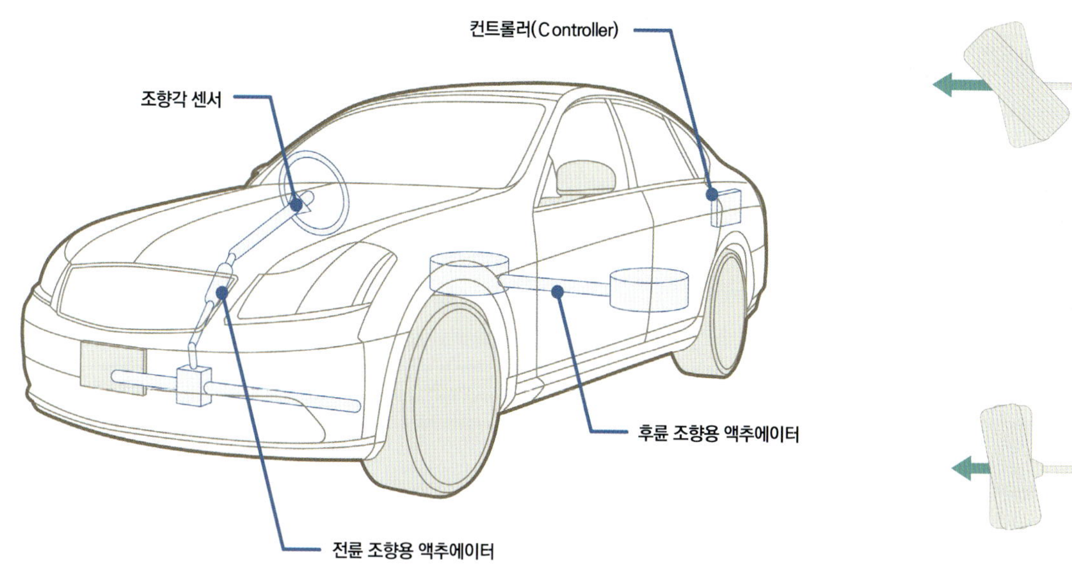

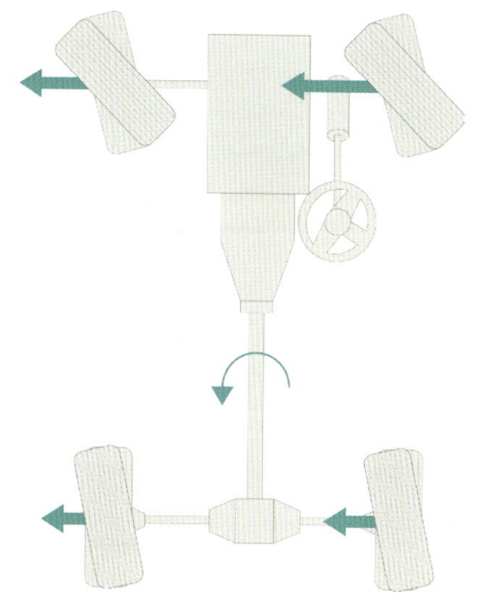

고속도로에서 긴급 회피하는 경우의 예

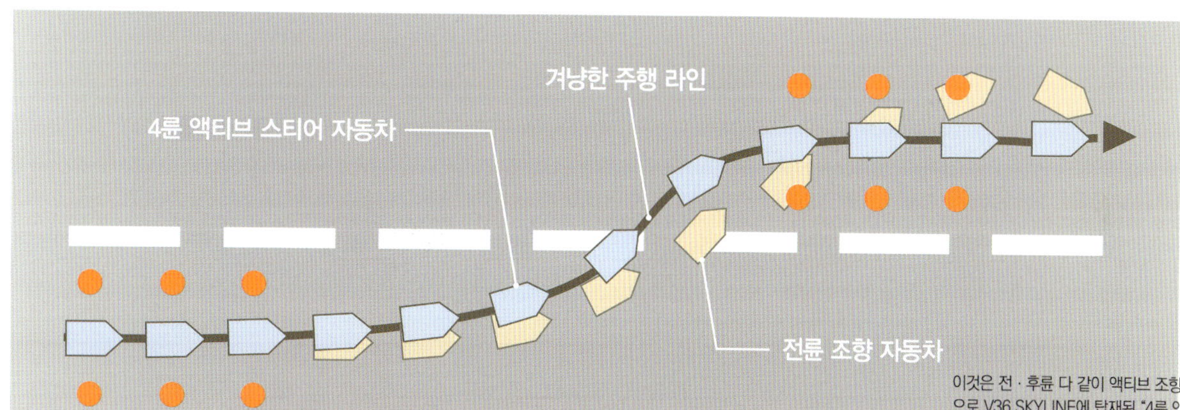

의도한 라인을 안정된 차량의 자세로 주행이 가능하다.

이것은 전·후륜 다 같이 액티브 조향 기능을 갖는 것으로 V36 SKYLINE에 탑재된 "4륜 액티브 스티어"의 이미지 그림이다. 고속에서 조향 조작을 하는 경우 조향 조작을 개시하게 되면 전륜의 조향 각도가 증가된다. 자동차가 방향을 바꾸기 시작하면 동시에 후륜을 전륜과 같은 위상(같은 방향)으로 조향한다. 자동차는 거의 횡 방향으로 움직이게 되어 옆 미끄럼 량이 매우 적게 억제된다. 조향 조작이 능동적으로 제어되기 때문에 저속에서는 조향 조작의 부하가 저하된다.

사진은 "리어 액티브 스티어"를 장착한 FUGA의 액티브 조향 기능이 조립된 리어 서스펜션이다. 멀티 링크식(Multi-link) 서스펜션은 언뜻 보면 프런트 서스펜션과 같이 보인다.

후륜의 조향은 사진 중앙 아래에 보이는 모터와 액추에이터에 의하여 실행된다. 전기 제어식이기 때문에 중량이 증가하거나 기구가 복잡하지도 않아 통합 제어를 하기 쉽다. 이것도 FUGA에 장착된 것이다.

자동차는 조향으로 방향을 바꾼다(= 좌우 방향으로의 능동적 자세 변경을 한다). 그래서 자세가 흐트러진(= 불안정화한) 경우 각 바퀴에 대하여 적절히 제어된 제동력을 알맞게 배분함으로써 그 자세를 안정된 방향으로 이끌어 주려고 하는 것이 ESC 사상이다.

그렇지만 자동차의 방향을 바꿈에 있어서 조향이라는 조작은 여전히 최상위에 위치하고 있다. 궁극적으로 흐트러진 자세를 안정화시키기 위해서는 조향까지도 제어하여 운동성을 높여주는 것이 합리적이면서 효율적인 것이 된다.

이리하여 현재 조향계통까지도 포함된 통합적 자세 제어가 각 회사의 최첨단 기술에 위치하게 된 것이지만 어떤 의미에서 이것은 「계란이 먼저인가, 닭이 먼저인가」적인 패러독스라고 말할 수도 있다.

그래서 조향계통을 포함한 통합 제어의 실현에는 EPS(전동파워 스티어링)에 힘입은 바가 크다. 자동차의 온갖 부분을 전기로 움직이는 것이 가능해져 처음으로 완전한 통합 제어의 가능성이 보이고 있는 것이다. 각 부위의 전동화 다음 스텝은 역시 통신 속도의 더 나은 향상이 아닐까?

Continental Automotive에서 만든 감속시 거동 해설의 그림을 바탕으로 실제 자동차에 탑재한 것으로 프런트 브레이크만을 사용한 경우이다. 이 모델은 텔리레버 (Telelever) 라고 부르는 독특한 프런트 서스펜션 (MacPherson Strut를 90도 전방으로 돌린 구조)으로 실린더 헤드와 프런트 포크의 중앙을 연결하는 길고 짧은 ○표시의 청색선이 로어 암의 배치를 가리킨다. 앤티 다이브(Anti dive)한 기하학적인 구조(Geometry)를 갖고 있다. 또한 리어 서스펜션도 평행 링크(Link)적인 스윙 암(Swing arm)으로 실제의 자동차에서는 차체의 우측에 부착되어 있지만 그것도 ○표시와 청색선으로 그려 놓았다.

Illustration Feature
VEHICLE DYNAMICS I

Chapter 5

모터사이클의 브레이크와 차체 제어

모터사이클은 일반인이 공용도로를 평상시대로 달리도록 하여도 피치와 롤의 거동이 큰 교통기관이다.
특히 감속 시의 피치는 크고 그리고 전후 브레이크 자체의 컨트롤이 어려우며, 조작의 미스는 즉시 전복으로 연결될 수도 있다.
예전부터 이 난제를 풀기위해 씨름해온 대표적인 메이커가 BMW와 HONDA인데 구체적인 기구론에 앞서 거동의 본질을 원점으로부터 다시 검토한다.

글 : 츠지 츠카사(Tsukasa Tsuji) 사진 : BMW SOURCE : CONTINENTAL TEVES

기술자들은 모터사이클을 줄여서 MC라고 부르는 경우도 많지만 그것이 자동차와 크게 다른 것은 차체의 구성이 간소하다는 것이다. 전후 서스펜션의 암이나 링크를 좌우방향으로 늘리거나 거기에 컴플라이언스 부시(compliance bush)를 조립하는 것 자체가 불가능하다. 작동 시의 차륜궤적 제어 역시 한정되어 있어 말하자면 2차원적인 것이다.

그렇지만 차체의 거동은 3차원적이고 복잡하다. 자동차도 요(yaw)/피치(pitch)/롤(roll)의 3차원이지만 피칭을 이용하여 롤의 거동을 일으키는 동기로 삼거나, 크게 롤을 일으켜 그 롤에 의한 요 운동을 만들어내는 프로세스는 완전히 별개이다. 거동

이 복잡하다기보다는 프로세스가 복잡하다는 것이 정확한 것일지도 모르겠다. 롤의 거동을 만들어내는 수법에도 여러 방법이 있는데 그것들의 조합은 타는 사람에 따라 장면에 따라서 천차만별이다. 타는 사람의 개재도(介在度)가 높기 때문이다.
그 중에서 이번에는 피칭 모션과 브레이크 기구에 대하여 생

이쪽은 리어 브레이크도 병용한 경우의 그림이다. 앤티 다이브 기능이 있는 프런트 서스펜션이라 하여 그것만으로는 전륜으로 하중 이동의 크기를 억제할 수 없다. 후륜 측도 동시에 듣게 함으로써 왼쪽의 그림보다 브레이킹 센터가 크게 차체의 중앙으로 이동하여 차체의 안정도가 높아지고 있는 것을 나타내고 있다. 이 전후 연동의 기능을 잘 사용하는 것은 ABS를 정확히 작동시키는 것으로도 연결된다. 단 MC에서는 리어 브레이크를 단독으로 작동시키고 싶은 상황도 많이 있어 연동하는 것은 레버를 조작할 때만으로 한정되어 있다.

각해 보고자 한다.

우선은 피칭. 이것이 매우 크게 나오기 쉬운 교통기관이다. 휠베이스는 일반 승용차가 2400~2800mm인 것에 반해 중대형, 소위 로드스포츠 MC는 1400~1500mm 정도로 짧다. 한편 중심위치는 높다. 차량 자체의 중심 위치는 횡으로 배치된 엔진의 경우 일반적으로 실린더 헤드의 흡기포트 후방 아래 부근에 있으나 그 자체로도 높은 편이지만 거기에 승객이 추가되는 것이다. 160~ 270kg인 차체 중량에 대하여 장신구를 포함한 체중이 가령 70kg 정도라고 해도 그 비율이 높은데 그 사람이 지상 높이 800mm 전후의 시트 위에 앉아있는 것이다. 왜 피칭하기 쉬운지 또 전후륜의 하중 변화가 왜 일어나기 쉬운지 알 수 있을 것이다.

실제로, 스킬이 고만고만한 라이더(Rider)는 무의식중에 이 피칭과 하중의 이동을 반대로 이용하고 있는 면도 있다. 코너에 진입할 때 브레이크를 작동시키면 오토바이가 앞이 내려가는 자세가 되는데 이때 캐스터 각을 세워 롤의 거동이 일어나기 쉽게 한다거나 선회 중에 스로틀 ON상태에서 후륜쪽으로 하중을 이동시켜 트랙션의 성능과 선회성을 높인다는 방식이다. 단순히 억제하기만 해서 될 일은 아니다.

한편, 브레이킹 시의 피칭은 매우 크다. 이것을 서스펜션 구조로 억제하는 방법이 있긴 하지만 폐해도 있으며, 그리고 하중의 이동은 그것만으로는 그다지 억제할 수가 없다. 강하게 브레이킹 할수록 후륜의 접지 하중이 줄어들어 리어 타이어에서는 거의 제동력을 이끌어낼 수 없게 된다. 경량의 고성능 스포츠카에서는 실제로 후륜이 간단하게 공중에 뜰 정도이다. 그리고 차체가 불안정하게 되면 의도적으로 브레이크를 느슨하게 하지 않을 수 없어 전복이라는 사태가 간단히 일어나게 된다.

거기에는 ABS의 어려움도 같이 한다. 자동차라면 4개의 차륜 중 1개 정도는 거의 차속에 비례하여 회전하고 있다고 상정할 수 있지만 MC에서는 2개 밖에 없다. 후륜이 떠있게 되면 제어가 곤란하게 된다. 또한 특히 전륜에 관해서는 한 순간이라도 타이어의 슬립율이 너무 높아지면 즉시 전복으로 연결된다. 선회나 진로의 변경을 하면서는 작동이 되지 않도록 한다고 하더라도 상당히 섬세한 제어가 필요하다.

그런데 왜 MC의 브레이크는 전통적으로 전후 별도의 조작일까. 자전거에서 발전한 간소한 교통기관이기 때문만은 아니다. 우선은 전후 하중의 변화가 커서 전후 제동력을 배분하는 PCV가 자동차보다 고도의 성능이 필요한 경우가 있다. 탠덤(Tandem=2인승 자동차)으로 되면 후륜의 하중이 큰 폭으로 증대되어 최적의 배분도 크게 변화된다. 그리고 리어 브레이크만을 사용하고 싶은 상황도 있다. 스로틀을 일정 개도로 연 상태로 리어 브레이크를 작동시킬 때의 차속 조정은 시가지 주행에서는 흔히 사용하게 되는 것이 보통인데 그런 행위에서 의도적으로 리어 서스펜션을 가라앉혀 차체의 자세를 조정하기도 한다. 감속 후에 리어 브레이크를 남긴 그대로 스로틀을 열기 시작하여 가속을 개시할 때의 쇼크를 없애는 기법도 있다.

그렇긴 하여도 전후 연동 브레이크의 용이함은 있다. 리어 브레이크를 프런트와 동시에 혹은 조금 앞서서 작동시키면 리어 서스펜션이 튀어 올라오는 것을 억제시킬 수 있지만 누구에게나 그것을 바랄 수는 없는 노릇이다. 그런데 1970년대의 이탈리아 이륜차에서부터 페달을 밟으면 리어의 싱글 디스크와 동시에 프런트의 더블 디스크의 한쪽에도 유압이 가해지는 기구가 등장하였다. 더욱이 1993년 HONDA는 우측 레버로도 연동하는 기구를 탑재한 이륜차를 선보였다. 레버로는 전륜 중시의, 페달로는 후륜 중시의 제동력을 발휘하는 것으로 뒤에 기술하게 되는 3피스톤 캘리퍼를 사용한 것이다. 그 시스템의 개량은 10년 이상이나 계속되었다. BMW도 2001년에 또 다른 어프로치로 도전해 온다.

그러나 현재 그 연동기구가 크게 변화하기 시작하였다. HONDA가 2009년, ABS를 장착한 슈퍼 스포츠 카를 발매하였다. 전후 하중의 변화가 매우 큰 기종으로 정확히 ABS를 작동시키기 위해서는 고도의 전후 연동이 필수이다. 동시에 서킷 주행도 즐기기 위해서는 완전한 전자제어인 Brake By Wire 방식밖에 선택지가 없었다. 그것은 가령 승객이 거칠게 레버를 잡아도 전륜 측의 유압 상승 속도를 적절하게 억제하는 기능까지도 구비하여 피칭을 억제한다. 현재로는 브레이크 계통만으로 완결된 기구이지만 기구적으로는 센서 나름으로 전후 서스펜션이나 엔진 제어와의 제휴도 가능하다. 그리고 최근의 단계에서는 일반 시판차라고 말하기 어려우나 BMW도 고도의 ABS+Traction Control 기능을 갖는 모델을 생산해냈다.

MC에서는 지금 브레이크에 의한 차체 제어가 주목을 받고 있다.

BMW 모터사이클의 ABS/ASC

시판중인 모터사이클에 세계 최초로 ABS를 탑재한 것은 BMW사이다.
각 세대의 모델에서 결함을 찾아내는 것은 가능하지만 말은 쉬워도 개선을 위해 행동은 어렵다. BMW가 실제로 사회에 기여해온 실적은 크다.
그 끊임없고 근면한 개발의 발자취는 다른 메이커에 커다란 영향을 주었으며, 그리하여 많은 사용자들의 생명을 구하면서 큰 성원을 얻고 있다.

글 : 추지 추카사(Tsukasa Tsuji)　사진 : BMW

1st Generation
 **K100 RS** (1988)

K100 RS를 필두로 하는 세로배치 수냉식 직렬 4기통 엔진 탑재차에 장착된 것이 BMW의 제1세대 MC용 ABS기구이다. 자동차와 같이 크고 강한 킥백(Kick back)이 레버나 페달에 나오는 것은 부적절하기 때문에 독일의 종합 베어링 메이커인 FAG사와 공동으로 플런저 방식을 개발하였다. ABS 작동 시에는 통상의 마스터 실린더 회로가 차단되고 플런저가 캘리퍼의 유압을 모두 제어하는 고도의 방식이다. 사진의 유닛과 마찬가지인 전류용이 차체의 앞부분에도 장착되며, 중량은 11.1kg이었다. 조종성이 타사와는 상당히 다르게 되었다. 또한 제어의 밀도가 아직 낮으며, 거칠고 큰 피칭모션이 나왔다. 그래도 직진 시에는 망설임 없이 마음껏 제동할 수 있게 되어서 동사(同社)가 상상했던 것보다는 훨씬 많은 사용자(30%)들이 ABS가 장착된 오토바이를 선택하였다.

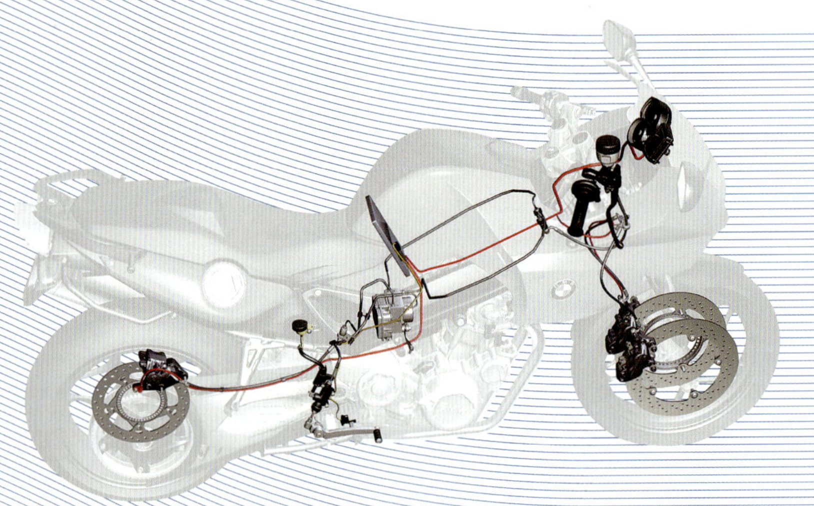

2st Generation
 **Integral ABS** (2000)

인테그럴이란 전후의 연동을 의미하는데, HONDA의 CBS와 같은 의미이지만 내용은 조금 다르다. 부분적 인테그럴(Partial Integral) 방식이라고 불리며, 레버를 잡았을 때에만 전후가 연동을 하고 페달은 후륜에만 제동력을 주는 것이 기본형이다. 후륜을 확실하게 동기화시킴으로써 안정성이 높아지는 이유는 전항에서 언급한 바 있다. 일부의 대형 여행용 오토바이(Tourer)에서는 페달의 조작 시에도 프런트가 연동하는 풀 인테그럴(Full Integral) 방식을 채용하였지만 전후 제동력의 배분은 레버 조작 시와 마찬가지이다. 긴급 제동에는 효과적이지만 저속일 때의 제어는 어려웠다. 그리고 「전동식 브레이크 어시스트」라고 불리는 기구로 되면서 작은 입력으로도 매우 큰 제동력을 발휘한다. 내용이 실질적으로는 By Wire 방식이며, 고도화된 ABS를 조합시킴으로써 누구라도 최단거리로 감속이 가능하게 되었다. 단, 초기의 제품에서는 컨트롤성에 문제가 있어서 제어 프로그램이 몇 차례에 걸쳐 개량되어왔다.

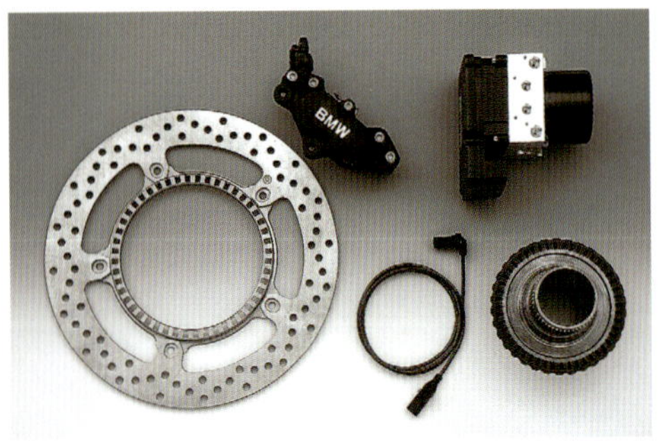

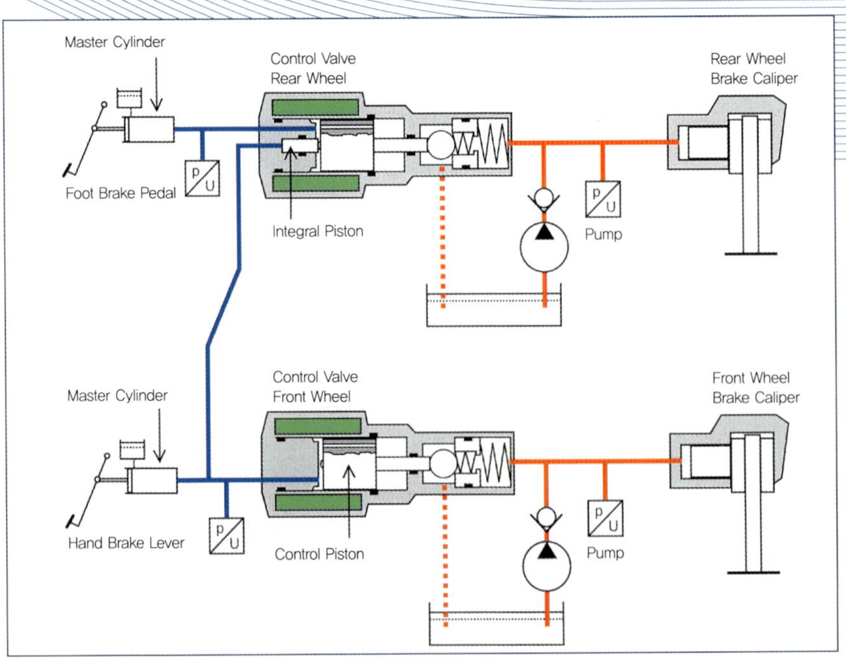

ABS/ASC (2007)

현재의 모델에 많이 장착되는 시스템이다. 브레이크 자체의 효력을 높임으로써 전동 어시스트를 폐지하고 있다. 그리고 레버의 조작 시에만 후륜 측 브레이크가 연동하는 방식으로 통일하고 있지만 오일 라인을 연결하는 것이 아니고 전자제어의 유압 펌프가 리어 캘리퍼의 유압을 제어한다. 당연히 PCV는 불필요하다. 페달만의 조작 시에는 마스터 실린더로부터의 유압이 그대로 캘리퍼를 작동시킨다. ABS는 플런저식 대신에 고도의 제어가 가능한 최신의 밸브 제어방식을 채용하고 있으며, Continental Automotive사와 공동으로 개발하였다. 그리고 이 기구는 ASC(= Automatic Stability Control)로 불리는 트랙션 컨트롤 기능도 더불어 갖고 있어, 가속시 후륜의 스핀이나 전륜의 리프트를 검지하면 점화시기를 지연시키고 부족하면 FI 제어가 개입한다.

자동차에 점점 ABS가 장착되면서 운전자들은 위험을 느꼈을 때 주저 없이 페달을 힘껏 밟게 된다. 오토반(Autobahn)에서도 정체는 발생하며, 급정거한 앞차를 발견한다고 해도 그 뒤를 따르고 있던 이륜차는 어쩔 수 없이 처박히게 된다. 추돌해서 승객이 받는 피해의 정도는 자동차에 비할 바가 아니다. 이러한 상황을 어떻게 든 하지 않으면⋯⋯⋯BMW사가 이륜차(=MC)용 ABS를 개발 할 당시의 이유는 그러한 사정이 있었다고 말들을 한다.

단순하게 자동차용 ABS를 이륜차에 장착하는 것은 무리였다. MC전용의 ABS는 전례가 없어 제로에서부터의 개발이었다. 그리고 개발과 개량이 지속되면서 세대를 거듭해간다. 그 대표적인 예를 여기에 나타내보면 1993년부터 각 차에 장착된 기구에서도 중량의 반감이나 제어가 대폭으로 치밀화 하는 등 초창기부터 현격하게 근대화되었다. 그리고 최근에는 모델 라인업의 다양한 폭에 맞추어 비교적 저렴한 가격의 모델은 물론 더 나아가서는 슈퍼 스포츠용까지 다양한 MC용 ABS 기구가 구축되고 있는 중이다.

Latest Generation

S1000RR (2009)

이륜차 중량이 206.5kg, 999cc의 가로배치 직렬 4기통 엔진은 체인 드라이브로 193마력이라는 종래의 BMW사에서는 생각할 수 없었던 모델로 이미 슈퍼 바이크 세계 선수권 레이스에 참전을 개시하고 있다. 거기에는 레이스에서도 통용되는 ABS와 트랙션 컨트롤이 장착되어 있다. 레버 조작 시에는 적절하게 후륜 측 브레이크를 작동시켜 피칭을 억제하는 전후 연동 시스템도 있다. 2009년에는 승인된(Homologation) 수량만이 생산되어 그 브레이크 시스템의 상세한 기구는 불명료한 부분도 있지만, 실제로 레이스 트랙에서 사용했을 때의 포텐셜(Potential)이 매우 뛰어나다고 운전자들로부터 높게 평가되고 있는 것 같다. 비장착차로부터 중량의 증가는 불과 2.5kg에 지나지 않으며, 다음 항 Honda 방식의 10kg보다 현격하게 가볍다는 것도 커다란 특징이다.

"전후 연동" 브레이크의 의미
Honda 전자제어 Combined ABS의 구조와 효과

현재 시판되는 모터사이클에서 가장 선진(先進)적인 브레이크 시스템을 탑재하고 있는 것이 Honda의 CRB1000 RR과 같은 600cc급이다.
서킷 주행조차 즐길 수 있을 정도로 슈퍼 스포츠카로서 성능을 거의 손상시키지 않고 ABS의 기능을 갖춘 그것은 완전한 바이 와이어(By wire) 방식이고
전후 연동이기도 하다. 그렇게 고도의 전자제어 방식으로 하지 않을 수 없었다고도 말할 수 있다.

글 : 추지 추카사(Tsukasa Tsuji) 사진 : Honda

Honda & BMW의 MC용 브레이크의 역사
(ABS 및 CBS = 컴바인드 브레이크 시스템 전후 연동의 Honda다운 호칭)

1977년 워크스(Works) 내구 Machine RCB 1000에 단순한 페달 연동 CBS 탑재
1983년 CBS 탑재의 Goldwing Aspencade GL 1100 발표
1987년 10월에 Mechanical ABS의「MC-ALB」발표(시판하지 않음)
        기본 개발은 영국 Lucas Girling사, Honda는 Nissin 공업의 협력으로
1988년 BMW가 시판 이륜차인 K100 RS(2 밸브 엔진 차)에 ABS 첫 장착
        다음 해 스포티 모델 K1에 탑재하여 일반에게 인지됨
1992년 ST11000에 전자제어 ABS탑재(TSC=Traction Control 병용)
1993년 CBR 1000F에 DCBS(듀얼=레버로도 페달로도 전후 연동의 CBS)탑재
1996년 ST1100 PAN EUROPEAN에 DCBS+ABS 탑재
        CBR1100 XX 등장, ST1100 보다 진화된 DCBS 탑재
1996년 Dio ST에 MAC-ABS 탑재(ABS+좌측 레버만 전후 연동으로 Rear는 Wire식)
1996년 Dio에 콤비 브레이크 탑재(12월 17일 발매)
1997년 Foresight에 하이드로 콤비 브레이크(유압식 CBS)
1998년 VFR에 DCBS를 탑재(수출용 차)
2001년 BMW가 각 차에 Integral Brake라고 칭하는 CBS 기구를 탑재
        진화형 ABS 기능을 겸비한 유닛은 대폭으로 소형화. 실체는 By Wire식
        레버 조작 시에만 Rear도 연동하는 Partial Integral과
        페달 조작 시에도 전륜이 차동하는 Full Integral의 2방식
2002년 VFR에 ABS 탑재(유럽, 일본은 2006년부터. DCBS는 종래부터 채용)
2005년 CB 1300 SF/SB에 진화형 ABS
2007년 BMW가 2007년식 차부터 신형 CBS & ABS 방식으로 순차적 변경 개시
        By Wire 방식은 폐지
        고도의 유압제어와 기구의 소형화 및 TCS 기능의 추가
2007년 CB 400 SF/SB에 CBS+ABS 탑재차 타입(Type) 설정(12월 25일)
2008년 Honda가 By Wire식 브레이크 시스템 탑재 시작차 공개 & 관계자 시승
2009년 CBR 600 & 1000RR에 By Wire식의 전자제어 DCBS+ABS 신기구 탑재

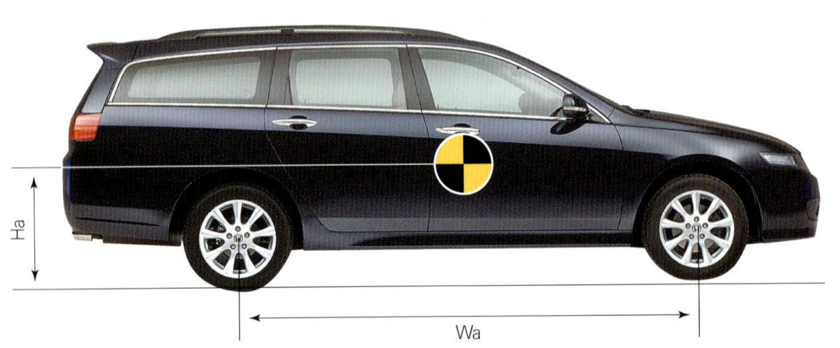

Ha/Wa 〈 Hm/Wm

   MC의 ABS가 어렵다는 것은 첫머리에서 기술하였는데 특히 어려운 것이 슈퍼 스포츠카이다. Honda의 CBR 1000RR을 예로 들면, 차량의 중량은 불과 201kg(일본 사양의 ABS 비장착 차)로 휠 베이스가 1415mm에 지나지 않는다. 한편, 중심의 위치는 높다. 이미지를 위해 제공한 차량의 사진으로도 그것을 상상할 수 있겠지만 실제로는 가일층 높은 안장의자(820mm, 슈퍼 스포츠카는 기민한 컨트롤성을 위해 더 높게 설정한다)에 장비를 포함하여 체중이 70kg이상의 라이더가 탑승한다. 하드 브레이킹으로는 후륜이 쉽게 떠올라 ABS제어가 불가능하므로 보통의 모델과 같이 스포티한 브레이킹 조작이 가능하면서 ABS기능을 갖게 하기 위해서는 고도의 전후 연동 기능을 구비한 Full 전자제어가 필수였다.

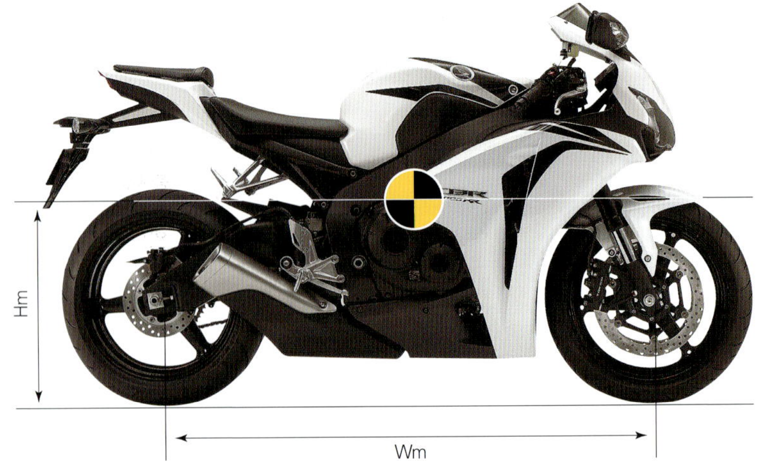

전자제어식 "Combined ABS" 제어도

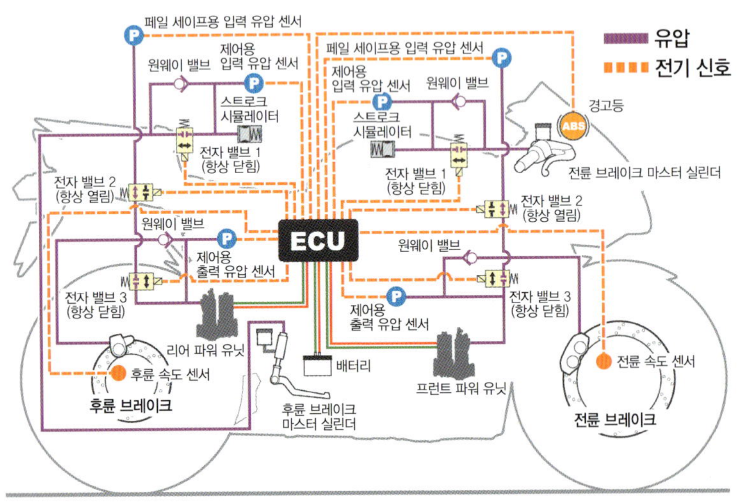

● Combined ABS 제어도

각 전자 밸브의「항상」은 비제동시와 같은 의미.

1. 전원 OFF시와 정지 시에 밸브 2는 열려 있으며, 레버 & 페달의 마스터 실린더 오일 라인이 다이렉트로 캘리퍼와 연결된다. 구 BMW차와 같이 정지 시에 모터는 절전도 그리고 이것은 페일 세이프 기능을 의미하기도 하다. 제어 계통에서 트러블이 검지되면 노멀의 브레이크 상태로 이행된다. 주행 중에 전기회로가 차단되거나 메인 스위치를 OFF로 하여도 마찬가지이다.

2. 주행을 개시하여 6km/h가 되면 스트로크 시뮬레이터용의 밸브 1이 열리며, 스탠바이 상태로.

3. 승객의 입력(유압 0.05Mpa=0.51 kg/cm^2 이상=캘리퍼 피스톤이 작동하기 시작하는 압력)을 검지하면 밸브 2가 닫히고 마스터 실린더로부터의 입력 계통 라인이 한순간에 차단되며, 브레이크 바이 와이어의 상태로 된다. 파워 유닛의 모터가 피스톤을 작동시켜서 유압을 발생시킨다.

4. 레버 입력 시에는 항상 후륜도 작동한다. 페달 입력에 대해서는 일정한 조건이 될 때까지 프런트를 작동시키지 않는다.

5. ABS 작동은 파워 유닛의 유압 조정으로 실행한다.

6. 차속이 제로가 되면 라이더의 입력 계통 라인과 같은 유압까지 제어 계통 라인의 유압을 조정한 후에 발진 전 상태로 돌아온다.(밸브 3과 1을 닫고 2는 열림), 거기에 0.5~1 초정도의 시간이 걸린다. 이 제어로 인하여 정지하였을 때 레버가 급격히 스트로크하거나 반대로 돌려지는 등의 현상을 회피시켜 위화감이 없도록 하고 있다.

● 종래형 ABS

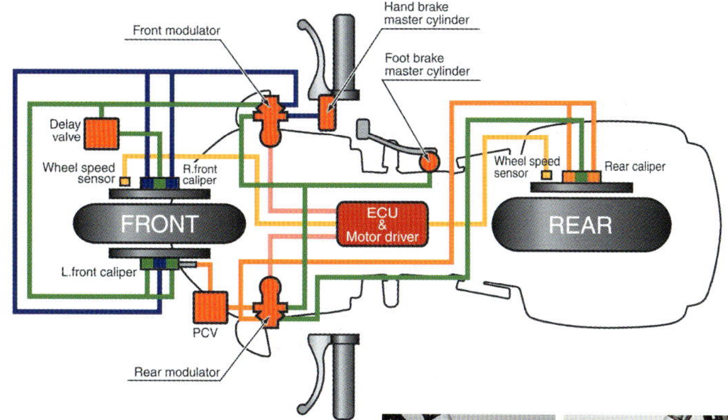

LBS는 전후 연동 브레이크라는 의미인데 이 호칭을 사용한 예도 있다. 레버와 페달측으로 부터의 유압을 전후의 3 피스톤 캘리퍼 중 어느 피스톤에 배분할지에 의해 적절한 정도의 연동감을 만들어 낸다. 배관의 조합은 위의 그림 이외에도 여러 가지가 있어 그로인해 특성이 바뀌게 된다.

● 스프링 아래의 구조는 간소하다.

위의 사진은 종래형의 일례로 좌측 3 피스톤 캘리퍼에는 2차 마스터 실린더가 장착되어 있어 토크의 반력으로 후륜 측의 유압을 증가시키고 있다. 왼쪽의 전자제어형 모델에서는 전후 모두 보통 승용 이륜차와 같은 브레이크 시스템으로 가볍다. 휠 스피드 센서가 추가되었을 뿐이다.

● 전자제어 Combined ABS

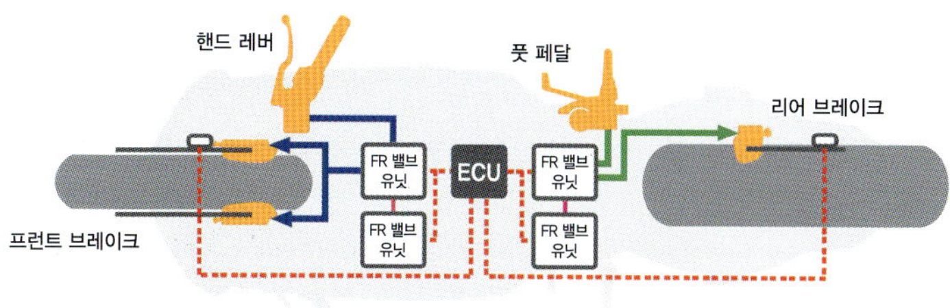

좌측의 종래형에 비해 전자제어식에서는 기구가 심플하다. 배관이 간소하고 전후륜의 유압 배분을 조정하는 PCV나 페달 조작 시에 일정한 유압까지는 전륜 측에 유압을 공급하지 않는 Delay Valve는 불필요하다. 캘리퍼 등 스프링 아래의 관계는 보통 차와 같이 충분히 가볍다. 그리고 파워 & 밸브 유닛은 차체의 중심 가까이에 배치할 수 있어 차체의 중량 밸런스를 유지하게 된다.

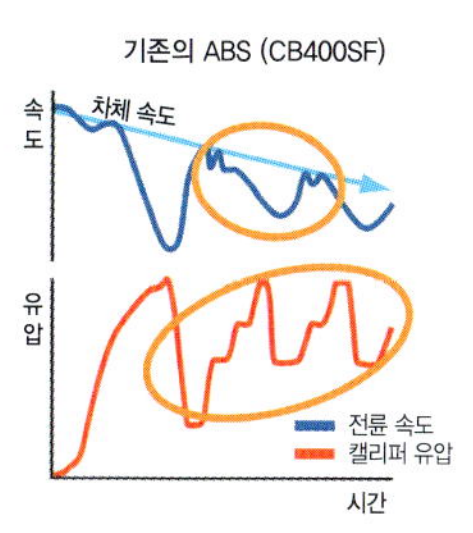

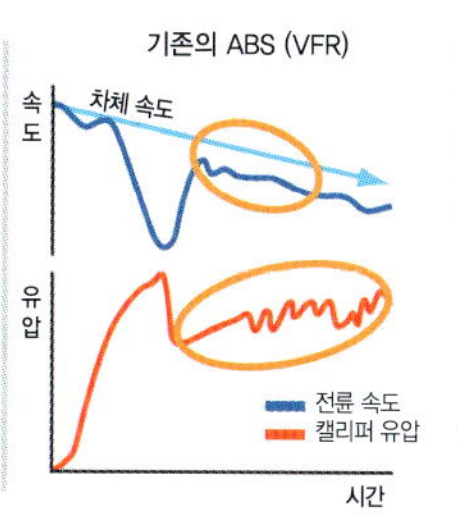

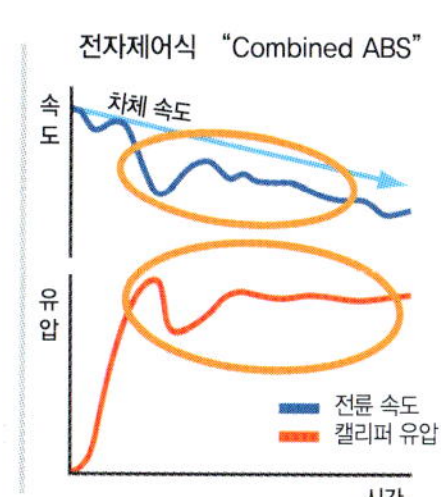

유압을 ON/OFF시키는 방식의 ABS이다. 매우 일반적이지만 엄격하면서 섬세함이 요구되는 고성능 스포츠카에는 적합하지 않다.

마스터 실린더 형태의 기구를 모터로 구동하는 방식이다. 일반적인 형식보다는 작동이 부드럽지만 슈퍼 스포츠카에는 아직 불충분하다.

기계적으로도 제어 면으로도 현격하게 진화되어 작동 초기에 로크의 느낌이 나는 정도가 매우 적고 그 후의 효능도 매우 유연하다.

● 핸드 레버에 의한 전후륜 제동력 배분 특성도

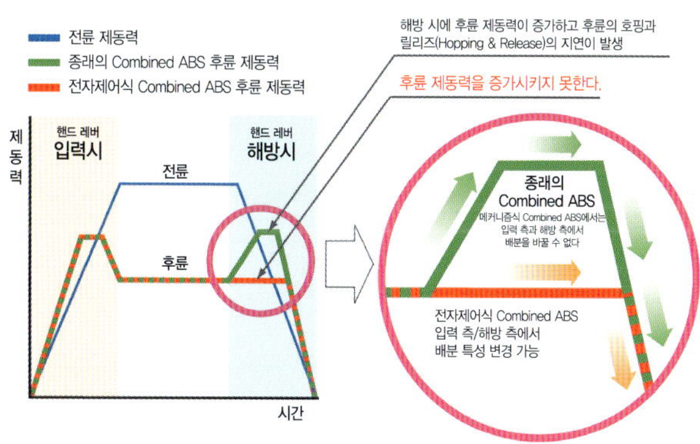

후륜으로 유압의 배분을 PCV에 의존하는 종래의 방식으로는 후륜 측 유압의 변화가 입력 시와 Release 시에서 대칭형으로 밖에 안 된다. 레버를 Release하면 리어 브레이크의 효력이 시작되는데 서킷 주행 등에서는 리어가 지나치게 잘 작동되거나 후륜에 Hopping이 발생하여 코너 진입에 방해가 된다. 전자제어방식은 그것을 방지한다.

● 밸브 유닛

밸브 유닛에는 스트로크 시뮬레이터도 조립된다. 마스터 실린더 측의 유압 경로가 차단된 상태에서 보통의 레버와 페달 터치(touch)를 만들어내기 위한 기구로 고무의 탄성을 이용한 것이다. 자동차의 by wire식에도 같은 모양의 기구가 있다.

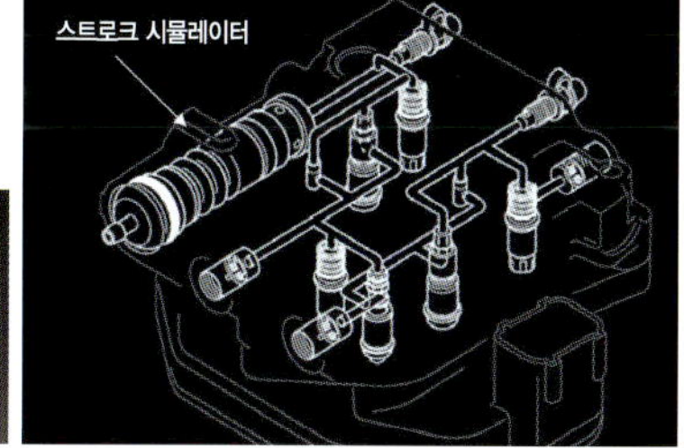

밸브 유닛은 전 · 후륜용으로 각각 한 개씩 있다. 스트로크 시뮬레이터는 당연히 이륜용에 튜닝된 것으로 전륜용과 후륜용 각각 그 특성이 다르다.

● Foot Pedal에서 전 · 후륜의 제동력 배분 특성도

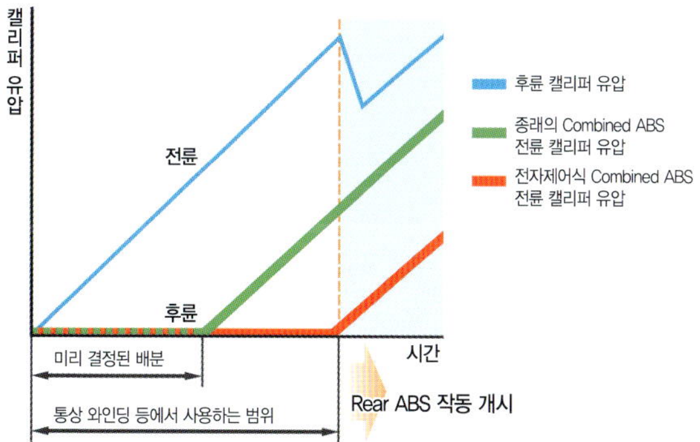

종래의 연동 방식에서는 페달 조작 시 항상 일정한 포인트로 전륜에도 유압이 공급된다. 기계적인 지연 밸브(Delay valve) 때문이다. 그러나 전자제어식에서는 후륜이 한계를 넘어 ABS의 기능이 작용하기 시작할 때까지 전륜 측으로 유압을 배분하지 않는다. 스포츠 성능을 중시한 결과이지만 다른 설정도 가능하다.

● 파워 유닛 모듈레이터

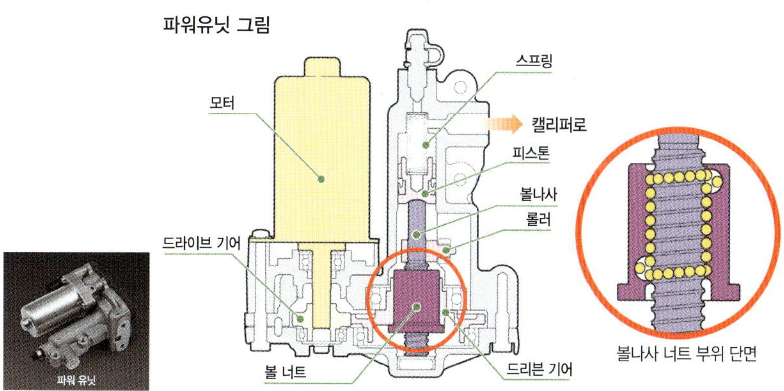

작동 시 통상의 마스터 실린더 측 회로는 차단되고 대신에 그림의 피스톤이 유압을 제어한다. 높은 응답성이 필요하기 때문에 모터는 대형이다. 전 · 후륜용으로 각각 한 개의 유닛이 있다. 이 전자제어 브레이크 전체로 보통 차에서의 중량 증가는 10kg이다.

PRE-CRASH SAFETY TECH

── 리스크 저감의 테크놀로지 ──

자동차에 있어서 충돌 사고는 정말 불가피한 것일까?
이 논의는 아마도 운전자의 판단력과 리스크=위험까지의 거리와 시간으로 결론이 변할 것이다.
만일 충돌이 불가피하게 되었을 때 자동차 측의 기계적인 노력으로 그 리스크를 가능한 한 줄일 수 있지는 않을까?
그 대책의 최전선에 Pre-crash safety라는 사상(思想)이 있다.
사상을 뒷받침하는 것이 「필로소피(=철학)」와 「테크놀로지(=기술)」이다.
지금부터 그 현상에 대하여 기술하고자 한다.

취재협력 : Toyota자동차/Honda기연공업/Nissan자동차/Mitsubishi자동차공업/Volvo/Honda Elesys/후지중공업

Illustration Feature
PRE-CRASH
SAFETY TECH

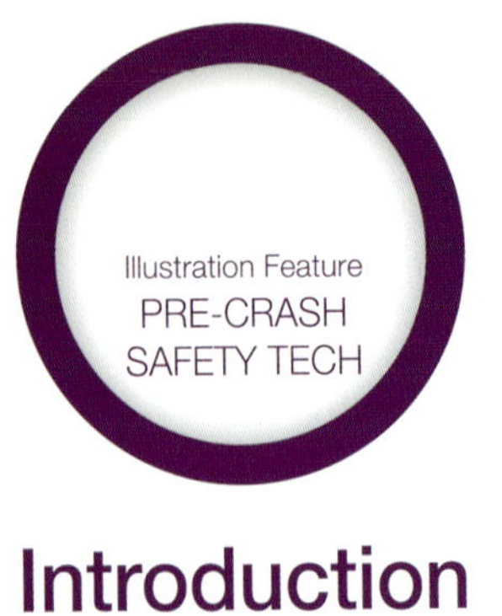

Introduction

과신하지 말고 탑승객을 지키자

충돌 사고 피해 경감기술의 현주소

충돌을 미연에 회피하는 Active Safety(예방안전)에서 새로운 장르가 탄생하였다.
충돌을 피하기 위한 검지(sensing) 및 경고와 충돌이 불가피한 경우의 피해 경감시스템이 그 것이다.
프리 크래시 세이프티(충돌 직전의 안전대책)는 주변 기술의 진보에 의하여 크게 발전하고 있다.

글 : 마키노 시게오(Shigeo Makino) 사진 & 그림 : VOLVO

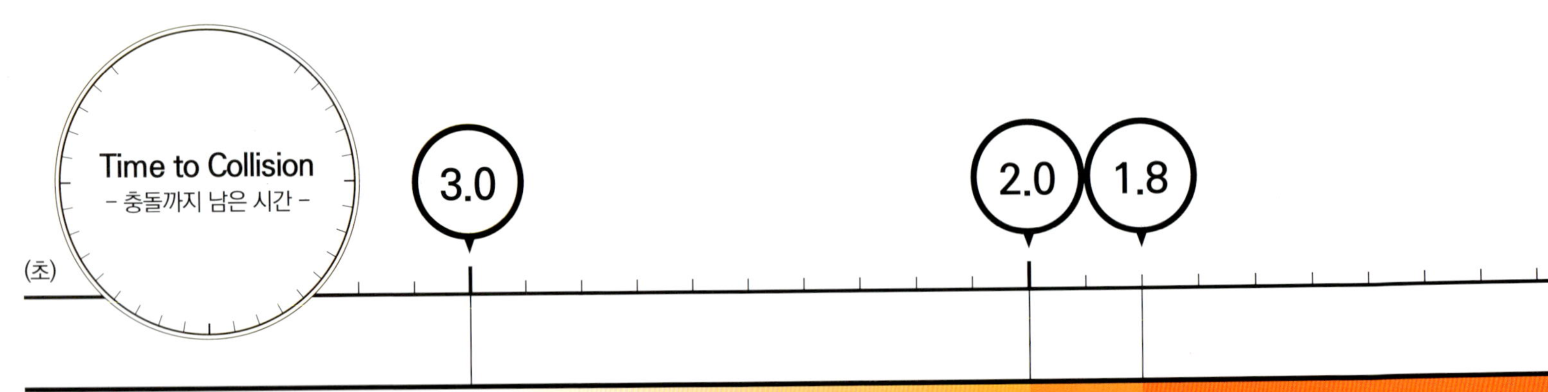

레이더/카메라에 의한 거리의 측정 기능과 충돌 판정 컴퓨터를 탑재한 자동차에서의 PCS 자동 브레이크 시스템 작동의 예

제 1 경보

앞차와 충돌하기까지 약 3초. 앞차와의 거리와 자차(自車)의 속도로부터 컴퓨터가 이렇게 판단하면 PCS 시스템에서 경보를 한다. 단, 자차의 속도가 80km/h와 15km/h에서는 같은 3초라도 「사고를 피할 수 있는」 가능성이 전혀 다르며, 마찬가지로 자차의 속도와 앞차 속도의 상대 속도에 따라서도 3초의 의미는 변한다.

제 2 경보와 운전 개입

앞차와 충돌하기까지 약 2초. 자차의 속도 및 앞차와의 상대 속도에도 달렸지만 이 부근이 「회피의 한계」가 된다. 자차가 이 이상 앞으로 진행하면 스티어링의 조작으로도 브레이크 조작으로도 충돌을 피할 수 없는 라인이다. 이 시점에서 경보를 발하고 동시에 가벼운 자동 브레이크를 작동시키는 시스템도 있다.

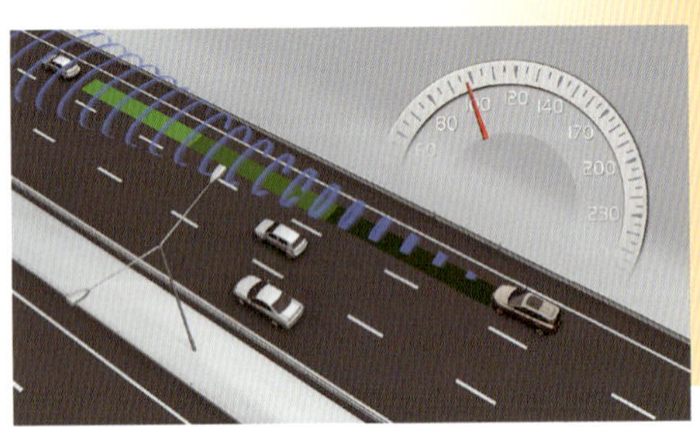

레이더나 카메라의 센서로 앞차와의 거리를 측정할 수 있는 것이 자동 브레이크 기능에는 필수이다. 센서류를 충돌 판정뿐만 아니라 가령 앞차와의 차간 거리를 자동적으로 일정하게 유지할 수 있는 ACC(Active Cruise Control)나 레인 일탈 경보에 병용하는 것이 현 시점에서는 현실적인 선택인 것이다.

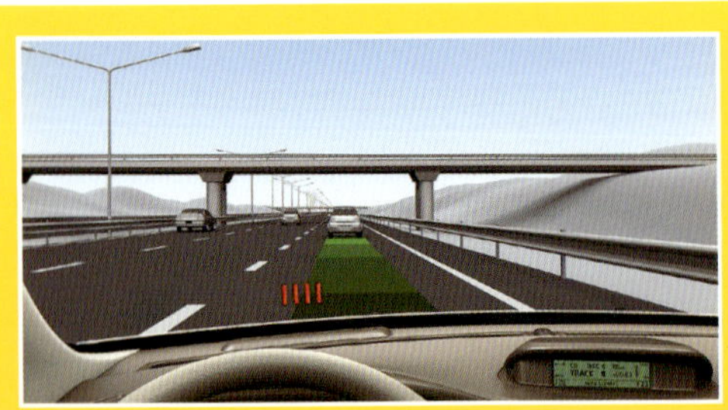

주간에 앞이 잘 보이는 도로에서 의외로 사고가 많다. 앞차 추적(追跡)식 크루즈 컨트롤은 앞차의 감속이나 다른 차의 끼어들기에 대하여 경보를 울리기 때문에 운전의 부하를 경감하는 장비로 자리매김하고 있다.

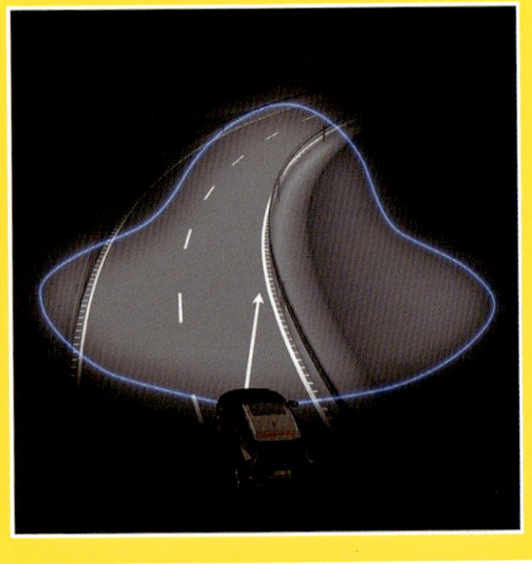

주간에 비해서 야간은 시계가 제한되기 때문에 스티어링에 연동하여 조사 방향이 변하는 헤드라이트가 고안되었다. 마주 오는 자동차의 시계를 방해하지 않고 시야를 넓히는 장비이다. 이것도 운전 부하 경감 장치이다.

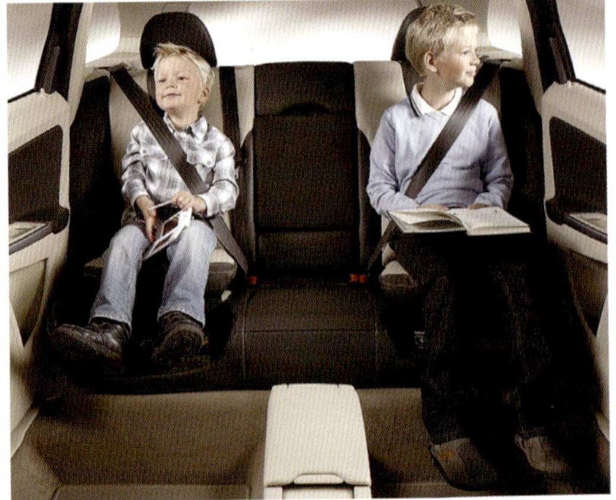

여러 가지 안전장비 중에 모든 것의 기본이 되는 것은 시트 벨트이다. 차량에 설치된 벨트로 대응할 수 없는 영유아나 아동을 위해서는 CRS(Child Restraint System)가 필수적이다. 당연히 모든 탑승객이 모든 좌석에서 벨트 또는 CRS를 사용하지 않으면 안 된다.

프리 크래시 세이프티=충돌 직전 안전(이하 PCS가 약어)이라는 테마는 사고를 미연에 방지하는 액티브 세이프티(Active safety ; 능동적 안전성/1차 안전성)와 만일의 사고 직후에 탑승객을 보호하는 패시브 세이프티(Passive safety ; 수동적 안전성/2차 안전성) 사이에 탄생한 새로운 장르이다. 현재 각 자동차 메이커가 PCS 분야의 기술개발을 시행하고 있다. 일본에서는 「충돌하지 않는 자동차」라는 사전 선전으로 기술이 소개되고 있지만 현재의 PCS 기술의 대표적인 예는 충돌 피해를 경감하는 자동 브레이크이다. 레이더나 카메라의 센서를 사용하여 주행 중의 자기 차와 전방 장애물과의 「거리」를 측정하여 그 데이터로부터 자기 차에 대한 위험도를 판정하고 충돌이 임박하다고 판단될 때는 운전자에게 여러 가지 방법으로 경보를 발하며, 최종적으로는 자동으로 브레이크를 작동시키는 시스템이다. 최종적으로 자기 차

를 정지시킬 정도의 강한 브레이크를 작동시켜 운전을 개입할 것인지는 지역이나 자동차 메이커에 따라 사고방식이 다르다. 일본에서는 국토교통성이 PCS 자동 브레이크에 대한 기술 지침을 정하고 있으며, 현재는 자기 차의 속도가 30km/h 이하의 저속 주행 시에 한하여 일정 조건을 충족하고 있는 경우는 「최종적으로 정지시켜도 괜찮다」고 허용하고 있다.

이 특집에서는 충돌 피해 경감 브레이크를 중심으로 한 PCS의 실례를 소개한다. 단, 어디부터 어디까지가 PCS일까라는 명확한 정의는 없다. 이 책에서는 「위험에 가까이 가지 말 것」 즉, 충돌 사고라는 상태에 「이대로라면 접근할 가능성이 높은」, 「이미 접근 중인」 운전자에게 무엇인가의 경고나 동작의 개입 등 적극적인 작용을 시행하는 기능에 대해서도 PCS에 포함하기로 하였다. 구체적으로는 자동차가 주행하고 있는 차선으로부터 본의 아니게 넘어갈 것 같은 상황

이 발생할 때에 경보를 내는 LKA(Lane Keep Assist), 앞차와의 차간 거리를 일정하게 유지하면서 정속으로 주행시키는 ACC(Adaptive Cruise Control), 차간 통신을 사용하여 도로상의 위험을 운전자에게 전하는 ITS(Intelligent Transport System) 이용의 기능 등이 있다. 이것들도 넓은 의미의 PCS라고 생각한다.

자동차 안전성의 기본은 우선 모든 탑승객이 단정한 자세로 안전하게 착석할 수 있고 운전자가 원활한 운전 동작을 할 수 있는 점이다. 이것을 모로즈미 타케히코와 필자가 「0차(次) 안전성(static safety)」으로서 제창한 것은 약 20년 전이었다. 현재 0차 안전이라는 말은 완전히 정착되었지만 0차가 성립되고 있는지가 기본이고 그 위에 1차와 2차의 안전성이 구축되어야 한다. PCS는 전체의 안전성 논의 중에서는 매우 좁은 범위에 있다는 것을 우선 이해 해주기 바란다.

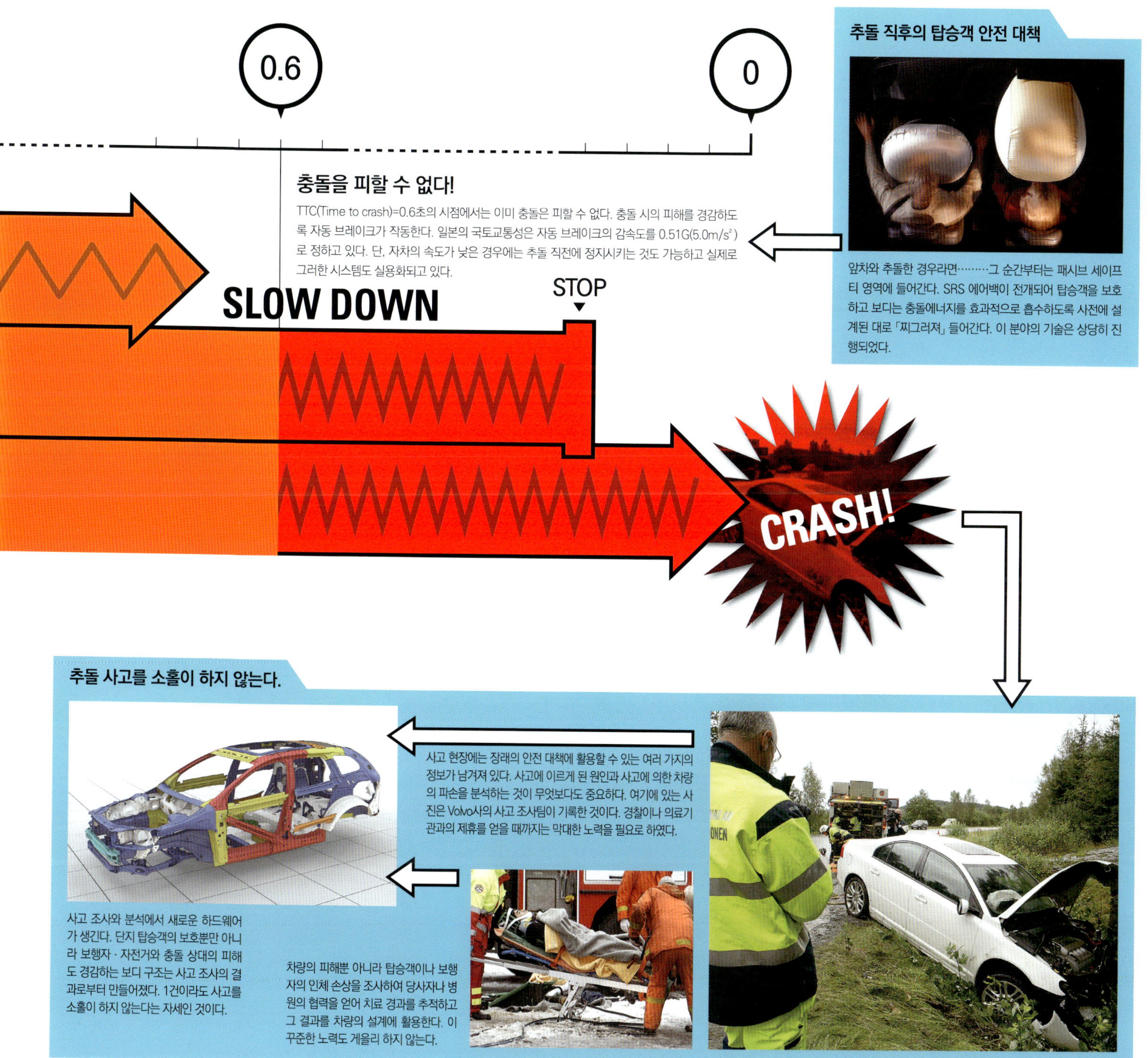

충돌을 피할 수 없다!

TTC(Time to crash)=0.6초의 시점에서는 이미 충돌은 피할 수 없다. 충돌 시의 피해를 경감하도록 자동 브레이크가 작동한다. 일본의 국토교통성은 자동 브레이크의 감속도를 0.51G(5.0m/s²)로 정하고 있다. 단, 자차의 속도가 낮은 경우에는 추돌 직전에 정지시키는 것도 가능하고 실제로 그러한 시스템도 실용화되고 있다.

앞차와 추돌한 경우라면⋯⋯⋯그 순간부터는 패시브 세이프티 영역에 들어간다. SRS 에어백이 전개되어 탑승객을 보호하고 보다는 충돌에너지를 효과적으로 흡수하도록 사전에 설계된 대로 「찌그러져」 들어간다. 이 분야의 기술은 상당히 진행되었다.

사고 현장에는 장래의 안전 대책에 활용할 수 있는 여러 가지의 정보가 남겨져 있다. 사고에 이르게 된 원인과 사고에 의한 차량의 파손을 분석하는 것이 무엇보다도 중요하다. 여기에 있는 사진은 Volvo사의 사고 조사팀이 기록한 것이다. 경찰이나 의료기관과의 제휴를 얻을 때까지는 막대한 노력을 필요로 하였다.

사고 조사와 분석에서 새로운 하드웨어가 생긴다. 단지 탑승객의 보호분만 아니라 보행자ㆍ자전거와 충돌 상대의 피해도 경감하는 보다 구조는 사고 조사의 결과로부터 만들어졌다. 1건이라도 사고를 소홀이 하지 않는다는 자세인 것이다.

차량의 피해분 아니라 탑승객이나 보행자의 인체 손상을 조사하여 당사자나 병원의 협력을 얻어 치료 경과를 추적하고 그 결과를 차량의 설계에 활용한다. 이 꾸준한 노력도 게을리 하지 않는다.

Chapter 1

세계 최초의 전측방(前側方) 대응 PCS

전방위 검지로의 새로운 스텝

Toyota가 레이더 검지식인 PCS를 처음으로 시판되는 자동차에 채용한 것은 2003년이었다. 이후 시스템의 개량과 발전을 계속하여 2009년 발매한 Crown Majesta에서는 전측방 검지를 실용화하였다. 앞으로는 시스템의 비용을 낮추기 위해 채용 모델을 확대하려고 계획 중이다.

글 : 마키노 시게오(Shigeo Makino)   사진 & 그림 : TOYOTA

ACKNOWLEDGMENT : 가와사키 토모야(Tomoya Kawasaki)–TOYOTA자동차 제2전자 개발부 제24 전자개발실 주임
/ 하시모토 시우조(Syuzou Hashimoto)–TOYOTA자동차 제2차량 실험부 제3 충돌안전 실험실 주임

Case study ① TOYOTA

크라운 마제스타의 후방 레이더는 전방용과 같은 77GHz대 밀리미터파 (Millimeter–wave)식이다. 전파의 조사각은 수평 30°×수직 4°로 전방용 보다 수평 방향으로 넓다. 탐지 거리는 2~30m이다. 후속 차량의 접근 정보는 뒤 좌석 시트와 헤드 레스트에 내장된 PCS 시스템으로 이용한다.

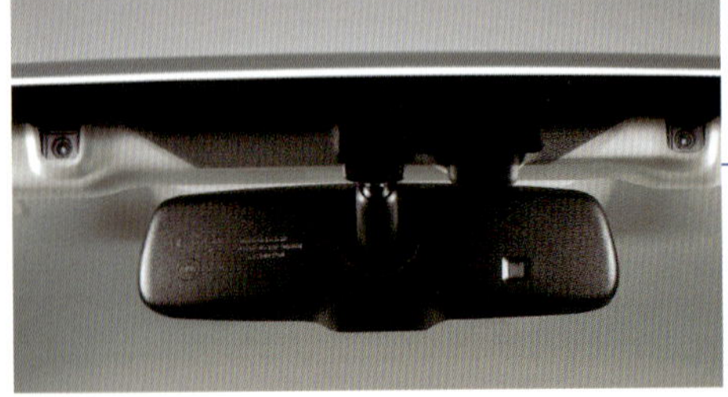

LKA(Lane Keep Assist)용의 단안(單眼) CMOS 센서이다. 흑백 (monochrome)카메라로서 도로의 차선을 인식하고 일탈 방지의 경고를 실행한다. PCS 시스템용의 보행자 검지 카메라는 CCD 스테레오 방식이고 2안(眼)이기 때문에 거리의 측정이 가능하다.

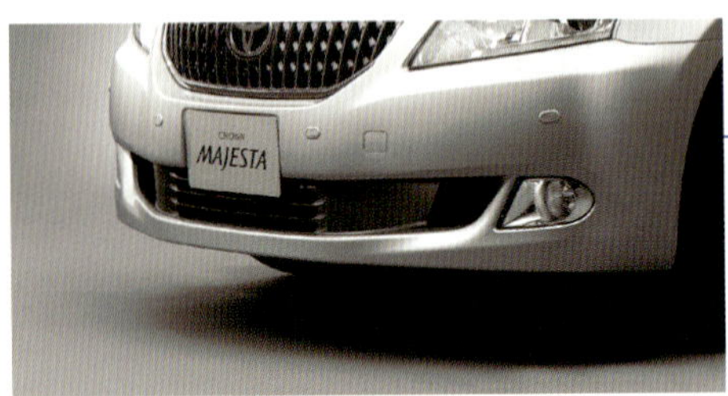

전방 PCS시스템용 밀리미터파 레이더는 77GHz대에서 수평 20°×수직 4°의 조사각이다. Toyota로서는 제 3세대의 레이더이고 소형 경량화와 저 비용화가 도모되면서 근거리 5m로부터 원거리 150m까지의 탐지 능력을 갖는다.

2004년 발매된 선대의 크라운 마제스타에 채용되었던 제1세대의 밀리미터파 레이더이다. 첫 채용은 2003년 발매된 Celsio, Harrier였고 2006년 발매된 Lexus의 LS(현행 모델)에서 근거리 성능을 확장한 제 2세대 레이더로 되었다.

근적외선을 조사(하이빔 빛+가시광선 커트 필터)하고 야간 전방의 시계를 확보하는 보행자 검지기능 부착 나이트 뷰는 세금 포함 42만엔(420만원 정도)의 옵션이다. Majesta는 보행자·자전거에 대해서도 PCS 시스템을 작동시킨다.

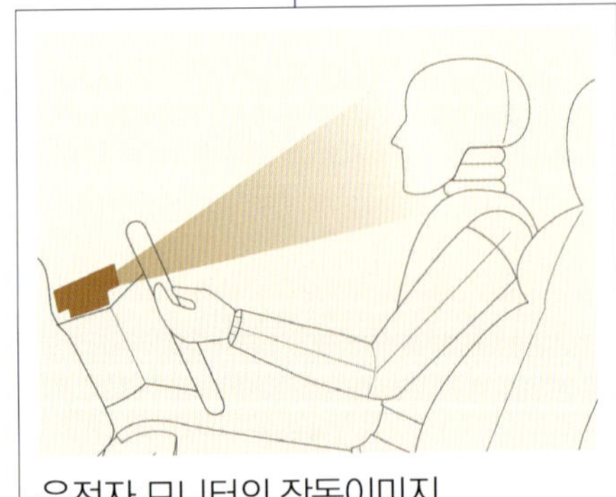

운전자 모니터의 작동이미지

스티어링 컬럼 위의 운전자 모니터에 의해 운전자 머리의 움직임과 눈의 움직임을 감시하여 「부주의한 상태」라고 판단될 때에는 PCS 시스템의 경고를 빠르게 내보낸다. 스티어링과 페달에 대한 입력은 하지 않는다.

프리 크래시 세이프티 시스템(후방 대응)

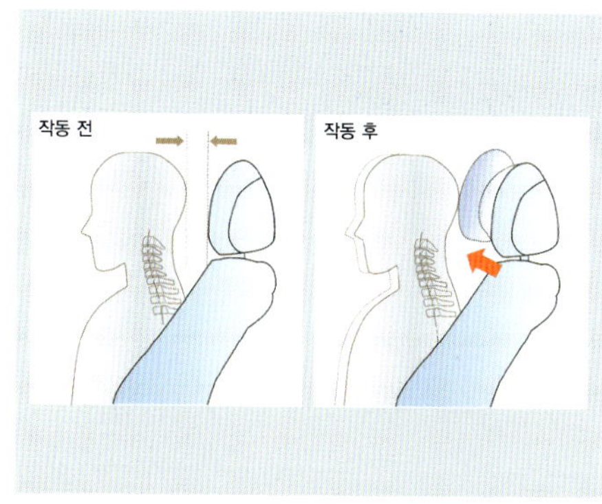

후방 레이더를 사용한 피(被)추돌방지. 후속 자동차가 차간거리를 필요 이상으로 좁혀온다면 해저드 램프가 점멸하고 정말로 추돌될 위험성이 높아진다면 좌석의 리클라이닝이 원래의 위치로 복귀되면서 전후 좌석 헤드 레스트의 정전용량 센서가 기동한다.

후방 프리 크래시 세이프티 시스템

헤드 레스트와 탑승객 머리 부분의 거리가 일정 이하가 아니면 경추손상 방지 효과를 얻을 수 없다. Majesta의 운전석용 헤드 레스트는 정전용량 센서와 모터에 의하여 머리 부분 바로 앞까지 순간적으로 이동시켜 충돌에 대비한다. 아무 일도 일어나지 않으면 원래대로 되돌아간다.

● 프리 크래시 세이프티 시스템
(운전자 모니터 부착 밀리미터파 레이더 · 스테레오 카메라 퓨전(fusion)방식)

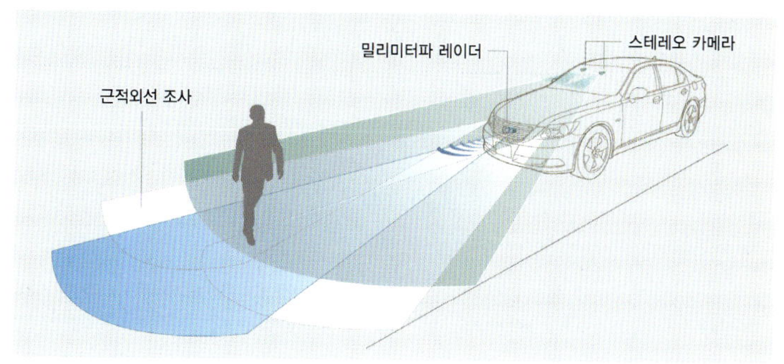

● 프리 크래시 세이프티 시스템 작동 개념도
(운전자 모니터/ 없음)

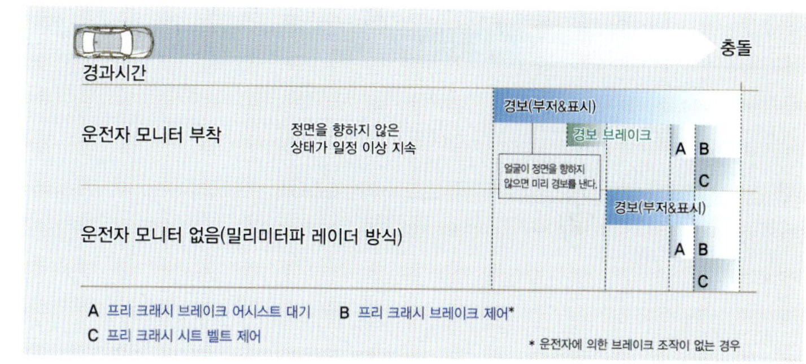

전측방에 대응한 세계 최초의 PCS 시스템을 실용화하였다.

Toyota는 2003년 발매한 Celsior, Harrier에서 처음으로 전방 정면을 대응하는 PCS 시스템을 도입하였다. 현재는 세계 최초의 전측방 대응 기능이 추가되어 후방에 대해서도 어느 정도의 대응이 가능해졌다.

전방 시스템은 TTC 0.6초에서 0.51G 이상의 자동 브레이크를 작동시키는 국토교통성 지침에 따른 것이다. 단, 경보에 대해서는 운전자 상태를 모니터하여 「부주의라고 생각되는 운전자에게는 조기에 경고를」 내도록 하였다. 그리고 후방 레이더를 사용한 후방 대응 시스템은 뒷좌석 탑승객의 out of position을 바르게 하고 운전석 헤드 레스드는 경추손상 방지 효과를 높이도록 제어된다.

최대의 장점은, 2009년에 발매된 Crown Majesta에 채용된 전측방 즉, 비스듬히 전방을 커버하는 PCS 시스템이다. 기본적인 사고방식 및 제어는 전방 PCS 시스템과 정합성을 취하고 있지만 경보는 다소 늦게 나온다. 경보가 너무 빠르면 「부딪치지 않는데도 경보가 나온다」는 경우가 증가되기 때문이다. 레이더 검지 가능 범위는 차체의 중심선에 대하여 좌우 45˚, 합계 90˚(측방 레이더 52˚/전방 레이더 20˚로 랩각이 있다.)이다. 오작동의 방지를 위하여 전측방 탐지는 자차 측 15km/h를 하한으로 설정하고 있다.

비스듬히 전방에서 검지한 물체가 자차에 대하여 위협적인지 아닌지는 대상물과 자차의 장래 궤적을 예측하고 자차의 벡터와 대상물의 벡터가 교차한다고 판단되는 경우에는 경보를 한다. 다음 단계가 브레이크 어시스트의 작동과 PCS 대응 시트 벨트의 작동이다. 최종적으로 자차 측면에 상대 차량이 충돌한다고 판단되면 측면 충돌 대응의 커튼 에어백 및 시트 사이드 에어백의 작동 준비를 실시한다. 보통 에어백 전개 판

Crown Majesta에 채용된 전측방 대응의 PCS 시스템이다. 전방의 검지 각도는 90˚로 넓혀지고 자차에 대하여 옆에서부터 튀어나오는 차량과 마주치게 될 순간의 사고 및 측면 추돌사고, 전방을 가로지르는 차량과의 충돌사고 등에 대응할 수 있다. 대상물의 향후 궤적을 벡터(vector)화하고 자차 벡터와의 교점이 있는지 없는지를 계산하는데 충돌 판단 자체는 종래의 정면 대응 PCS 시스템과 비교하여 높은 정밀도가 요구될 것이다. 대상 차량이 자차의 전방을 가로지르지 않고 앞에 들어온 경우에는 전방 PCS 기능으로 배턴 터치(Baton touch)가 된다. 단, 센서는 밀리미터파 레이더뿐이므로 자전거 · 보행자는 검지할 수 없다.

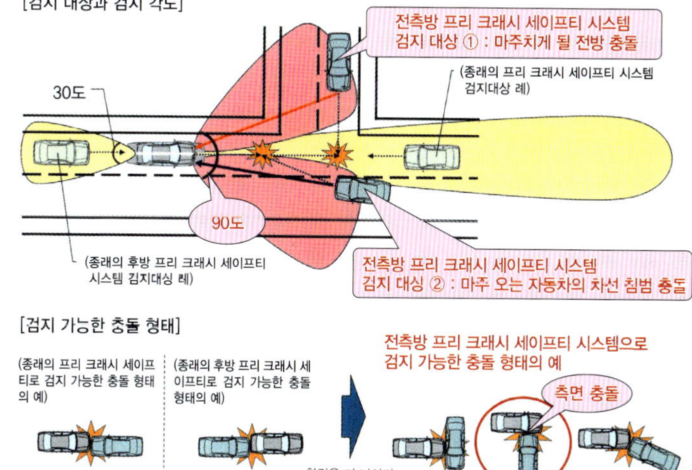

정은 메인 센서와 세이핑 센서의 양쪽이 충돌 G를 검지하여 실시하는데 전측방 PCS 시스템의 측면 충돌의 판단이 내려진 경우는 즉시, 세이핑 센서를 ON 상태로 하고 메인 센서가 충돌 G를 검지한다면 즉시 에어백을 전개시킨다. 결과적으로 에어백 전개 타이밍이 빨리되는 까닭으로 이로 인하여 탑승객의 보호효과를 높이는 제어인 것이나.

그리고 충돌 불가피의 판단으로 브레이크 어시스트가 작동한 경우 그로 인하여 노즈 다이브가 발생하고 상대 차량의 측면에 「파고드는 충돌」을 할 가능성이 발생한다. 파고드는 것은 전방 대응 에어백 및 시트 벨트 프리 텐셔너의 작동 타이밍에 악영향을 끼치는 경우가 많기 때문에 Crown Majesta에

서는 Front 서스펜션을 제어하여 노즈 다이브를 방지하도록 하고 있다.

Toyota의 PCS 시스템은 현재 다센서화 및 360˚ 전 둘레화를 지향하고 있다. 새로운 도전을 적극적으로 실행하여 가능성을 확대한다는 방침이다. 그러나 엔지니어들은 「무엇이 가능할까」에서 「무잇을 힐까」로의 방침 전환도 염두에 두고 있다. 기능을 나누어서 저비용화 하고 보급을 증가시키는 방법도 생각하고 있다. 이미 판매된 PCS 자동 브레이크 탑재 모델의 자동차 수량은 Toyota가 세계의 톱인데 과연 톱 런너(top runner)로서 Toyota가 다음 단계의 역할을 잘 해 낼 수 있을 것인가?

「언제」, 「어떻게」개입할 것인가가 과제

1999년 발매한 Honda Avancier에 크루즈 컨트롤용 레이더가 처음으로 장착되었다.
Honda의 안심ㆍ안전 영역장비의 공통점은 「운전자의 의지를 존중하는 것」이며, 강제 개입을 전제로 한 PCS에서도 그 기본은 변함이 없다.

글 : 마키노 시게오(Shigeo Makino) 사진 & 그림 : HONDA
ACKNOWLEDGMENT : 수기모토 토미지(Tomiji Sugimoto)-Honda기술연구소 4륜 R&D센터 주석연구원 / 이시야마 마사히로(Masahiro Isiyama)-Honda기술연구소 4륜 R&D센터 주임연구원/
코다카 켄지(Kenji Kodaka)-Honda기술연구소 4륜 R&D센터 주임연구원 / 사카모토 마사히로(Masahiro Sakamoto)-Honda Elesys 개발본부 개발2부 부장 / 카부라기 히
토시(Hitoshi Kaburagi)-Honda Elesys 개발본부 개발2부 그룹팀장 / 타케하라 유시(Yushi Takehara)-Honda Elesys 개발본부 개발2부 그룹팀장

Case study ② HONDA

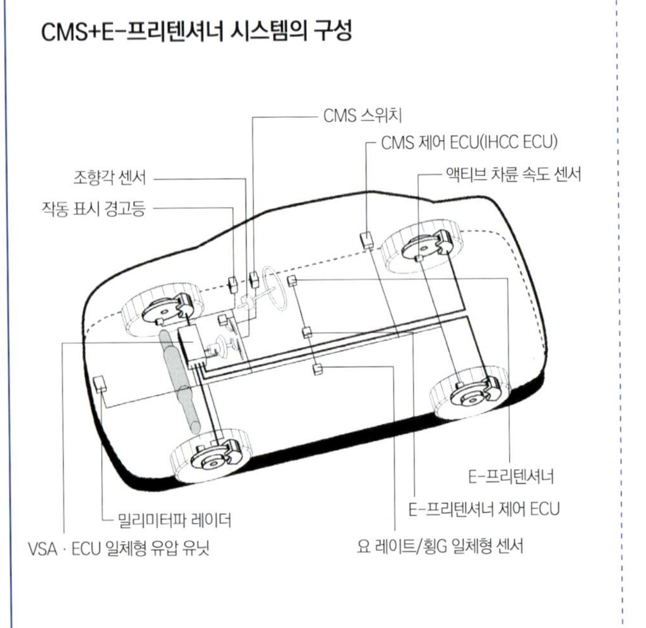

1999년 발매한 Honda의 Avancier가 Honda 최초의 레이더를 탑재한 자동차이다. 당시에는 레이저 레이더였고 거리의 정보는 미분되어 크루즈 컨트롤에 활용되었다. 그리고 PCS 시스템은 도입되지 않았다.

2003년 발매된 Accord에서 신형의 밀리미터파 레이더로 되었고 같은 2003년 발매된 Inspire에 PCS 자동 브레이크(Honda에서는 CMBS라고 부른다)가 탑재되었다. 본 레이더의 개발은 NEC에서 사업을 매수한 Honda Elesys가 담당하고 소형 경량과 저비용화를 목표로 하고 있었다. 동사는 현재도 신기종의 개발에 몰두하고 있다.

CMS+E-프리텐셔너 시스템의 구성

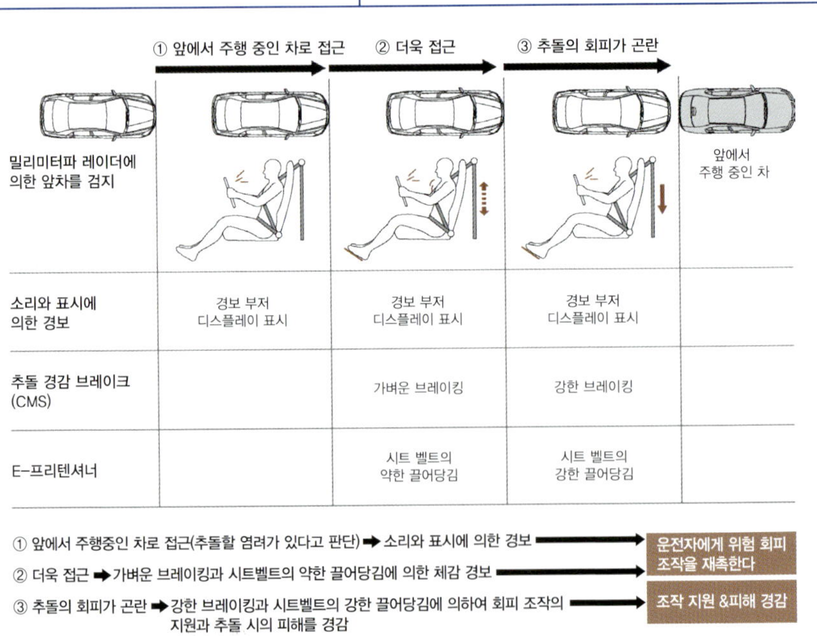

	① 앞에서 주행 중인 차로 접근	② 더욱 접근	③ 추돌의 회피가 곤란	
밀리미터파 레이더에 의한 앞차를 검지				앞에서 주행 중인 차
소리와 표시에 의한 경보	경보 부저 디스플레이 표시	경보 부저 디스플레이 표시	경보 부저 디스플레이 표시	
추돌 경감 브레이크 (CMS)		가벼운 브레이킹	강한 브레이킹	
E-프리텐셔너		시트 벨트의 약한 끌어당김	시트 벨트의 강한 끌어당김	

① 앞에서 주행중인 차로 접근(추돌할 염려가 있다고 판단) ➡ 소리와 표시에 의한 경보 ➡ **운전자에게 위험 회피 조작을 재촉한다**

② 더욱 접근 ➡ 가벼운 브레이킹과 시트벨트의 약한 끌어당김에 의한 체감 경보

③ 추돌의 회피가 곤란 ➡ 강한 브레이킹과 시트벨트의 강한 끌어당김에 의하여 회피 조작의 지원과 추돌 시의 피해를 경감 ➡ **조작 지원 &피해 경감**

Honda의 PCS 자동 브레이크는 TTC 2.5~3초 부근에서 우선 소리에 의한 경보를 하고 그래도 운전자가 회피 행동을 취하지 않는 경우에는 TTC 2.0초가 되는 지점에 운전석의 시트 벨트를 가볍게 당기는 「E-프리텐셔너」가 작동하고 0.1~0.2G의 가벼운 자동 브레이크를 작동시킨다. 최종적으로는 TTC 1.0초 이하에서 0.6G의 강한 자동 브레이크를 작동시키고 시트 벨트의 당김을 강하게 한다. 최종 단계는 「충돌 불가피」한 영역이며, Honda는 여기를 메인이라고 생각하고 있다.

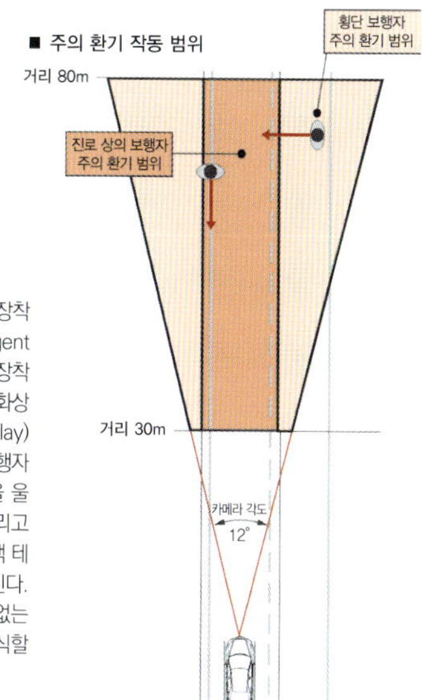

2004년 10월 발매한 Legend에 장착된 인텔리전트 나이트비전(Intelligent Night Vision)은 보디 전단부에 장착된 원적외선 스테레오 카메라의 화상을 격납식 HUD(Head Up Display)에 비추고 화상 처리에 의하여 보행자를 감지하여 운전자에게 경보음을 울리는 세계 최초의 시도였다. 그리고 HUD 내에서는 보행자를 오렌지색 테두리로 강조하고 주의를 환기시킨다. 헤드라이트만으로는 인식할 수 없는 30~80m의 먼 거리의 사람을 인식할 수 있다.

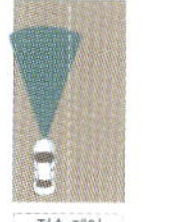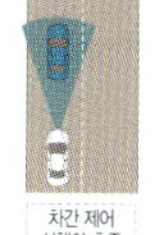

2002년 10월 발매된 Accord에는 수많은 선진 안전 장비가 채용되었는데 룸미러 가까이에 배치된 CMOS 카메라(위쪽)로 차선을 인식하고 차선 일탈 경보 및 스티어링 반력에 의한 개입을 실시하는 Lane keep 지원과 밀리미터파 레이더를 사용하고 크루즈 컨트롤의 차속/차간 유지(하)를 실시하는 시스템으로서 운전지원 장비의 선구자가 되었다.

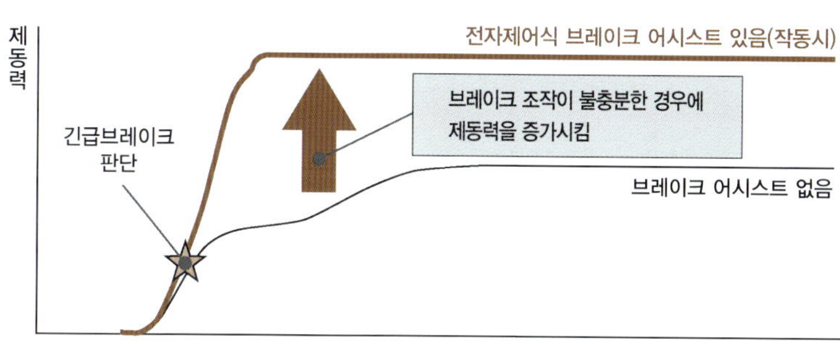

2003년 6월에 발매한 Inspire에서는 그때까지의 기계식이 아닌 전자식 브레이크 어시스트가 탑재되었다. 브레이크 페달을 밟는 속도와 밟는 깊이로부터 긴급성을 읽어내고 브레이크 유압을 가압하는 시스템이었다. 위의 그래프와 같이 긴급성이 높다고 판단이 되면 유압의 가압이 빠르게 된다. PCS 자동 브레이크 시스템과의 조합으로 각각의 「회피 가능」 영역과 「회피 불가능」 영역에 대응하고 있다.

운전감이 나빠질 어시스트라면 하지 않는 것이 좋다.

Honda는 「새로운 것」에 대하여 적극적인 자동차 메이커다. 내비게이션의 시조인 Electro Gyro·Cator나 모두 알루미늄 제품의 모노코크 보디(monocoque body) 등 과거의 실적은 일일이 열거할 수 없다. 레이더나 PCS 시스템의 시판차 탑재도 빨랐다. 1999년에는 아반시어에 레이저 레이더를 탑재하였다. PC 및 운전지원의 분야에서도 스티어링에 반력을 주는 레인 킵(lane keep) 기능이나 원적외선 스테레오 카메라를 이용한 야간의 보행자 검지 등 Honda 다운 챌린지를 볼 수 있다.

PCS 자동 브레이크는 국토교통성 지침에 따른 제품화로서 Honda 다운 독특함은 없으나 최초의 경보, 가벼운 브레이크, 최종적인 피해 경감 브레이크의 각각에 대하여 TTC를 개시하고 있는 점은 Honda 답다. 그리고 레이더 이용 ACC(Adaptive Cruise Control)의 작동범위가 230R까지인 것도 어쩌면 Honda가 2003년에 분명하게 한 것이 최초일 것이다. 일본의 고속도로(고규격간선도로)의 설계기준이 230R 이상인 것으로부터 직진에서 230R까지는 요 레이트를 취하는 제어였다.

이 ACC에 대하여 Honda는 장래적으로는 정체추미(停滯追尾 ; 정체시에 자동으로 앞차를 따라서 움직이는 것)도 생각하고 있다. 그러나 이것이 완벽하게 정체추미를 할 수 있게 되면 운전자의 「과신」을 초래한다. LKA(Lane Keep Assist/Honda에서는 LKAS라고 한다)로 하더라도 지나치게 운전자에게 편안함을 주어 손을 놓은 운전까지 가능하도록 하면(Honda에서는 핸들에서 손을 떼면 시스템이 취소된다) 과신을 초래한다. 이것이 Honda의 사고방식이다. 운전자가 자동차에 대하여 의지를 갖고 행동하고 있는 사이에는 개입하지 않는다. 설사, 그 의도가 무엇이든.

덧붙여 말하면 Honda의 LKA는 전동파워 스티어링에 「차선 내측으로 향하게 하는」 토크를 20Nm 정도를 가한다는 것이다. 운전자의 입력 토크에 대하여 그에 상응한 반력이 목표이지만 이것을 의도적으로 뛰어넘으려고 하는 운전자에게 방해는 하지 않는다. 그리고 조향각도 감시하고 있지만 실제의 제어에 대해서도 데이터를 감시(guard) 기능 정도밖에 사용하지 않는다. 「조향각」을 사용하면 레인 안에 자동차를 가두는 듯한 확실한 제어도 가능하지만 제어되고 있다는 느낌이 강해 필(Feel)이 나쁘다고 한다. 운전자의 필은 저해하고 싶지 않다는 사고방식이다.

PCS 자동 브레이크인 경우에도 「운전자가 피할 수 있는 한 경보를 하고 싶지 않다」고 한다. 「곁눈질 하고 있다면 어떻게 하나 라는 생각도 있지만 정말로 곁눈질인지 아닌지를 레이더나 CPU가 판단하는 것은 불가능하다. 개입은 최소한으로 하고 싶다」는 것이 본심이다. 그리고 자동 브레이크가 0.6G이어야 하는지에 대해서도 「후속차량에 있어서 전방 차량의 0.6G는 심하다」라고 주의를 기울게 한다. 후속차량의 차량중량이나 운전자의 기량은 확실히 레이더로는 알 수가 없다.

이러한 제어의 사고방식에 대하여 엔지니어는 「기술 사이드의 입장에서는 모든 것을 다 해 보고 싶고 제어에도 사용해보고 싶겠지만 인간이 조종하는 자동차를 어떻게 사용할지는 사상(思想)의 문제이다」 「시대의 요구가 있고 그것에 대응하는 것이 우리들의 일이지만 자동차로서는 어디까지 해야 하는지 사회가 어디까지 받아들여줄 수 있는지 이것을 항상 생각하지 않으면 안 된다」고 말한다.

현재, 사내에서 가장 논의가 한창인 테마는 HMI(Human Machine Interface)라고 한다. 무엇을 어떻게 표시할지 어떠한 소리의 경보가 좋은지 HUD를 잘 사용하기 위해서는 어떻게 하면 좋을지 등이다. 「HMI와 정보계통을 지금 통합하여 두지 않으면 언젠가 혼란이 발생한다」라는 위기감이 강하다.

당연히 Honda 사내에서는 여러 가지의 연구를 실시하고 있다고 한다. 「고령자의 운전 지원도 테마」, 「자전거와의 접촉 방지도 중요」라고 한다. PCS에서는 횡방향에 어떠한 대응을 할지 검토 중이다. 단, 어느 테마에 대해서도 「운전자에게 불신감을 갖게 하거나 과도한 개입이라고 생각이 들게 해서는 의미가 없다. 운전자와 자동차의 상호 신뢰의 관계가 베이스이다」라고 한다. 그리고 역시 가격이다. 고가의 것을 소량으로 해서는 의미가 없다. Honda는 필요한 디바이스의 가격이 적절해질 때까지 기다리는 수단도 선택할 것이다.

레이더에 대해서 말하면 Honda Elesys는 소형 경량 저비용화와 동시에 차세대의 애플리케이션에 대응하는 것을 개발 중이라고 한다. 2006년 5월에 Honda Stream에 탑재된 타입은 조사 각도가 20°로 넓고 근거리에서도 강하다. 앞으로는 「신호 처리기술의 진보에 맞게 여러 가지가 보이는 레이더의 개발을 목표로 한다」고 한다.

◉)))) PCS의 바로 앞에 견고한 실드(shield)

가능성을 내포한 둘레의 전체(360°)를 화상처리

Nissan은 예방 안전을 「세이프티 실드」에 비유하여 단계마다의 장비를 개발하여 왔다.
PCS는 그 최종 단계이지만 편리한 주차 지원 장비로서 실용화된 어라운드 뷰 모니터는 사실 자기 완결형 전체 둘레(360°)의 실드가 될 가능성이 있다.

글 : 마키노 시게오(Shigeo Makino) 사진 & 그림 : Nissan/마키노 시게오(Shigeo Makino)
ACKNOWLEDGMENT : 코바야시 준이치(Junichi Kobayashi)–Nissan자동차 기획 · 선행기술개발본부 기술기획부 주관(겸) 전자기술 개발본부 IT& ITS개발부 IT& ITS기술기획 그룹 주관 / 야마다 카츠노리
(Katsunori yamada)–전자기술 개발본부 IT&ITS개발부 IT& ITS기술기획 그룹 주사 / 미조구찌 카즈타카(Kazutaka Mizoguchi)–전자기술 개발본부 IT&ITS개발부 ITS선행 · 제품개발그룹

Case study ③ Nissan

Cima, Fuga에 탑재되고 있는 PCS 자동 브레이크 시스템(Nissan은 IBA=Intelligent Brake Assist라고 부른다)이다. 당시에는 레이저 레이더를 센서로 사용하였다. 인프라 협조에 적극적인 Nissan은 현재 ITS 대규모 실증실험「Sky Project」에서 도로 위의 자동차간 통신을 사용한 PCS 기능을 실험하고 있다.

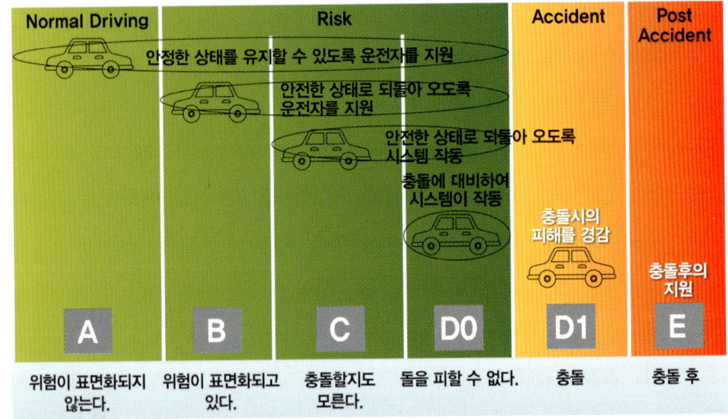

세이프티 실드는 각각의 단계에서 「무엇이 안전을 저해하는 요인일까」「세상에서는 무슨 일이 일어나고 있을까」의 고찰 · 분석을 기본으로 대책의 수단으로서 기능이 개발되어 왔다. 「충돌」은 PCS와 통상의 크래시 세이프티로 나뉘고 있다. 당연히 충돌 후의 대책도 실드의 일부이고 여기에서의 인프라 협조도 연구의 테마로서 내세우고 있다.

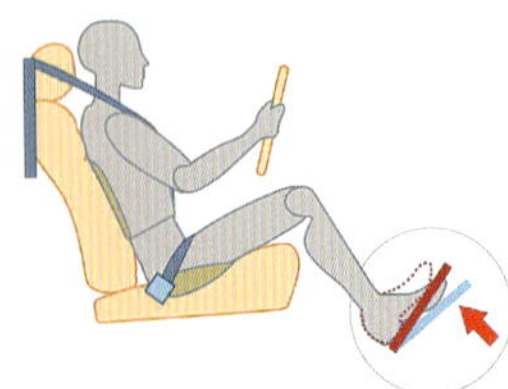

2007년에 발매한 Fuga에서 채용된 DCA(distance Control Assist)는 레이더로 전방의 차량과의 거리 · 상대속도를 감시하고 리스크 영역에 들어가면 액셀러레이터 페달에 반력을 발생시켜서 운전자가 페달을 조심하여 밟도록 촉구한다. 전자제어 스로틀이 아니고는 할 수 없는 기능이다.

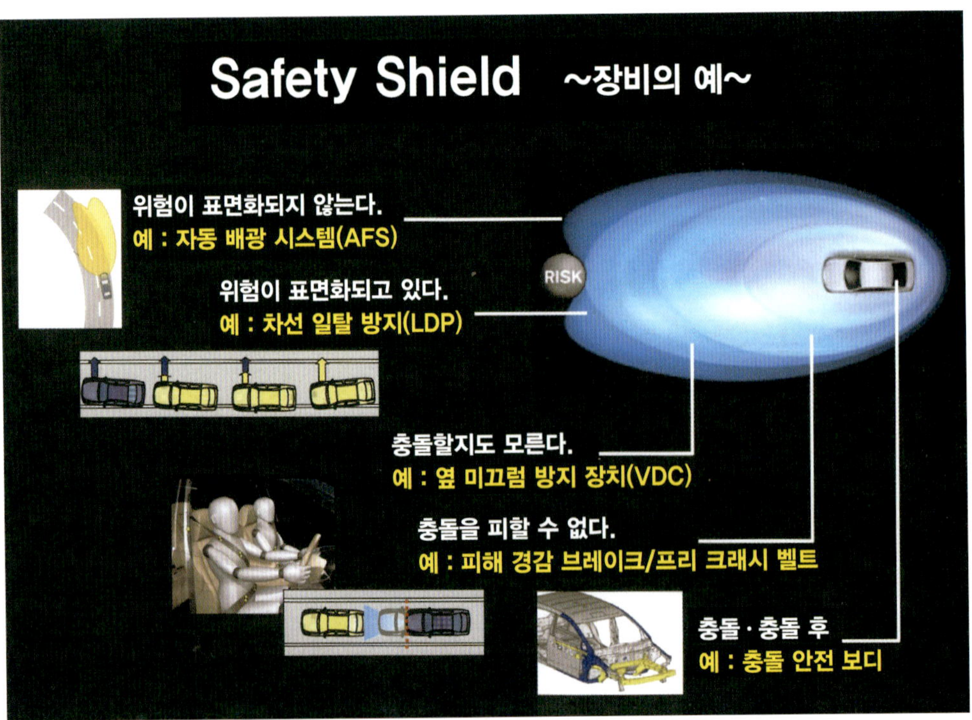

Nissan은 2005년에 세이프티 실드라는 개념을 도입하였다. 주행하는 자차의 주위에 위험이 다가오는 경우에 그 위험의 수준에 맞는 「선수」를 침과 동시에 방위를 한다는 개념이다. 그 베이스는 매직 범퍼의 콘셉트였다. 자차의 먼 전방에 「가상의 범퍼」가 있고 거기에 무엇인가 탁하고 부딪친다. 그 감촉이 운전자에게 전달된다면 「아무것도 보이지 않는 불안」은 상당히 해소된다. 「탁」하는 것이 리스크의 신호이고 신호가 오는 방향을 알 수 있다면 대처방법을 생각할 수 있다. 그러나 이 콘셉트의 실현은 센서나 제어계통의 기술혁신을 기다리지 않으면 안 되었다.

현재 Nissan의 액티브 세이프티 계통의 장비는 이미 이 매직 범퍼 콘셉트에 준해서 개발되고 있다. ITS를 이용하여 멀리까지 내다본다는 것은 세이프티 실드를 넓게 치는 것이고 그 앞에 「탁」하고 가상의 범퍼에 닿는 것이 다른 자동차나 사고에 의한 정체나 보행자이다. LKA나 DCA도 마찬가지이다. 운전자의 운전을 지원하면서도 자차 주위의 가상 범퍼에 「탁」하고 무엇인가가 닿는 감촉을 운전자에게 전달한다. 최종 방위 라인인 PCS 자동 브레이크도 개념은 같다. 전방위의 운전지원을 해주면서 운전자에게는 「자동차가 아니면 할 수 없는 자유로운 이동」을 맛보게 해주려는 발상이다.

PCS에 ITS의 협조를 연동시켜 차와 차 사이를 통신에 의하여 「자차로부터는 보이지 않지만 다가오고 있는 차량」의 존재를 통보한다는 시스템도 교차점 진입 시에 「가공의 범퍼」를 자차보다 먼저 진입시키는 것이다. 「마주치는 사고는 전체의 60% 이상이 인지 미스이며 판단·조작의 미스보다도 비율이 높다. 그러므로 우선 인지시키기 위해서는 어떠한 수단이 있을까하는 검증이다」라고 말한다.

머지않아 Nissan은 코너의 크기나 자차의 속도에 알맞게 운전자의 운전 조작을 지원하는 내비게이션 협조형 DCA를 실용화한다. 급커브 길에서 무의식적으로 오버 스피드로 진입하려는 운전자에게 액셀러레이터 페달을 되밀리도록 하는 힘을 발생시키고 액셀러레이터 페달로부터 발을 뗀 순간에는 브레이크를 작동시키는 제어이다. 지도와 차속의 신호를 페달의 유닛에 보내고 페달로부터 운전자가 리스크 정보를 감지하도록 하는 개념의 장비이다. 이것도 보이지 않는 앞의 매직 범퍼에 자동차가 「탁」하고 닿은 직후 운전자의 동작을 보조하는 것이다.

보행자가 갖고 있는 GPS 휴대전화에서 보행자의 존재를 감지하고 운전자에게 위험예지 운전을 촉구하는 「보행자 주의 환기」의 실험도 Nissan은 NTT Docomo와 공동으로 실시하고 있다. 사람이 정말로 자차의 범퍼에 닿기 전에 가상의 (virtual) 「탁」을 경험하게 하고 순간적으로 뛰어나오는 것에 대비한다는 사고방식이다. 이 방법이 「효과적인지」를 현 시점에서 논하기 보다는 「무엇이 가능한지」를 실험해 본다는 의미에서 매우 흥미가 있다.

카메라를 사용하여 차선의 일탈을 방지하는 LKA기술에서는 스티어링의 반력에 의한 경고가 아닌 편측 2륜에 브레이크 제어를 하여 「레인 안의 자국으로 자동차를 가만히 되돌린다」는 LDP(Lane Departure Prevention)를 고안하였다. 원활하고 도가 지나치지 않는 「되돌림 제어」라고 한다. 운전자에 대한 인포메이션(Information)의 연장이고 경보의 확장인 것이다.

한편, PCS 자동 브레이크(IBA)에 대해서는 「충돌 피해를 경감하는 것이 최우선이다. 그리고 나서 운전자라는 요소를 생각한다. 자신의 조작으로 정지할 의지가 있다는 것을 어떻게 판단할까? 또한 PCS는 누가 뭐라 해도 유럽과 미국 스타일의 장비이기 때문에 일본에서 정말로 필요할까? 하는 논의도 되풀이 하지 않으면 안 된다」고 말한다. 확실히 교차점에서의 사고에 TTC는 없다. 순간의 판단이 요구되는 것이다. 그리고 옆 방향으로부터의 위협에 대해서는 거의 무기력하다. 「DCA나 LDP와 같은 장비를 실드의 가운데 넣어두는 것을 먼저 생각하고 싶다」고 말한다.

그리고 AVM(Around View Monitor)은 단품의 기술로서 Nissan을 어필하고 있는 장비인데 현재 이미 유닛 안에서는 카메라 화상의 「일그러짐」을 제거하는 처리가 실시되고 있다. 조만간 움직이는 물체에 대해서도 유사한 처리가 실행되게끔 될 것이다. 차선을 변경할 경우 AVM으로 비스듬한 후방의 사각을 케어(Care)하는 것도 가능할 것이다. 주차 어시스트라는 지극히 일본적인 영역에서부터 충돌 피해 경감 PCS라는 영역까지 넓은 용도에 응용할 수 있는 장비로서 주목을 받고 있다.

자차의 가상 범퍼에 무엇인가 「탁」하고 닿는 감촉을 운전자에게 전달한다.

가능성을 내포한 어라운드 뷰 모니터(AVM)

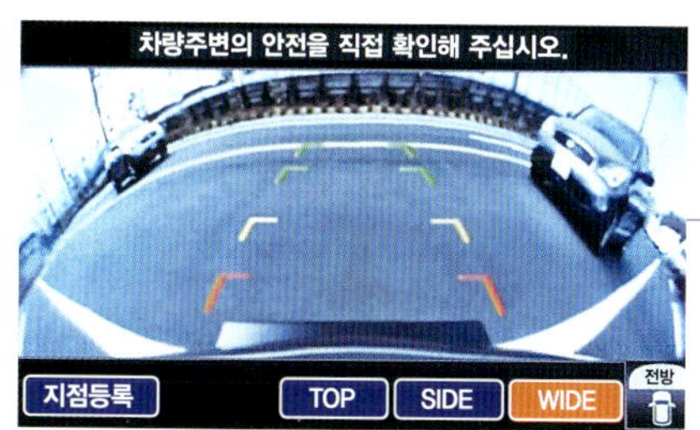

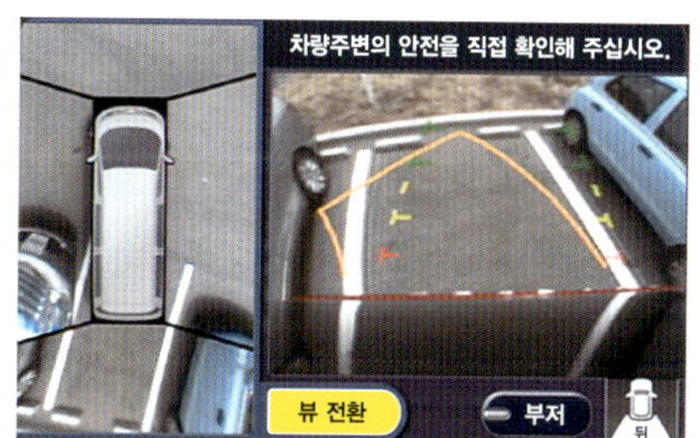

2009년 7월에 발매된 Skyline Crossover의 AVM(Around View Monitor)에는 주차 가이드 기능과 함께 차량의 전후 180° 넓은 각도의 카메라 화상을 표시하는 와이드 뷰 기능이 추가되었다. 앞이 잘 보이지 않는 장소라도 자동차를 조금 전진시키면 노즈부의 카메라가 주변의 상황을 찍어 낸다. 후퇴 시에도 마찬가지이다. 「보이지 않는 장소에 눈이 미친다」는 기능이 하나 더 추가되었다.

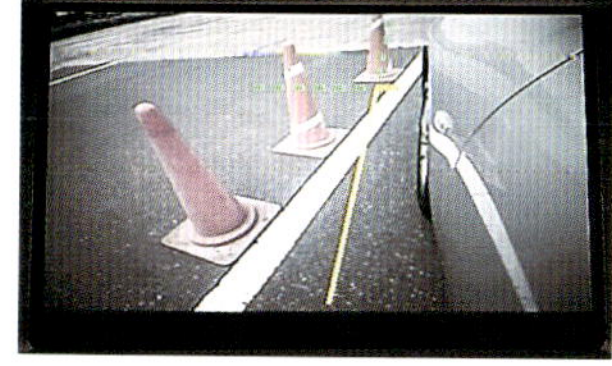

어떻게 사각 지역을 없앨까 라는 데마에서는 근거리만을 대응하는 카메라인 경우에도 매우 유효하다. Nissan은 화상 처리에 의하여 자차 주변의 이동 물체를 인식하는 연구도 진행하고 있다. 주위 전체의 시계를 손에 넣은 AVM의 가능성은 더욱 더 넓어질 것이다.

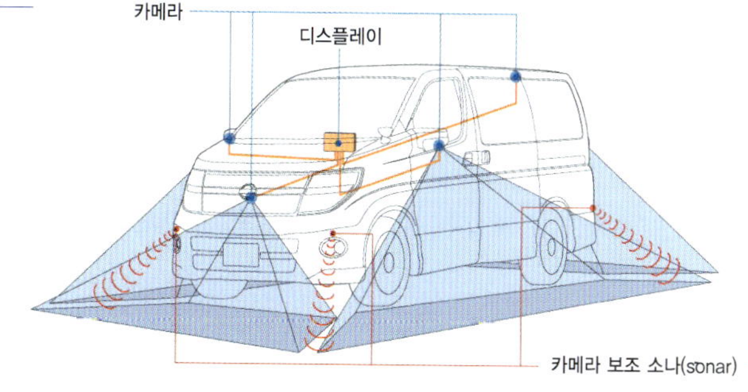

2007년 10월 Elgrand에 처음으로 탑재된 AVM. 일반적으로는 「주차가 편하게 된다」고 하는 점에서 주목을 받고 있지만 PCS에 이르는 바로 앞의 영역, 자차에 한없이 가까운 「주변의 위협」에 대응하는 실드(Shield)라는 점에 주목하려 한다. 주행 중의 사각도 제로에 가깝게 할 수 있는 장비이다.

카메라의 성능에 의존하지 않는 연구

경 규격의 EV(전기자동차)를 발매한 미쓰비시 자동차는 PCS로 대표되는 장래의 예방 안전 장비에 대해서도
「수월하게 표준 장착이 가능한 단가(單價)」의 실현을 도모하고 있다.
화상 처리 필터의 연구에 의한 저가의 흑백 카메라를 위험도 인지에 이용한다.

글 : 마키노 시게오(Shigeo Makino)   사진 & 그림 : MITSUBISHI MOTORS
ACKNOWLEDGMENT : 아사다 히로유키(Hiroyuki Asada)−미쓰비시 자동차 공업개발본부 선행차량 기술부 겸 실험안전부 담당부장(안전전략)

Case study ④ MITSUBISHI MOTORS

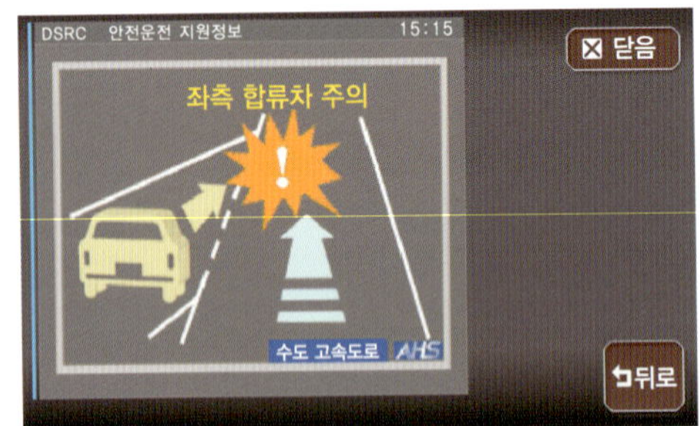

국토교통성 도로국(예전 건설성)이 추진하는 스마트 웨이(Smartway)는 도로 측의 전파 비콘(beacon)으로부터 자차 진로방향의 도로나 합류차의 정보제공을 받는 것이다. Mitsubishi에서는 내비게이션 화면에 정보를 표시하는 시작차로 실증 실험에 참가한다. 정보만을 얻기 위한 운전지원이지만 실험결과는 어떠할까?

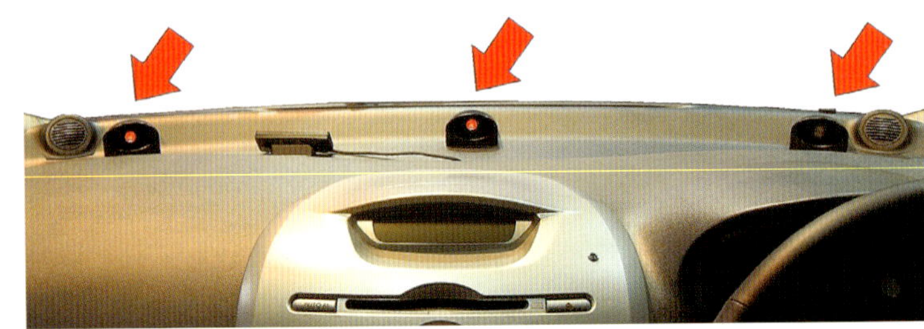

대시보드 위에 설치된 3개의 인디케이터로 필요한 정보를 제공하는 미쓰비시 자동차의 DSSS(Driving Safety Support System) 대응 시작차이다. 이것으로도 오른쪽으로 조향할 때/신호를 못 보고 넘길 때/마주치게 될 전방/일시정지를 못 보고 놓칠 때 등의 DSSS의 기능을 어느 정도 이용할 수 있다. 경자동차의 탑재를 전제로 한다면 저가의 시스템이어야 하며, 내비게이션을 사용하지 않아야 하는 것이 전제 조건이다.`

보다 많은 사용자에게 ITS 운전 지원 효과를 체험시킨다.

미쓰비시 자동차공업이 자동차에 최초로 카메라를 탑재한 것은 1996년에 발매한 Debonair였다. 이것은 후진시에 리어 뷰를 확인하는 용도였으며, 1999년의 Proudia에서는 후측방까지 시야를 넓혔다. 2003년에 발매된 Grandis에서는 프런트 범퍼에 내장된 코너 카메라와 리어 뷰 카메라를 사용하여 저속시에 갑자기 튀어나와 일으키는 사고를 방지하는 시스템으로 진화하였다. 더욱이 2005년에 Grandis에 Nose view 카메라를 이용한 음성 주차 가이드 기능도 탑재하였다. 현재의 Delica D:5에서는 360° 주위의 전체 시계를 확보하고 있다. PCS가 아닌 운전지원 면에서 자사의 카메라를 잘 사용하고 있는 것이다.

현재 이 회사는 PCS 계통의 장비를 시판되는 자동차에 채용하지 않고 있다. 예전에는 Diamante차에 탑재하였지만 장비의 가격이 높고 「전혀 판매되지 않았기」 때문이다.

그러나 개발은 진행하고 있다고 한다. 센서 류가 극적으로 저렴해진 현재 이제 서서히 사용할 좋은 기회가 왔다고 보고 있는 것일까. 「ABS/ESC와 비슷한 가격으로 투입할 수 있으면 좋겠다고 생각하고 있다. 그러기 위해서는 기능을 분명하게 할 필요가 있다」고 말한다.

PCS 계통 장비에서의 최우선은 마주치게 될 전방의 사고에 대한 대응이다. 「사고 형태와 사고 건수로 보면 우선은 여기에 대응하고 싶다. 일본에서는 마주쳐 발생하는 사고의 건수가 전

체의 26%나 되고, 추돌은 그 다음으로 많다. 그러므로 조급하게 무엇이든 해 보고 싶다. 다행히 기술적인 목표는 섰다」고 말한다. 레이더가 아닌 저가의 카메라를 이용한 시스템이다. 시야의 각 180° 플러스라고 하는 넓은 범위를 단안(單眼) 광각 카메라를 사용하여 자차에 접근하는 물체를 알아내고 접촉 사고방지에 도움이 되도록 하는 시스템이다.

보통, 카메라가 두 대 있으면 피사체까지의 거리를 알 수 있으며, 화상처리를 실시하면 입체시(Stereoscopic vision)도 가능하다. 그러나 2대의 카메라는 비용이 소요된다. 미쓰비시 자동차의 목표는 「경자동차에도 탑재할 수 있는 가격」으로의 실용화이므로 필연적으로 카메라는 단안이 된다. 그러나 이

회사는 단안 카메라에서의 화상을 3차원으로 복원하는 기술의 개발에 나섰고 실용화의 전망도 섰다고 한다. 2차원으로 본 화상을 필터링 처리에 의해 입체시와 유사하게 하고 대상물까지의 거리를 산출하는 방법이다.

우선, 자차에 대하여 다가오는 물체를 검출하는데 다가오는 물체에게는 반드시 특징점이 있고 그것을 추출하는 기술은 현재도 있다. 특징점을 추출하여 광학적 흐름(Optical flow)을 계산하고 그 특징점을 화상 안에서 추적한다. 그리고 점점 접근해오는 과정의 화상에서「접근 특징점」을 선택하여 필터링하고 3차원 화상으로 복원하는 순서이다.

다가오는 물체는 점점 화상이 커지므로 그 중에 특징을 찾아내어 둔다면 그것을 추적하는 중에 시간 축 정보를 추가한다면 속도를 측정할 수 있다고 한다. 카메라는 흑백의 640×480 화소(pixel)를 사용하므로 최신의 휴대전화에 내장된 것 보다 스펙은 떨어진다. 게다가 화상은 4분의 1로 압축된다. 특징점의 검출은 어쩌면 Contrast의 추출일 것이다. TTL(Through The Lens)로 거리를 측정하는 오토 포커스 카메라와 같은 것이라고 생각하면 된다.

접근하는 물체를 어떻게 분별할 것인가에 대한 필터링 방법은 이미 개발되어 있다. 가령, 자차가 아주 느린 속도로 전진(AT의 creep정도여도 좋다)하고 있을 때에는 접근해 오는 물체와 배경은 서로 반대방향으로 흐른다. 그리고 접근해 오는 물체는 직진성이 있는 이상 어느 특징점을 취할 경우 화면 상에서의 이동거리가 서서히 길어진다. 이 성질을 이용하여 이동물체의 이동 방향을 검출한다. 차속이 80km/h 정도까지

의 이동물체를 검출하고 그 물체가 카메라와 교차할 때까지의 시간을 TTCR(Time To Crossing)으로 하였을 때 그것을 2초 이상 전에 검출하는 것이 목표이다. TTCR=2초에서의 오차는 플러스 마이너스 0.5초를 목표로 하고 있다.

이동하고 있는 물체의 검출에는 독자적인 알고리즘이 사용된다. 현 상태에서도「자동차는 인식이 가능하다」고 한다. 장래에는 보행자와 자전거도 검지 대상으로 추가하여 보다 넓은 사고의 방지효과를 도모하고 있다. 야간의 화상에 대해 물어보니「다가오는 자동차의 헤드라이트에 의해 Halation을 일으켜 카메라의 화상은 새하얗게 된다. 반대로 야간이라면 라이트를 점등하고 있는 자전거가 알맞게 좋다. 확실히 야간의 검지 능력은 극히 낮아지지만 다가오는 차량의 헤드라이트를 운전자가 인식할 수 있기 때문에 경각심이 낮아지는 주간에서 우선 사용할 수 있는 시스템으로 한다. 기능을 분명히 하지 않으면 저비용은 무리이다」라는 대답이었다.

카메라 이용하지 않는 것으로는 경찰청이 추진하는 DSSS(Driving Safety Support System ; 안전운전 지원시스템)에 대응하는 차량의 실용화를 도모하고 있다. 이것도 경자동차까지를 대상으로 생각하고 있기 때문에 내비게이션 비장착 자동차라도 DSSS의 정보 제공을 이용할 수 있도록 한다. 도로 측에 설치된 광(光) 비콘에서 자차 주변의 교통규제 정보나 다른 자동차의 접근 등의 정보를 받아들이고 그것을 처리하여 필요한 정보를 대시보드 위의 인디케이터에 표시한다는 것이다. 내비게이션 화면은 사용하지 않고 우/중앙/좌에 있는 3개의 인디케이터로「방향」을 지시할 뿐이지만 그것으로도

「운전 지원의 효과는 있다」고 한다.

하나 더, 국토교통성 도로국이 추진하는 전파 비콘식 도로차간 통신 시스템「스마트 웨이」에 대한 대응이다. 이것도 경자동차를 상정(想定)하고 있지만 받아들이는 정보의 성질에서 내비게이션 화면으로의 표시를 상정하고 있다. 자차의 진행방향에 관한 도로정보와 합류 자동차의 유무 등을 운전자에게 알려준다.

현재 일본 전국의 도로를 망라하고 있는 정보제공 시스템은 VICS(Vehicle Information Communication System)이다. 독립 전파/광(光)/FM 다중의 3 미디어를 이용하는 시스템이고 그런 점은 세계적으로도 드물다(통합되어 있지 않다는 의미로). DSSS는 VICS에서의 실적이 베이스이고 가장 실용화가 가깝다고 예상된다. 이미 근년도의 보정 예산도 배정되었다. 미쓰비시 자동차에서는 이 DSSS에 대하여「직감적으로 알기 쉬운 인터페이스를 고안한다면 내비게이션 비장착의 경자동차에서도 유효할 것이다. 그리고 판매점 옵션으로 내비게이션으로의 기능 add-on도 가능」하다. 확실히 실용적인 ITS 운전 지원 시스템으로서는 DSSS가 가장 적합하다고 말할 수 있다.

PCS 자동 브레이크와 같은 고가의 장비에 나이트비전(Night vision)을 추가하면 그 장비 가격만으로도 경자동차에 가격이 되어 버린다. 손에 넣을 수 있는 사람은 한정되어 있다. 그러므로 미쓰비시 자동차의 방향에 주목하고 싶다.

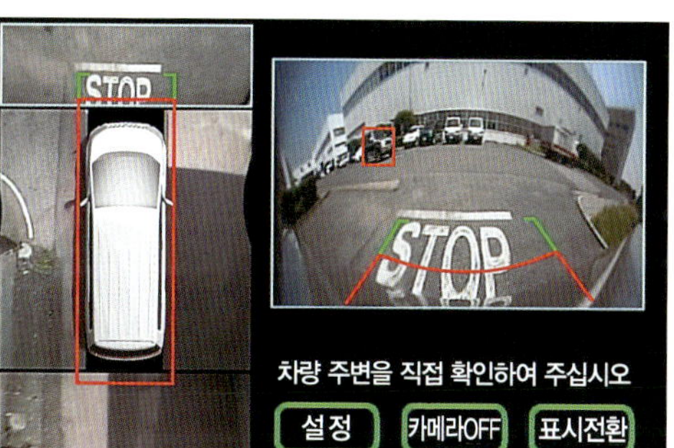

Delica D:5에 탑재되어 있는 360° 차량 근방 카메라의 모니터이다. 전후 방향의 카메라는 180°의 시야를 갖지만 화상 처리에 의해 일그러짐을 보정하였다. 이 중에 전방 카메라의 화상을 접근 장애물의 검출에 이용한다면 소프트웨어의 추가만으로「마주치는 전방」에서의 사고 구제에 유효한 시스템이 된다.

이것은 아직 실증 실험 단계의 디스플레이이지만 국토교통성의 ASV 프로젝트에서는 자동차와 자동차간 통신으로 다른 차와의 접근을 검지하고 마주치는 전방 사고의 방지를 꾀하고 있다. 계기판 안에서의 표시는 이와 같이 알기 쉬운 아이콘이다. 경보를 내는 방법이나 타이밍 등은 앞으로의 과제이다.

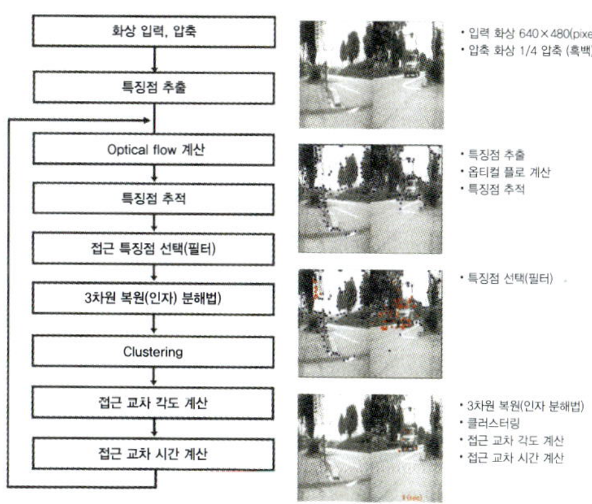

단안 카메라에 의한 이동체 검출 알고리즘은 이와 같이 되어 있다. 미쓰비시 자동차는 옵티컬 플로/필터링/3차원 복원에 독자적인 방법을 담고 있다.

동체(動體) 검출 필터의 적용 예이다. 화상 중에서 크기가 변화하는 물체의 특징을 검출하고 그것을 추적하는 것으로 속도도 측정한다. 종래에는 스테레오 카메라만으로 가능하였던 처리이다.

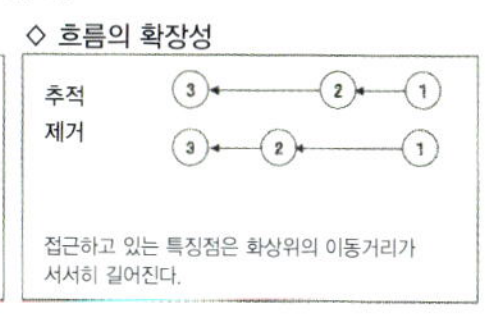

접근해오는 물체의 특징점이 어느 방향으로 이동하는지는 특징점 흐름의 직진성과 확장성으로 본다. 이러한 필터링 처리는 Daimler나 Bosch에서도 연구되고 있다.

자동 브레이크는 Yellow Card

Volvo가 Continental의 협력을 얻어 개발한 City Safety는
자차 속도가 15km/h 미만에서 여러 조건이 맞는다면 자동으로 개입하는 브레이크에 의하여 완전 정지할 수가 있다.
과연 이 시스템은 운전자의 심리에 무엇을 초래할 것인가?

글 : 마키노 시게오(Shigeo Makino) 사진 & 그림 : VOLVO/마키노 시게오(Shigeo Makino)
ACKNOWLEDGMENT : 미즈타니 야스히토(Yaseuhito Mizutani)–Volvo Cars Japan 차량인증 그룹 매니저 / 마카베 마사유키(Maccabeus Masayuki)–Volvo Cars Japan 차량인증 그룹

Case study ⑤ VOLVO CARS

윈드 실드 상단의 중앙부에 있는 투광기에서 적외선 레이저가 조사되고 전방에 장애물이 있는 경우에는 거기에서 반사된 레이저 광이 되돌아온다. 그것을 3개의 포토다이오드로 판독하면 앞차와의 거리 및 상대속도의 데이터가 된다. 필요하다고 판단되면 자동적으로 브레이크가 작동된다. 상대속도 15km/h 이하의 경우에는 감속도가 높은 브레이크에 의하여 추돌하지 않고 완전히 정지할 수 있다. 오른쪽은 계기판에 표시된 C/S의 작동상황이다.

세계 최초의 「자동차를 사면 덧붙여 오는」 PCS 자동차 브레이크 시스템

VOLVO CARS(VCC)가 2009년 봄에 발매한 XC60에는 City Safety(이하 C/S)라고 불리는 PCS 자동 브레이크가 표준으로 장착되어 있다. 이 정도의 장비를 옵션이 아니고 표준화한 것은 세계에서 처음 있는 예이다. 시스템의 원가는 추측할 수밖에 없지만 기능을 분할해 저비용화 하여 여하튼 보급하는 것이 중요하다는 판단에 의거한 특기일 것이다.

자동으로 브레이크를 작동시키기 때문에 브레이크 계통의 ECU와 접속되지만 전방의 차량을 검지하는 유닛은 콤팩트하게 정리되어 프런트의 윈드 실드 상부 중앙에 설치된다. 내용물은 3개의 포토다이오드와 확대 렌즈, 적외선 레이저 투광기 그리고 신호처리 회로뿐이다. 파장 905나노미터의 적외선 레이저는 차량 전방 6~8m 내의 물체를 검지할 수 있지만 큰 비나 눈 또는 안개 등의 기상조건 하에서는 성능이 저하하는데 고가의 밀리미터파 레이더를 사용하지 않고 탐지거리도 분할한 것이 저비용화한 포인트이다.

적외선 레이저로 어떻게 전방의 차량을 검지할까 라고하면 방사된 레이저 빔은 위의 일러스트와 같이 좌우와 중앙의 3방향에서 포토다이오드가 검지한다. 물체에서 반사한 레이저 광을 렌즈로 확대하고 그 거리와 자차 속도의 정보로부터 상대속도를 계산한다. 콤팩트 카메라로 잘 사용되는 적외선 오토 포커스와 비슷한 검출방법이다. 그리고 반사 레이저 광의 검지가 3개의 빔으로 되어있기 때문에 전방 27°의 범위를 커버할 수 있다.

시스템의 작동 조건은 자차 속도 30~40km/h의 저속으로 제한된다. 이 때 전방 차량과의 상대속도가 15km/h 이하라면 추돌의 위험성이 있다고 판단된 경우에는 감속도 6m/s²(0.6G)이상의 강한 브레이크를 자동적으로 작동시킨다. 노면의 상태에도 좌우되겠지만 대부분의 경우는 이 브레이크에 의하여 추돌을 피해 급정지할 수 있다.

상대속도가 15~30km/h인 경우는 동등한 감속도의 브레이

크라도 완전히 정지할 수는 없기 때문에 전방의 차량에 추돌한다. 그러나 추돌 시에는 XC60측은 아주 느린 속도가 되어 충돌 피해는 큰 폭으로 경감할 수 있다.

실제의 작동을 안전한 장소에서의 시승으로 체험해 보면 감속도 6m/s²(0.6G)의 브레이킹은 상당한 것이다. 한 눈을 팔고 있어 앞차와의 거리가 이상하게 짧다는 것 을 깨닫고 황급히 급브레이크를 밟는다⋯⋯라고 느낀다. 물론, 발은 브레이크 페달을 밟지 않고 있다. 긴급 자동 브레이크 작동의 1.5초 후에는 시스템이 해제되어 브레이크 캘리퍼 쪽으로의 브레이크 유압이 차단되기 때문에 이번에는 브레이크 페달을 운전자가 스스로 밟지 않으면 XC60은 AT의 크리프(creep) 현상으로 앞으로 조금씩 진행되어 일부러 자동 브레이크로 정지했는데도 쿵하고 앞차에 접촉되고 만다.

자동 브레이크로 정지했을 때 앞차와의 차간 거리는 수십cm였다. 앞차의 운전자는 놀랄 것이다. 이 자동 브레이크를 작동

영국 사양의 XC60을 사용하여 VCC를 실시한 Demonstration이다. 실제로 체험해 보면 C/S의 자동 브레이크는 「광장한 것이다」라고 생각이 드는 반면, 감속도와 저크(jerk)가 큰 「타인에 의한 불쾌한 브레이킹」이라고 느낀다. 좌측은 8분의 1초라는 slow shutter의 사진이지만 정지하는 순간에 크게 노즈 다운이 되고 더욱이 정지한 위치에서의 장애물과의 거리가 매우 짧다는 것을 이해할 수 있을 것이다. 가능한 한 노상에서는 체험하고 싶지 않다.

XC60의 세이프티 패키지에는 카메라를 사용한 LKA가 설정되어 있다. 카메라 유닛은 C/S의 레이더 옆, 같은 모듈 안에 설치된다. 도로의 차선을 검지하는 카메라라면 자차가 차선을 넘어 레인을 이탈하는 경우에는 경보를 울린다.

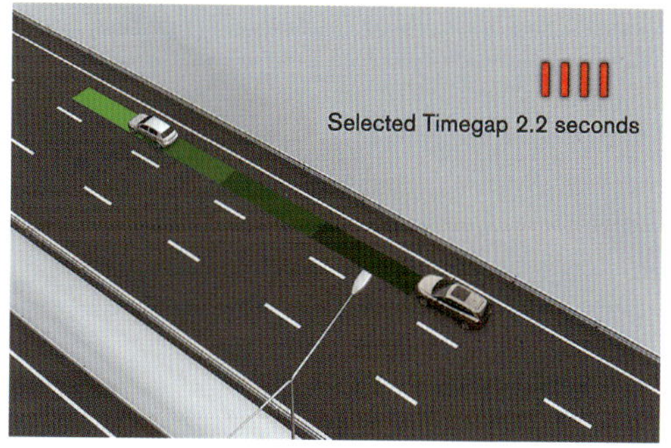

같은 세이프티 패키지에 설치되는 ACC이다. C/S에 비해서 훨씬 긴 레인지의 센서를 사용한다. VCC에서는 밀리미터파 레이더를 사용한 PCS시스템도 개발하고 있지만 가격은 압도적으로 C/S가 싸다.

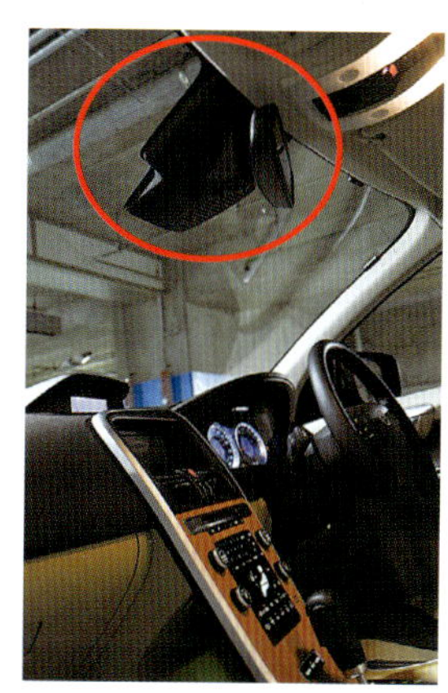

영국 사양 자동차의 콕피트(cockpit)에서 윈드 실드 상단의 C/S 모듈을 볼 수 있다. 정확히 운전석으로부터는 룸미러에 가려진 위치에 있기 때문에 전방의 시계를 방해하는 경우는 없다. 이 모듈은 독일 Continental 제품이다.

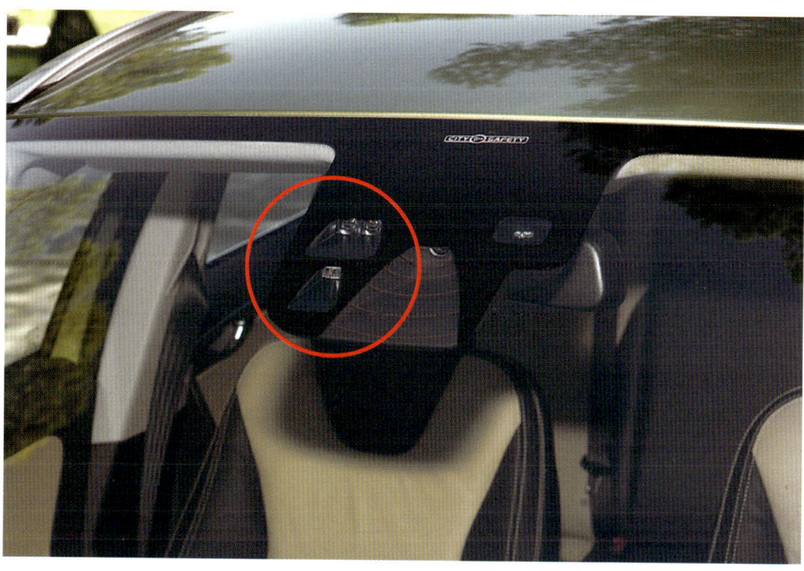

전방에서 바라본 C/S의 모듈이다. 앞의 왼쪽 열에 상하로 배열되어 있는 것이 C/S를 위한 유닛인데 아래측은 적외선 레이저의 투광기이고 위는 확대 렌즈이다. 렌즈는 2개인데 마주보고 우측의 렌즈는 중앙용, 좌측은 좌우용이다. 우측 렌즈의 안에 있는 포토 다이오드의 속에서 우측과 좌측의 반사광이 분리된다. 이 모듈의 중앙부분 동그라미로 표시된 부분은 ACC/LKA용 카메라이다. C/S분이라면 이 정도로 큰 모듈로는 되지 않는다.

시키는 것 자체가 운전자에게는 옐로카드라고 느낀다. 가능한 한 일생동안 사용하지 않고 싶다.

그리고 C/S에서는 자동 브레이크의 작동이 돌연 실시된다. 경보 같은 것은 울리지 않는다. 이 점은 일본 도입에 있어서 국토교통성과의 교섭이 필요하였다. 그리고 국토교통성은 PCS 자동 브레이크의 작동에 의하여 자차가 완전 정지하는 것에 대해서도 「사용자의 과신을 초래할 우려가 있다」라는 방침이었기 때문에 이 점도 교섭의 대상이었다(116~119P 참조).

XC60의 오너는 C/S의 존재에 대하여 일상에서는 아무것도 신경 쓸 필요가 없다. 엔진의 시동과 함께 시스템은 ON이 되므로 스위치의 조작은 불필요하다. 단, 윈드 실드 상단의 레이저 센서 부분은 항상 오염이나 눈을 제거해 둘 필요가 있다. 당연히 이 부분에 차량의 검사증이나 스티커를 붙인다면 센서는 정상적으로 작동하지 않는다. 단, 센서 부분은 와이퍼의 작동 범위에 있고 주행 중에 이 부분이 오염되어도 와이퍼를 2~3회 움직이면 기능에 영향은 없을 것이다.

저속으로 제한한다고는 하지만 C/S는 「선량한 운전자의 무심코 한 실수」를 구제하여 준다. 실제로 유럽에서는 영국/스페인/네덜란드/스위스/노르웨이 등에서 XC60의 임의 보험료가 최대 25% 할인된다. 이것은 충돌에 동반하는 탑승객의 피해를 지극히 낮게 억제하고 동시에 범퍼 교환 등 차량의 현상 복구 비용도 억제해주기 때문이다. 보험업계는 C/S의 보급을 환영하고 있다.

VCC가 이처럼 PCS 시스템을 개발한 배경은 스웨덴에서 VCC가 실시하고 있는 사고조사의 결과 충돌사고의 75%가 30km/h 이하에서 발생되고 있다는 사실이 부상하였던 것이다. 그리고 미국 NHTSA(연방 고속도로안전국)의 사고 데이터에서는 충돌사고의 90%가 운전자의 부주의 즉, 무심코 한 실수가 원인인 것으로 판단되었다. 저속 시의 무심코 한 실수의 대표적인 것이 추돌사고이므로 VCC는 이것을 줄이려고 생각하였다.

그리고 XC60에는 「세이프티 패키지」로서 카메라를 사용한 ACC와 LKA를 옵션으로 선택할 수 있다. 이것을 선택하면 C/S에서는 경보 기능(ACC/LKA와 공유)이 갖추어지지만 일본에서는 국토교통성의 지도로 경보 추가는 인정되지 않았다. 「경보가 없는」것으로 인증된 시스템이기 때문이다.

◉ ⑴⑴⑴ 레이더/레이더 센서의 현주소

양극화하는 세력도

바야흐로 차량에 탑재되는 레이더는 안전 장비의 키 디바이스라고 말해도 과언이 아니다.
차량에 탑재되는 레이더의 현재 상황과 현시점에서 직면하고 있는 과제는 무엇일까?

Chapter 2

글 : 나오토 니시무라(Nishimura Naoto) 사진 : TMichihito Sumiyoshi / Daimler Benz / BOSCH / Continental / TRW / DELPHI

◉ Mercedes- Benz | DISTRONIC PLUS system

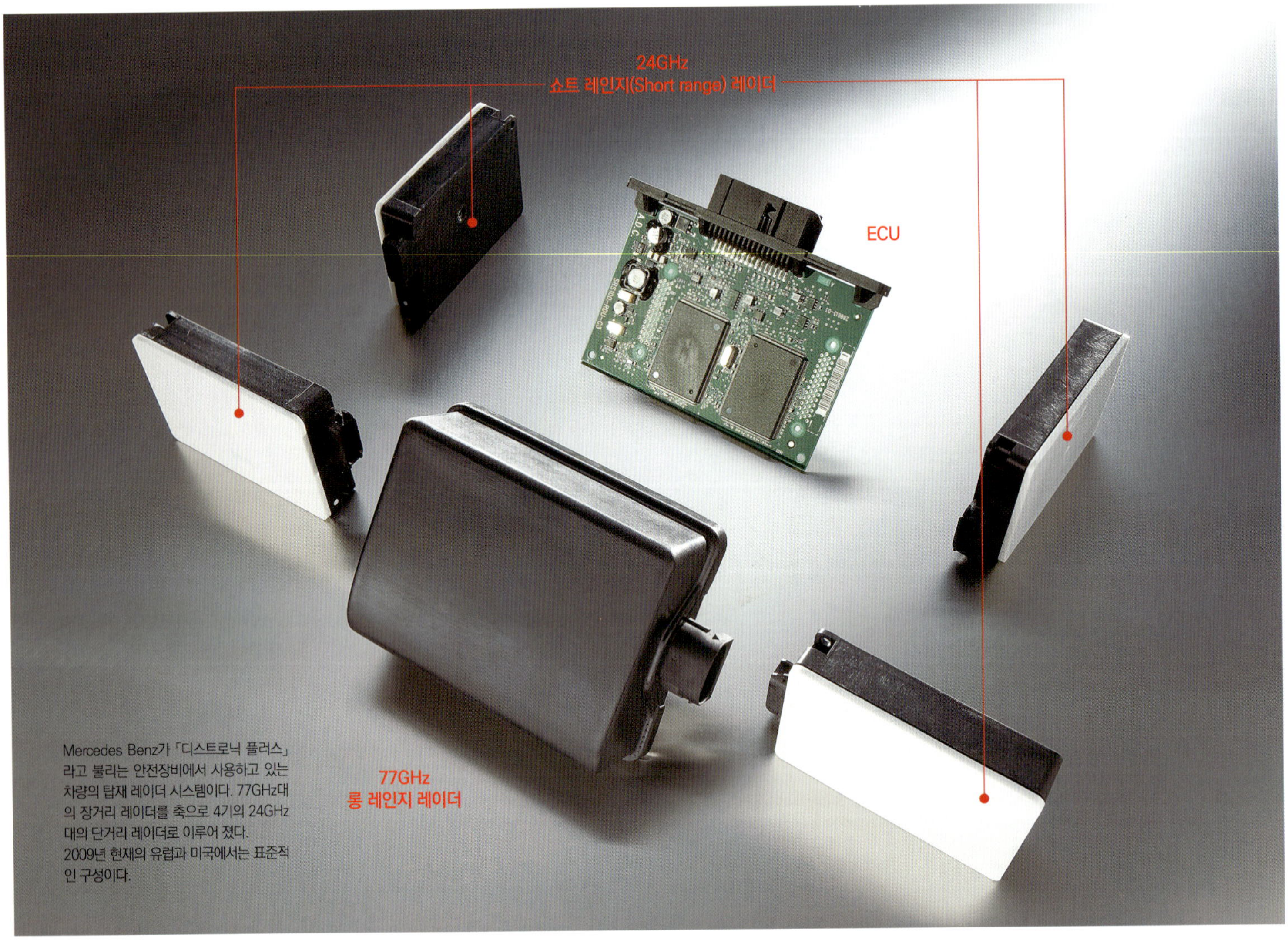

Mercedes Benz가 「디스트로닉 플러스」
라고 불리는 안전장비에서 사용하고 있는
차량의 탑재 레이더 시스템이다. 77GHz대
의 장거리 레이더를 축으로 4기의 24GHz
대의 단거리 레이더로 이루어 졌다.
2009년 현재의 유럽과 미국에서는 표준적
인 구성이다.

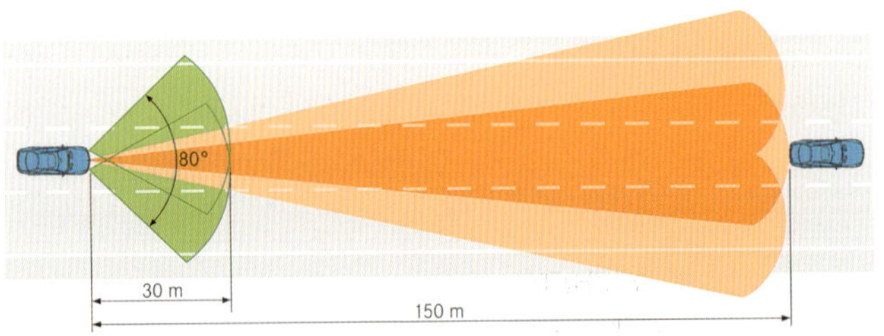

위 2개의 그림은 「DISTRONIC PLUS」의 차재 레이더 시스템의 검지 범위를 나타낸 것이다. 장거리 레이더는 150m 전방까지 담당하고 단거리 레이더는 30m전방까지가 담당
한다. 장거리 레이더의 검지 각도는 18°정도이지만 전파의 복사 방향을 바꿈으로서 35°부근까지 커버할 수 있다. 단거리 레이더는 4기의 조합으로 80°의 영역을 커버한다.

각각의 레이더는 사진의 빨간 원의 위치에 장착된다. 장거리
레이더는 프런트 그릴 중앙에, 단거리 레이더는 범퍼 주변의
4개소에 위치한다(사진에서는 1개소가 보이지 않는다). 세
계적으로 이것이 「정위치」이다.

RoCC 진영

RoCC(Radar on Chip for Cars)는 독일 정부가 후원하고, Daimler, BMW, BOSCH, Continental, Infineon이라는 자동차에서 반도체에 이르는 메이커가 참가하는 연구개발 프로젝트이다. 비용을 포함, 2012년에 주파수의 라이선스가 끝나는 24GHz대를 대신할 79GHz대 시스템의 실현을 구제적인 목적으로 삼는다.

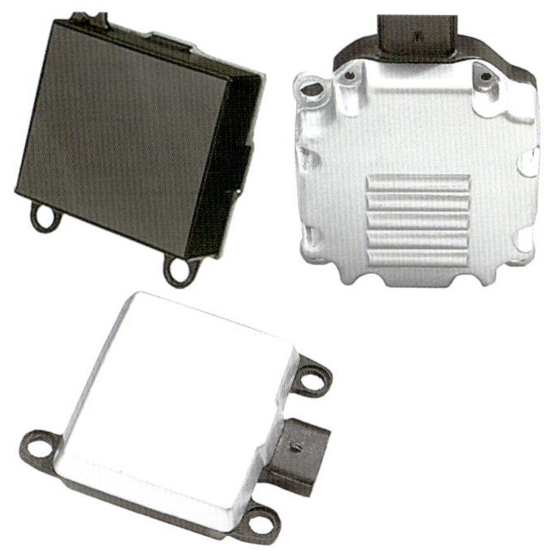

비(非) RoCC 진영

차재 레이더 보급의 열쇠는 비용이다. 일반적으로 주파수대가 높을수록 반도체의 가격도 높아진다. 독일이 민관 일체로 추진하는 RoCC의 목적은 반도체 메이커를 포함하는 것을 보아도 일목요연하다. 비RoCC 진영 중의 레이더 대국인 미국기업은 TRW와 같이 거점을 중국에 마련하는 등 「보급가격」의 실현을 다른 각도에서 접근하고 있다고 한다.

앞차를 언제나 포착하면서 추돌이 위험이 높아졌을 때 경보나 브레이크를 작동시키는 「충돌 피해 경감 브레이크」나 앞차와의 일정한 차간을 유지하면서 액셀러레이터와 브레이크를 조절하는 「ACC」에는 밀리미터파 레이더나 레이저 레이더 등의 센서가 사용된다. 지금으로부터 10년 전에 시판화 된 ACC는 레이저 레이더 방식이 주류였고 앞차의 인식률은 맑은 날의 경우에 약 100m를 자랑하고 있었지만 악천후 시, 특히 안개비와 같은 미세한 물방울을 통해서 스캐닝 할 때에는 레이저의 난반사에 의하여 그 정밀도를 유지하는 것이 어려웠다. 현재는 송수신기의 개량에 의하여 악천후에서도 신뢰성이 상당히 높아지고 있다.

한편 밀리미터파 센서는 악천후에도 강한데다 전파의 주사 영역이 넓고 동시에 요 레이트 센서와의 매칭이 좋기 때문에 코너링 시의 센싱 성능도 좋다고 알려져 있다. 현재, 용도에 따라서 24/60/76/77GHz의 주파수대가 사용되고 있는데 이 중에 76/77GHz의 주파수대는 200m 정도의 거리까지 커버하는 것이 가능하다. 도입 당시는 센서의 복잡화나 반도체 가격의 반영에 따른 비용의 증가가 우려되었지만 요즈음에는 비

용이 낮아져 가령 Toyota의 경우 Prius에는 14만 7천엔(약 150만원)이라는 상식적인 가격으로 프리 크래시 세이프티 시스템과 레이더 크루즈 컨트롤(약 50~100km/h에서 작동)의 장착이 가능하게 되었다. 그리고 신형 Majesta에는 전방의 밀리미터파 뿐만 아니라 세계 최초로 전측방 프리 크래시 세이프티 시스템과 후방 프리 크래시 세이프티 시스템(Lexus LS에 채용 완료)도 밀리미터파 센서를 채용하는 등 바로 옆방향 이외에는 모두 「전파의 눈」이 장착되고 있다.

76/77GHz 대를 사용하는 밀리미터파 센서류가 가일층의 저가격화 실현을 통해 차세대의 밀리미터파 레이더의 주역이 된 현재 각지에서 79GHz대의 밀리미터파 레이더의 연구가 진행되고 있다. 일본에 있어서 79GHz대의 연구에서는 총무성을 중심으로 하는 팀이 결성되어 있고 이미 2008년 12월에는 78~81GHz대의 전파를 이용한 고정밀도 밀리미터파 레이더의 시험이 실시되어 일정한 성과를 거두고 있다.

79GHz대 연구의 배경은 76/77GHz 주파수대를 사용한 경우의 한계점을 극복하기 위한 것이라고 설명되고 있다.

76/77GHz대와 현재 상태의 시스템과의 조합으로는 분해

능력에 한계가 있으며, 그 값은 내략 1m 성도라고 판단이 되고 있다. 따라서 앞차만을 포착한다는 한정된 조건 하에서는 고정밀도를 유지하지만 가령 자동차나 벽 가까이에 있는 보행자나 자전거 등을 검출하는 것은 불가능한 것이다.

이것이 79GHz대의 경우 위치, 이동방향 내지 속도의 검출까지를 하나로 합친 고정밀한 센싱이 가능하게 되고 복수의 목표물을 각각 인식할 수 있게 된다. 가령 교차점에서 왼쪽으로 선회할 때에 횡단보도의 대향 차선측으로부터 건너오는 보행자가 있다고 가정하자. 이때 보행자의 뒤(연장선 상)에 대향 차선에서 신호를 기다리고 있는 정지 차량이 있는 경우 종래의 76/77GHz대라면 자동차와 보행자의 구별을 할 수 없고 정확한 지령을 산출할 수 없었다. 이것이 79GHz대에서는「보행자」와「자동차」를 각각으로 인식할 수가 있으므로 보다 치밀한 차량의 제어를 기대할 수 있도록 된 것이다.

그리고 유럽에서는 24GHz대의 전파가 2012년 사용할 수 없게 된 것도 79GHz 레이더를 서두른 이유이다.

카메라/레이저 센서의 현주소

근거리는 광학계통의 센서인가?

차량 탑재용 근거리 레이더의 개발이 한창인데 「전파가 아니더라도 괜찮다」라는 사고방식도 있다. 구체적인 예를 들어 광학계통의 디바이스를 사용한 대진표를 보도록 하자.

글 : 나오토 니시무라(Nishimura Naoto) 사진 & 그림 : Daimler / Continental / ibeo / SUBARU

STEREO CAMERA

현재의 차량에 탑재되는 카메라는 CCD가 아니라 CMOS 기술을 이용한 것이 주류이다. 기술은 일취월장하고 있다. 카메라는 좌측 아래의 연속 사진처럼 정보를 파악하고 ECU는 커다란 화상처럼 윤곽(edge)이 강조된 화상으로서 인식한다. 이것은 Mercedes Benz의 예이다.

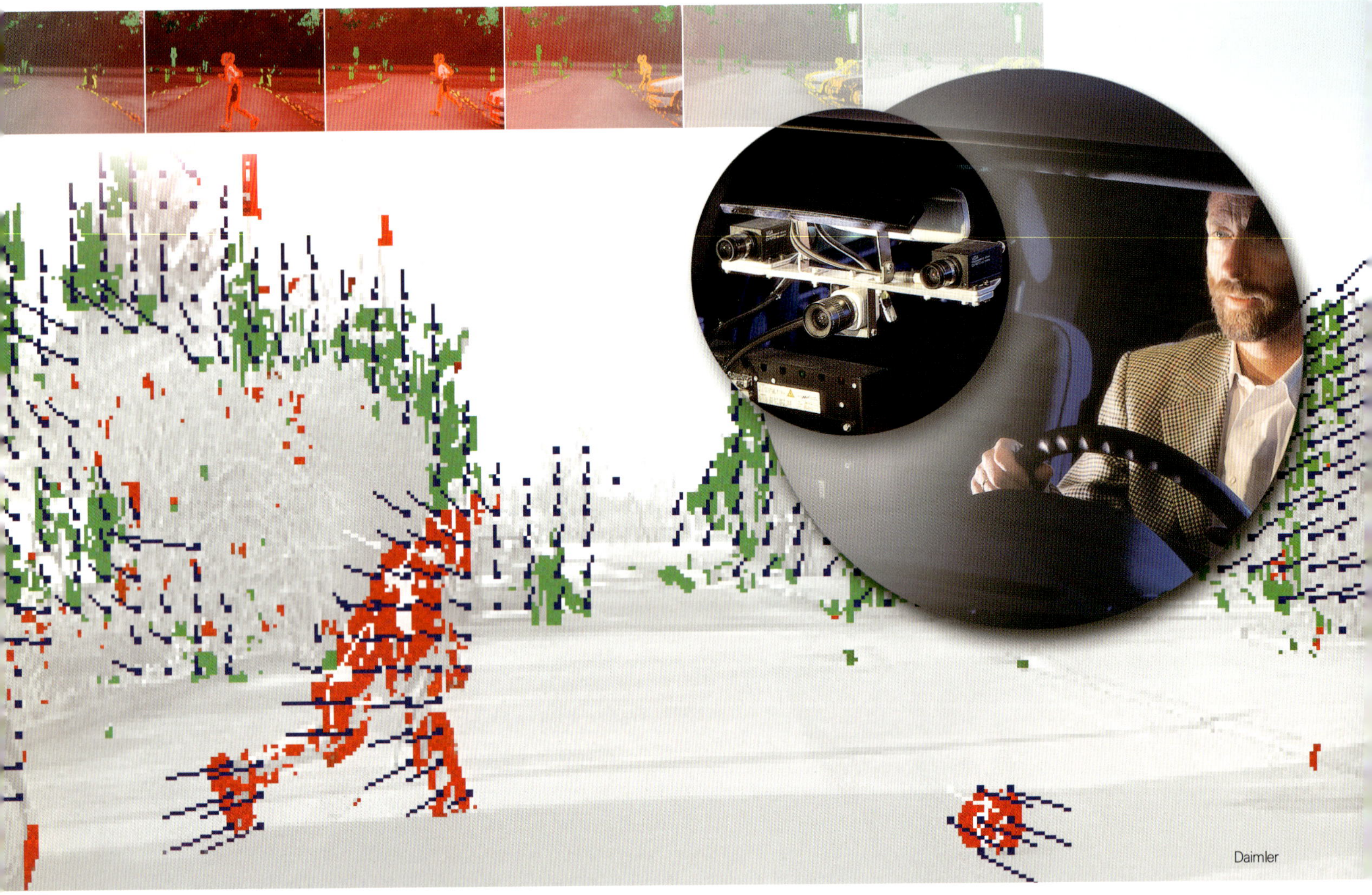

Daimler

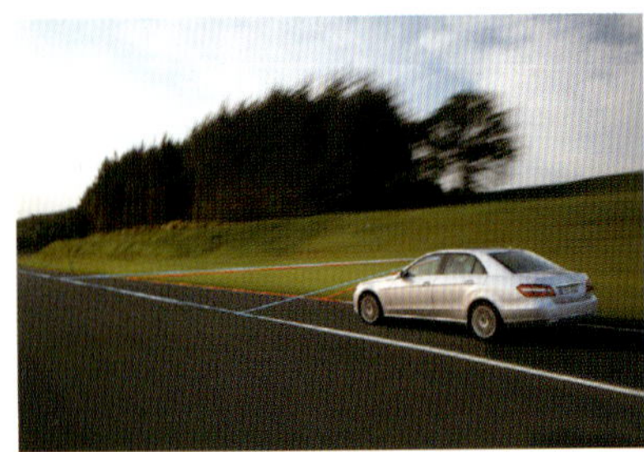

사진은 Mercedes Benz의 예이다. 「콘트라스트가 분명한 것에 강하다」「edge의 검출성이 뛰어나다」라는 특성으로부터 짙은 회색의 노면 차선을 판독하는 차선 유지 장치에는 카메라가 적합하다는 것이 대부분 메이커들의 공통적인 견해인 것 같다. (Daimler)

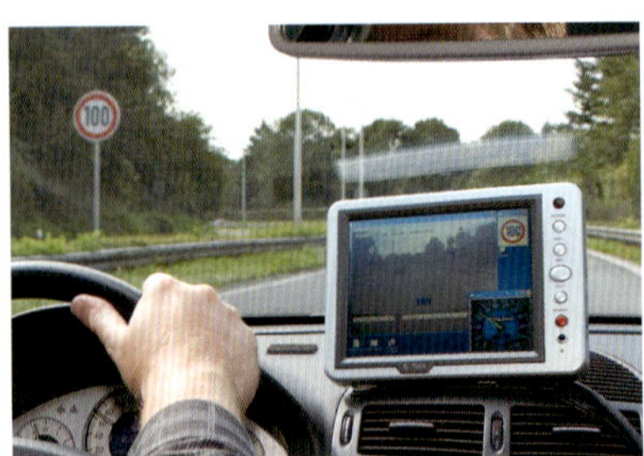

유럽에서는 일본의 ITS와 같이 「차량 탑재 정보기기와 연동시킨다」라기 보다는 즉시 효과가 있는 해결책으로서 간과할 가능성이 있는 표식 종류를 카메라로 파악하고 그것을 경고음과 함께 차량 탑재 모니터로 표시하여 운전자에게 주의를 환기시킨다는 시스템의 가능성을 탐색하고 있다.(Continental)

SUBARU

SUBARU

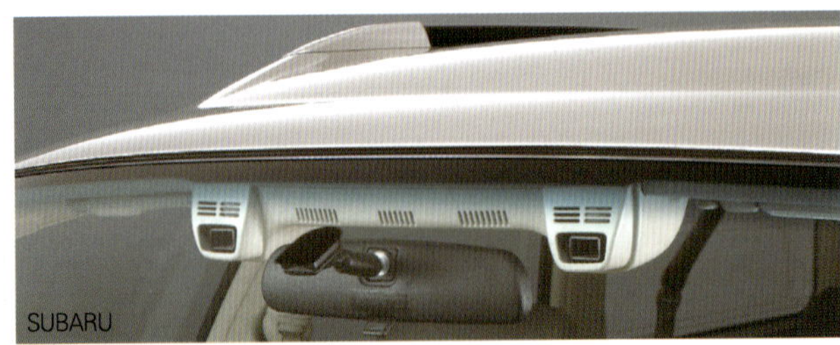

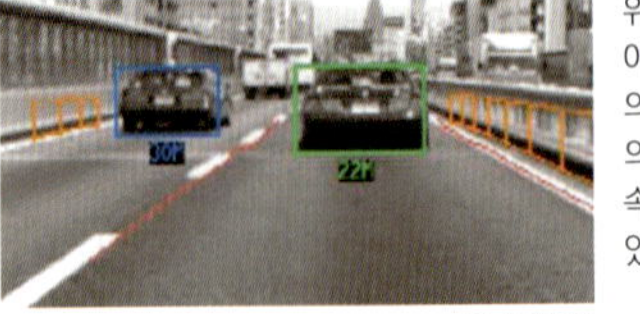

위는 본문에서 다루고 있는 Subaru의 「ADA」이다. 최신 「아이사이트(Eyesight)」와 디바이스의 외관상 차이는 적다. 왼쪽은 최신 「Eyesight」의 카메라로 찍은 화상인데 차간이나 상대방의 속도, 차선 등 한꺼번에 다양한 정보를 검출하고 있는 것을 알 수 있다.

● LASER SENSOR(LASER RADAR)

레이저 광을 조사하는 이미지이다. 물론 레이저 센서에서 발사되는 레이저 광은 눈으로 볼 수 없다. 상당히 광범위하게 조사할 수 있다는 것을 알 수 있다. 실제로는 1개의 레이저 광을 미묘하게 각도를 바꿔가면서 연달아 조사하고 있는 것이다.(ibeo)

예전에는 방대한 상자 형태의 디바이스라는 인상이 있었지만 소형·경량화가 진행된 현재는 레이저 센서의 장착 위치는 차량에 탑재되는 레이더의 그것과 같다. 일본의 경자동차 클래스에도 적용이 가능하다고 한다.(ibeo)

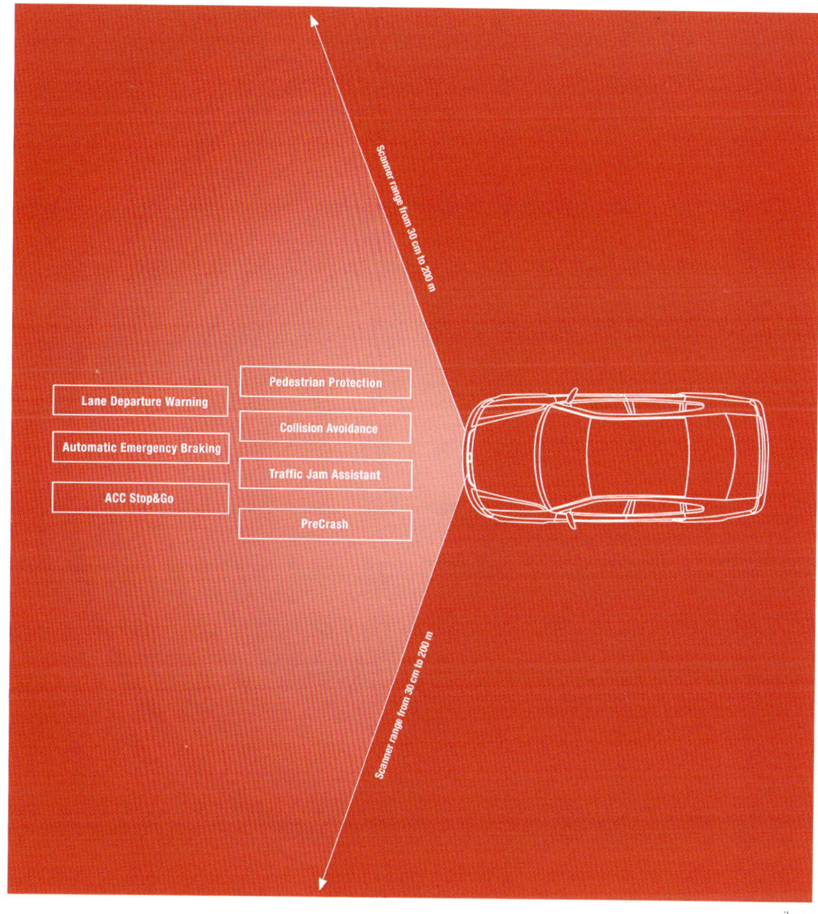

이베오에 의하면 자사의 「ALASCA XT」의 구체적인 탐사 거리는 30cm~200m 이다. 「최단 30cm」라고 하는 근거리 성능은 특히 Pre-Crash관련 장치나 보행자 탐지에 유리하게 작용하는 센서라고 말할 수 있는 것은 아닐까?

● ibeo ALASCA XT

ibeo의 「ALASCA XT」는 현재의 대표적인 레이저 센서의 하나이다. 레이저 발진기와 수신기를 튜브 형상의 본체에 넣었다. 레이저 센서로는 정통파 스타일이다.

밀리미터파나 레이저 센서 이외에도 "전파의 눈"이 아닌 "전자의 눈"도 존재한다. 그것이 CMOS나 CCD를 센서로 활용한 전자 카메라이다. 그 표본이라고 하는 시스템이 Subaru에 있다. 2008년 5월 선대 Legacy 최후의 minor change, 소위 「최종형」에 채용된 「아이사이트」이다. 룸미러에 걸치듯이 배치된 2개의 가메라 영상 해석 데이터를 프리 크래시 세이프티나 ACC의 제어 등에 피드백시키는 것으로 시스템을 성립시키고 있다.

그렇다고 해서 이 시스템이 갑자기 실용화된 것은 아니다. 개발은 버블기인 1989년에 스타트했고 실용화가 된 것은 그로부터 10년 후인 1999년 5월이다. 3세대 Legacy Lancaster(현 Outback)에 탑재된 「ADA(Active Driving Assist)」가 스테레오 카메라 방식에 의한 제 1호기가 된다. 아직 프리 크래시 세이프티라고 하는 개념이 침투하지 않았던 시대였지만 당시부터 Subaru는 스테레오 카메라만으로 전방의 차량이나 장애물을 판단하고 운전자에게 회피 동작을 독촉하는 시스템을 실용화하고 있었던 것이다.

그러나 2003년 8월 「ADA」는 스테레오 카메라만의 방식에서 전환하여 밀리미터파 레이더를 융합시킨 새로운 시스템으로 이행하였다. 더욱이 2006년에는 「ADA」파생의 전차속 추종기능을 부착한 크루즈 컨트롤이며, 카메라를 사용하지 않고 레이저 레이더의 단독으로 작동을 하는 「SI 레이더 크루즈 컨트롤」을 투입하였다.

이처럼 스테레오 카메라만으로 데뷔한 「ADA」는 「밀리미터파 레이더와의 융합형」이나 「레이저 레이더 단독형」이라는 파생 시스템을 만들어내고 최신의 「아이사이트」에 이르고 있다. 언뜻 보면 방침이 흔들리고 있는 듯이 생각되지만 Subaru는 처음부터 카메라 방식의 어드밴티지를 이해한 후에 밀리미터파 레이더와의 융합에서 얻어지는 사물의 형상과 레이저 레이더 방식의 우위성 등을 검증해 가면서 모든 것이 능가할 것 같

은 최종형을 스테레오 카메라 방식으로 만들어 내고 싶었던 것이리라.

룸미러를 껴안는 듯 하는 형태로 기록화소수 30만 화소의 카메라(CCD 방식)를 좌우로 나눈 「아이사이트」의 스테레오 카메라는 전방의 상황을 관측점이 다른 입체 데이터 작성용의 기본 영상으로서 받아들인다. 최근에는 휴대 전화에서도 800만 화소 이상을 자랑하는 기종이 있지만 「30만 화소라도 시스템을 작동시키기에는 충분하다」(Subaru 차량연구실험 제3부/시바타 에이지(柴田英司))라고 한다. 덧붙여 말하면 Back view 카메라 등도 30만 화소 타입이 많다.

스테레오 카메라에서의 입체영상은 Hitachi 제작소와 공동으로 개발한 「3D 화상처리 엔진」을 통하여 다양한 정보로 분류된다. 전방의 차량이나 보행자 등에 대해서는 형상을 인식할 뿐만 아니라 자차에서 얼마만큼 떨어져서 동시에 정지하고 있는지 또는 어느 방향으로 이동하고 있는지 등 세세한 정보도 수집한다.

전파가 아니고 스테레오 카메라 방식에 의한 화상 해석법을 채용한 「아이사이트」의 또 하나의 이점은 시스템 지체가 15km/h 이하의 저속 영역에서도 작동을 한다는 것이다. 이것은 느릿느릿 주행하는 정체구간의 통과시에도 작동한다는 것을 의미하고 있다.

at random TOPICS

레이더의 사정을 알아보자

차량 탑재형 레이더의 주변 사정을 알아보기 위한 키워드가 몇 개 있다.
거기서 파악해 두고 싶은 사상(事象)을 무작위로 해설해보자.

글 : MFi   사진 : Daimler / Bosch / Continental / MFi

◉ 레이더의 최적인 용도

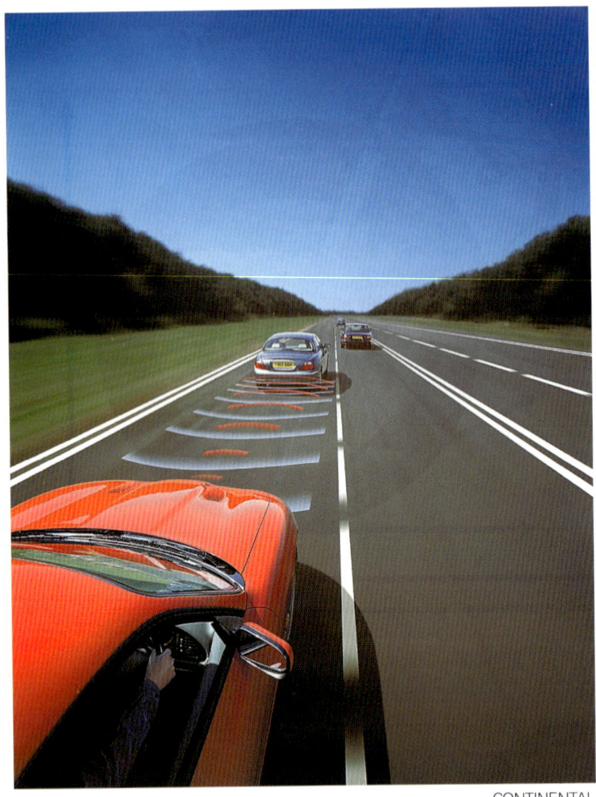

CONTINENTAL

위 그림은 Mercedes Benz 에 의한 각종 센서의 탐사범위를 나타낸 것이다. 여기서는 200m를 최대거리로 생각하고 있다(고속도로의 제한속도 사정의 차이에서 일본은 150m 부근으로 상정하는 경우가 많다). 반대로 최단거리는 20cm. 200m 이상의 거리에 레이더는 적합하지 않다.

	근거리 레이더	장거리 레이더	레이저 레이더	초음파 센서	비디오 카메라	스테레오 카메라	원적외선 카메라
검출 범위 2m 미만	+	○	○	++	−	++	−
검출 범위 2~30m 미만	+	++	++	−	−	○	−
검출 범위 30~150m	n.a.	++	++	——	−	−	−
각도 검출 10도 미만	+	+	++	−		+	++
각도 검출 30도 초과	○	−	++	○		+	++
각도 분해능	○	○	++	−	++	+	++
직접 속도 검출	++	++	++	○	——	——	——
우천 성능	++	+	○	○	○	○	○
안개, 눈 내릴 때의 성능	++	++	−	+	−	−	○
센서가 오염된 상태에서의 성능	++	++	○	++	——	——	——
나이트 비전	n.a.	n.a.	n.a.	n.a.	−	○	++

++ : 최적 / + : 좋은 성능 / ○ : 가능하지만 결점 있음 / − : 다른 기재와의 병용에 의해 가능
—— : 불가 / n.a. : 부적합

(Mercedes Benz 발표 자료로부터 작성)

왼쪽 표는 각종 센서의 적합·부적합을 일람으로 정리한 것이다. 각 레이더의 적합한 용도뿐만 아니라 의외로 광학계통의 센서가 유망하다는 것도 알 수 있다. 광학계통과의 융합이나 병용이라는 수단이 유망시 되고 있는 이유를 잘 알 수 있다.

◉ 레이더의 기본 원리

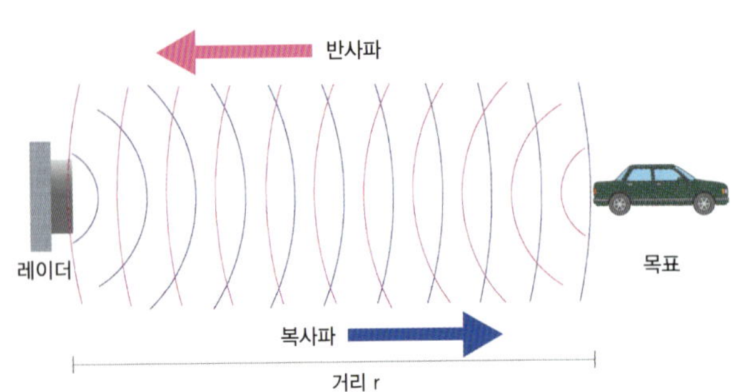

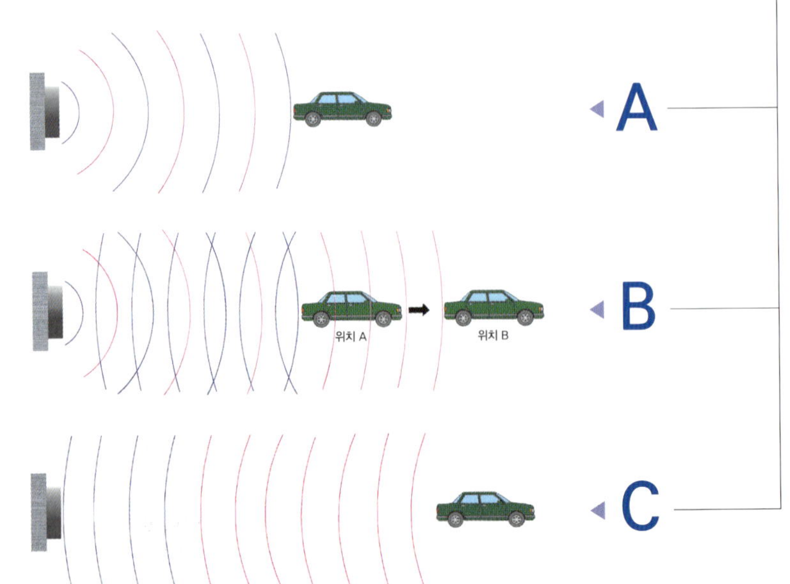

흔히 알려진 바와 같이 레이더라는 것은 "전파의 메아리(산울림)"를 이용한 것이다. 레이더는 위의 그림처럼 송신기에서 전파를 송신하고 전파가 목표에 닿아 수신기로 되돌아온 시간으로부터 목표와의 거리를 산출한다. 그러면 목표의 속도는 어떻게 측정할까? 전파의 기본적인 이야기를 하기 위해서는 지면이 부족하므로 과오를 무릅쓰고「이미지」로 해설한다. A 그림, 레이더는 청색과 분홍색의 2개의 파를 내고 있다. 목표가 위치 A로부터 위치 B로 이동하면 청색 파는 위치 A에서 먼저 수신기로 되돌아가고 분홍색 파는 위치 B까지 뒤쫓아 간다(B 그림). 레이더로 돌아온 청색의 파와 분홍색 파의 수 차이를 측정하는 것으로 목표의 위치 A에서 위치 B까지의 이동량을 측정하는 것이 가능하다는 것이다(C 그림). 실제로는 레이더가 매번 측정한 목표와의 거리를 미분하여 구하고 있다. 다시 말하면 자차도 움직이고 있기 때문에 그 속도도 생각하지 않으면 안 된다. 이 자차의 속도는 차륜 속도 센서로 측정한 데이터를 사용하는 것이 일반적이다.

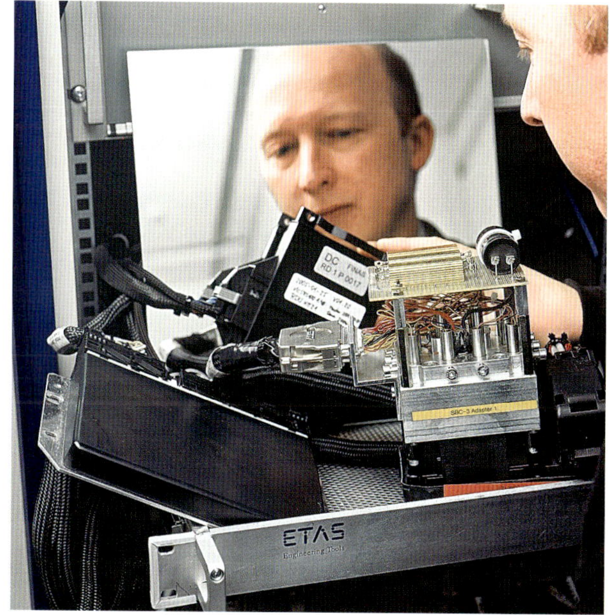
CONTINENTAL

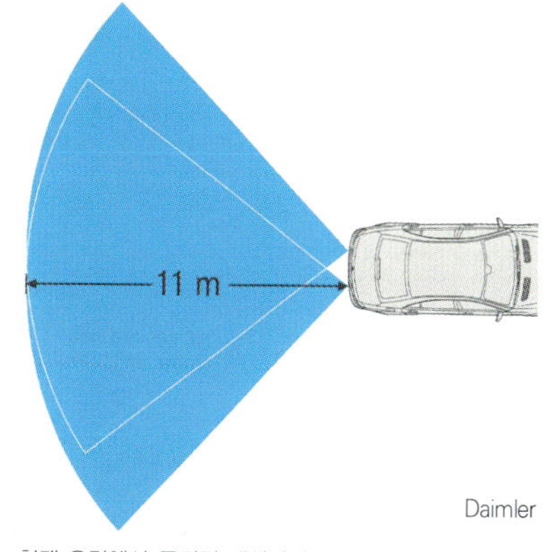

Daimler

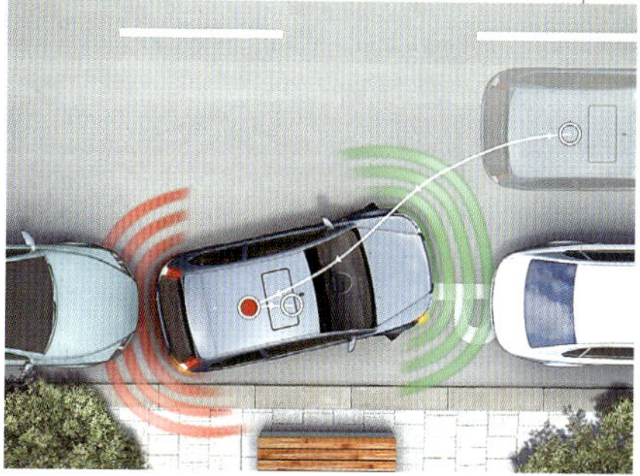
BOSCH

현재 유럽에서 근거리 레이더의 표준으로 간주되고 있는 24GHz대의 주파수 전파는 천문대 전파와 겹쳐지는 이유도 있어 2012년부터 사용 허가의 효력이 없어졌다. 그것을 대신할 후보가 77~81GHz대여서 유럽에서는 79GHz대의 근거리 레이더 개발이 급선무가 되었다. 그러나 후방으로부터의 추돌 경보나 차고에 입고 목적에 사용하는 정도라면「다른 수단으로도 괜찮은 것은 아닐까?」라는 소리도 있다. 왜냐하면 주파수대가 높아질수록 반도체의 가격도 높아지기 때문에 보급에 곤란을 겪게 되기 때문이다. 안전장치는 보급시킬 수 없으면 의미가 없다.

◉ "전자의 눈"에는 이렇게 보이나?

BOSCH

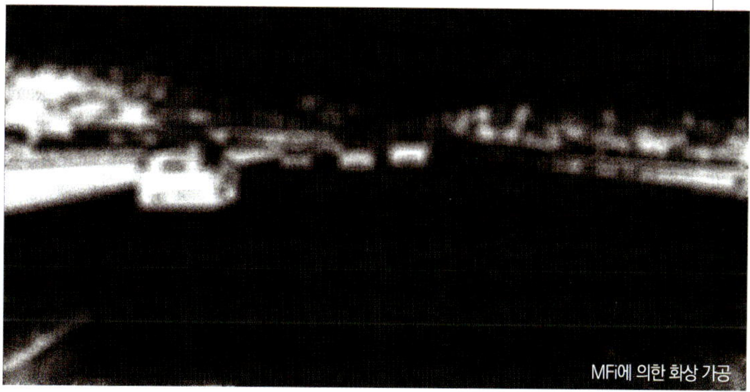
MFi에 의한 화상 가공

왼쪽은 BOSCH에 의한 스테레오 카메라로 찍은 화상의 사진이다. 차재 카메라에서의 정보는 육안으로 보는 것과 큰 차이가 없다. 오른쪽은 같은 정보를 장거리 레이더로 찍은 상상화로서 이것은 MFi 편집부가 레이더 관련 기술자들의 조언을 얻어 가공한 것이다. 아무래도 레이더(엄밀하는 레이더의 ECU)에는 목표가「어른거리는 하얀 물체」로 보이는 듯하다. 이것도 엄밀하는 디지털 맵으로 인식하고 있기 때문에 ECU가「보고」있는 것은 사실은 숫자의 나열일 것이다.

◉ 소형·경량화 그리고·········

1974 **1981**

BOSCH

BOSCH

MFi

위의 왼쪽과 중앙의 사진은 BOSCH의 차재 레이더 시험차량이다. 최초에는 마치 한 10년 전의 SF영화의 비밀병기와 같이 파라볼라(parabola) 안테나가 돌출하여 미래의 전망이 불안하였다. 그러나 1980년대에 들어오면서 이미「실용」을 예감시킬 정도로 소형·경량화가 된다. 오른쪽은 HONDA의 CMBS에 사용된 HONDA ELESYS 레이더이다. 아래의 검은 상자가「03 모델」이라고 불리는 2003년 등장한 최초 기형이고 위의 검은 상자는「06.5 모델」이라고 불리는 2006년 등장한 신형이다. 3년 정도의 진화 정도를 이해할 수 있다. 현재, 소형·경량화와 함께 중요한 것은 보급을 위한 비용의 절감이라고 한다.

ITS를 이용하는 예방안전

자차 센서의 한계를 초월하는

「하늘의 눈」「도로의 눈」으로 자동차가 똑똑해질 수 있을까?

Chapter 3

보다 멀리 바라볼 수 있다면 그만큼 안심을 하게 된다.
외부에서 자동차로 정보를 제공함으로써 안전운행을 지원하려는 시도는 세계 각지에서 일어나고 있다.
「정보의 과다」에 빠져 들지 않고 정말로 필요한 정보를 필요할 때 제공하는 것이다.

글 : 마키노 시게오(Shigeo Makino)　사진 & 그림 : CONTINENTAL / Daimler / FUJI HEAVY INDUDTRIES / NISSAN

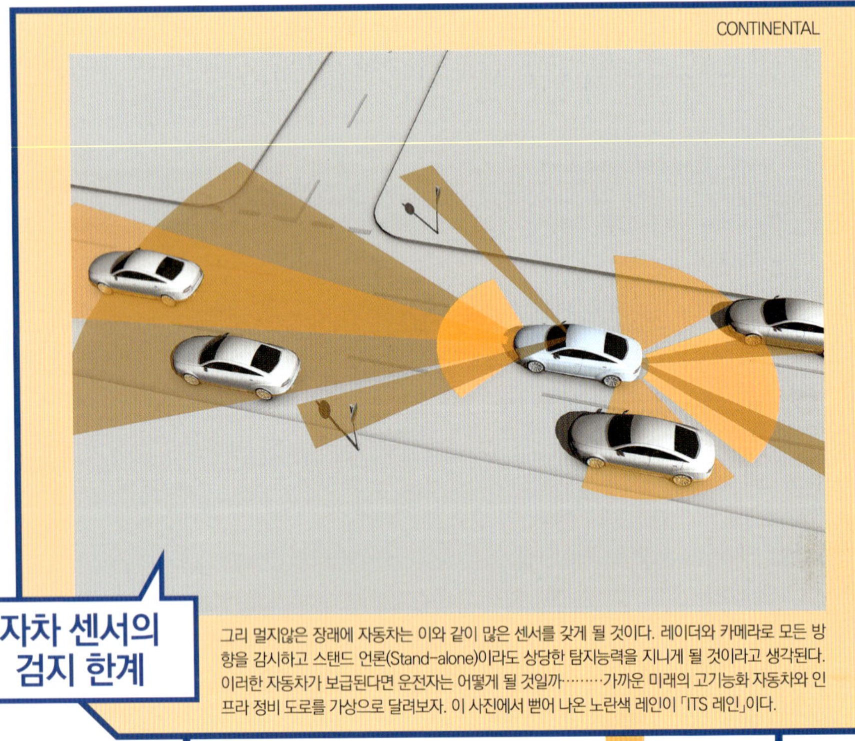

자차 센서의 검지 한계

그리 멀지않은 장래에 자동차는 이와 같이 많은 센서를 갖게 될 것이다. 레이더와 카메라로 모든 방향을 감시하고 스탠드 얼론(Stand-alone)이라도 상당한 탐지능력을 지니게 될 것이라고 생각된다. 이러한 자동차가 보급된다면 운전자는 어떻게 될 것일까⋯⋯ 가까운 미래의 고기능화 자동차와 인프라 정비 도로를 가상으로 달려보자. 이 사진에서 뻗어 나온 노란색 레인이 「ITS 레인」이다.

스테레오 카메라나 레이더라는 자차 센서를 사용하면 이러한 전방/전측방의 위협을 살펴 알 수 있다. 앞이 탁 트인 도로라면 도로측 인프라의 지원이 없어도 접근 경보와 자동 브레이크에 의한 사고 회피는 가능하다.

보도가 정비되어 인도와 차도의 분리가 철저하다면 자동차와 보행자의 접촉사고는 감소한다. 일본에서 보행자 · 자전거 사고가 많은 최대의 이유는 인차혼연(人車渾然)이라는 도로 환경에 있다. ITS 이전에 도로의 정비 방법도 재검토하지 않으면 안 되지만 이미 늦어버린 것은 아닐지⋯⋯

주의해야할 장소를 내비게이션이 알려준다.

■ 내비게이션 주의 환기 기능

가나가와현과 요코하마시를 중심으로 실시되고 있는 대규모 ITS 실험 「스카이 프로젝트」에서 시험해 보고 있는 초등학교 주변에서의 서행 환기 경보이다. 내비게이션 화면에 표시하거나 음성으로 경고한다. 서행이 필요한 장소라면 노면에 과속방지턱을 설치하는 방법도 있다.

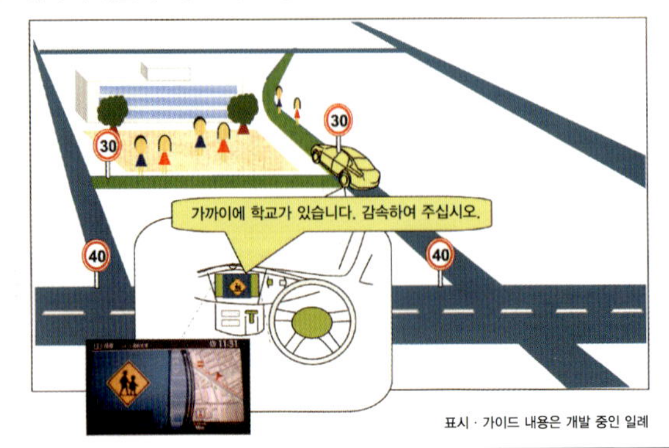

야간, 하물며 커브 길 위 등 헤드라이트의 조사 범위 밖에 장애물이 있는 경우는 운전자가 장애물을 확인한 시점에서는 이미 회피에 충분한 거리를 확보할 수 없는 경우도 있다. 레이더는 자차 전방의 좁은 범위(20° 정도) 이외에는 감시할 수 없는데 더욱이 금속제도 아닌 반사면적이 작은 보행자나 자전거는 탐지하기 어렵다.

스티어링에 연동하여 조사 방향이 변화되는 헤드라이트는 이러한 상황에서 매우 유효한 장비이다. 그러나 운전자 쪽에서 보아 블라인드 코너(Blind corner) 앞에 이러한 장애물이 있는 경우는 빛이 닿지 않는다. 고장 자동차 정보를 내비게이션에 표시시키는 방법도 있는데 발연통(發煙筒)을 피워서 주위에 알리는 원시적인 방법도 유효하다.

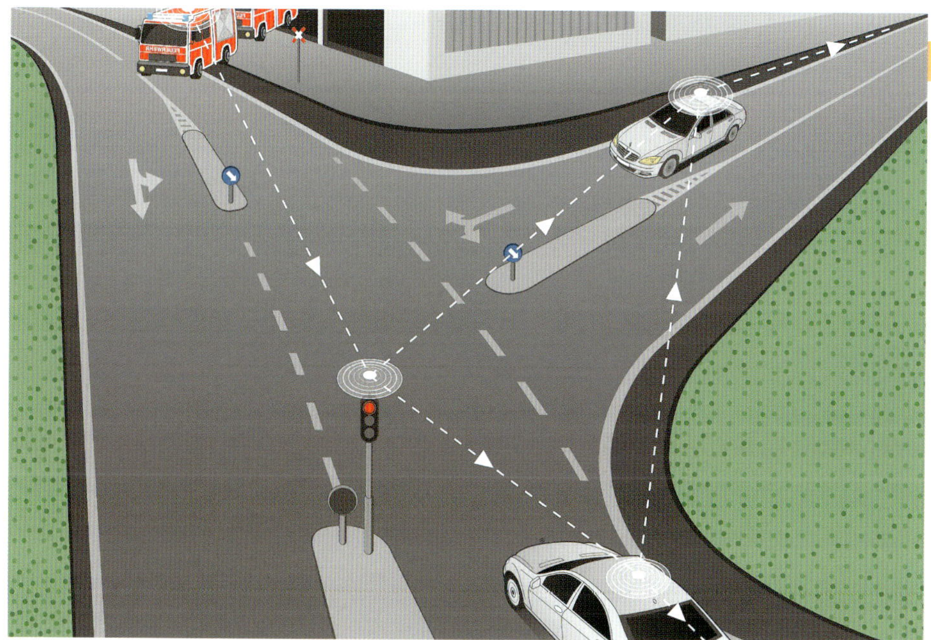

일본에서는 경찰청이 DSSS(Driving Safety Support System ; 안전운전 지원시스템) 레벨 II를 실험중이다. 도로 측의 광비콘에서 자차 주변의 도로 규제 및 접근 자동차의 정보를 발신한다. 앞으로 어떠한 정보를 제공할 지는 미정이지만 이것에 자동차와 자동차간 통신이 추가되면 상당량의 데이터를 제공할 수 있을 것이다. 단, 도로 측 인프라의 정비가 필요하게 된다.

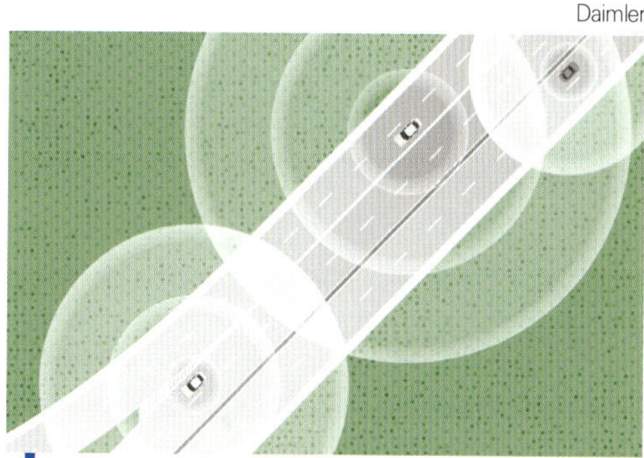

개개의 자동차가 정보를 모아서 관리센터로 보내는 Probe Car 방식은 자동차 메이커의 카 내비게이션 서비스로 실시되고 있다. 이것에 근거리 자동차와 자동차간 통신을 추가하면 일종의 인프라로 된다.

나이트비전은 이미 실용화되고 있어 레이더와 조합시키면 효과는 상승하지만 문제는 비용이다. 이 사진과 같은 상황에서는 GPS 휴대도 도움이 될 것이다. 센싱의 복합회로 대응이 가능찰까.

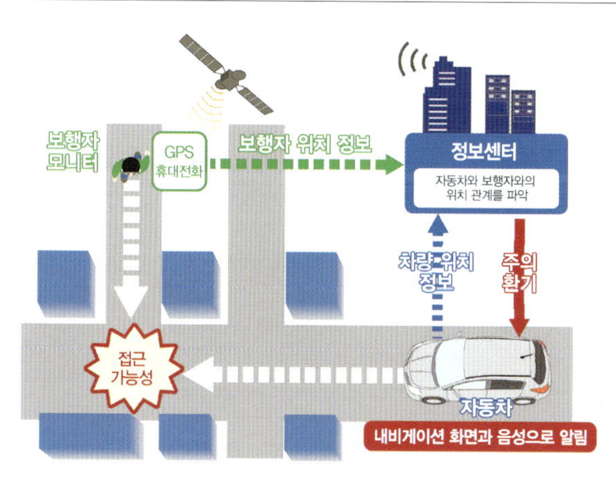

GPS가 있는 휴대 전화를 소지한 보행자의 접근을 자동차에게 알리고 내비게이션 화면과 음성으로 주의를 환기시키는 시스템이다. 이미 실험이 실시되고 있지만 실용화된다면 대도시에서는 경보가 항상 울리는 상태가 계속될 것이다. 프라이버시의 문제도 있다.

Daimler

Daimler

「전방에 사고발생」 「전방 정체 중」의 정보를 운전자에게 알려주기 위해서는 인프라 측의 지원이 필요하다. 그러나 도로와 자동차/자동차와 자동차간의 통신분만 아니라 사고 현장을 어떻게 바르게 특정할 것인가가 문제이다. Nissan의 카윙스(Carwings)나 Honda의 인터내비 · 프리미엄 클럽(internavi Premium Club)과 같이 서비스 가입 자동차를 Probe car에 이용하고 정보를 수집하는 수단도 있다. 혹은 긴급차량이 전파를 발하면서 주행하거나, 인프라 부담이 가장 가벼워지는 방법을 찾을 필요가 있다.

일본에서 증가되고 있는 고속도로의 역주행. 인프라 측이 역주행을 탐지하여 내비게이션으로 알리는 방법도 있지만 우선은 「왜 역주행이 일어나는지」를 검증해야 한다. 원인의 구명(究明)없이 유효한 대책을 세울 수 없기 때문이다.

Daimler

Nissan Carwings의 실용 예이다. 회원이 그대로 Probe car가 되어 정보를 공유하는 커뮤니티적인 정보의 전달이지만 적극적인 의지를 가진 회원이 많이 모집된다면 틀림없이 어설픈 인프라를 완전히 뛰어넘을 수 있을 것이다.

NISSAN

자동차에게 어떤 정보를 어떻게 주어 지식의 힘을 높일 것인가?

이 도로의 전방은 지금 어떤 상태인가? 정확한 정보를 꼭 정확하게 맞는 타이밍에 운전자에게 제공할 수 있다면 혹은 운전자가 「지금 원한다」라고 생각하는 정보를 제공할 수가 있다면 그것은 그대로 운전 지원으로 연결된다. 완전한 자유의 지로 움직일 수가 있는(운행 관리가 되지 않는) 마이카(My car)는 계속해서 Stand alone의 입장에 놓여져 왔다. 라디오의 교통 정보만이 의지가 되었던 시대는 길었다. 일본에서는 도로교통 정보의 제공이 VICS(Vehicle Information and Communication System ; 건설성/우정성/경찰청에 의한 도로와 자동차간 통신 시스템으로서 1995년 7월에 시작됨)로 일체화 된 이후 처음으로 적시의 교통정보를 입수할 수 있게 되었다. 이것에 카 내비게이션의 보급과 DRG(Dynamic Route Guidance system)의 진보로 예기치 못한 정체에 휩쓸리는 스트레스는 충분히 감소되었을 것이다.

그리고 현재 자동차는 「교통 사회의 일원」으로서 ITS라는 틀(결코 시스템은 아니다) 안으로 집어넣으려고 하고 있다. 교통사고 발생원이라는 점과 에너지 소비원이라는 마이너스 면에서 완전한 Stand alone이라는 것은 차츰 허용할 수 없게 되었다. 과거 반세기 이상 계속된 「신호기에 의한 교통관제」 분만 아니라 처음으로 마이카가 도로 측의 데이터에 의하여 관제되려고 하고 있다. 그 배경에는, 교통의 흐름 전체에서 사고의 리스크를 적게 하거나 정체 발생을 억제할 수 있다면 사회 전체로 인적 손실이나 사고, 정체에 의한 에너지 손실, 시간의 낭비를 감소시킬 수 있게 될 것이라는 기대가 있다.

ITS 이용에서는 자동차에 도로와 자동차/자동차와 자동차 간의 통신 기능을 갖도록 하는 것이 필수이다. 일본의 VICS는 독립전파/광/FM다중 이라는 3개의 미디어를 사용하는 세계에서도 보기 드문 도로와 자동차간 통신수단이지만 앞으로의 비전이 좀처럼 보이지 않는다. 세계적 조류인 DSRC(Dedicated Short Range Communication=전용 협역 통신/이미 ETC로 사용되고 있다)로 나아갈 것인지 그렇지 않으면 지상 디지털 TV 방송(Digital Terrestrial Television Broadcasting)화에 의하여 비어있는 TV 전파대(700MHz대)를 이용할 것인지, 필자가 취재한 바로는 총무성이 선전할 정도인 아날로그 텔레비전 전파대인 700MHz대에 대하여 많은 사람들은 그리 「유익하다」라고는 생각하지 않는 듯하다.

Continental

대형자동차의 사고는 주위가 말려드는 대형사고로 될 위험성이 높다. 또한 인프라 측의 지원이 사고의 발생을 미연에 방지해 주는가 하면 반드시 그렇지는 않다. 대형 트럭이야말로 카메라를 사용한 Lane keep system이나 레이더에 의한 PCS 충돌 피해 경감 브레이크가 필요하다. 각국의 ITS 구상 중에는 트럭 전용 레인을 설치하여 자동 주행시키고자 하는 프로그램이 많다. 사람과 자동차 분리의 다음은 대형트럭·버스를 분리하는 방향인 것일까. 그러나 간선고속도로가 편도 2차선인 일본은 어떻게 할 것일까‥‥‥‥

Continental

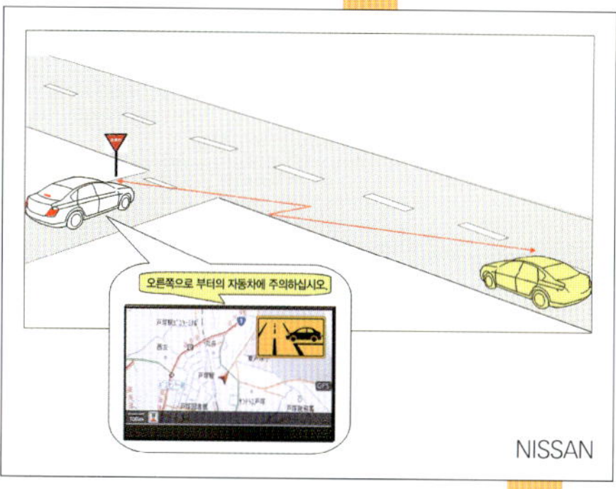
NISSAN

앞이 잘 안 보이는 시가지에서 마주치는 전방 사고를 방지하기 위한 인프라 협조는 이미 실용 단계에 있다. 그러나 도시 안에는 수많은 ITS 구상이 있어 모든 것이 겹치면 자칫「경보과다(警報過多)」가 될지도 모른다. 정보의 정리가 필요하다.

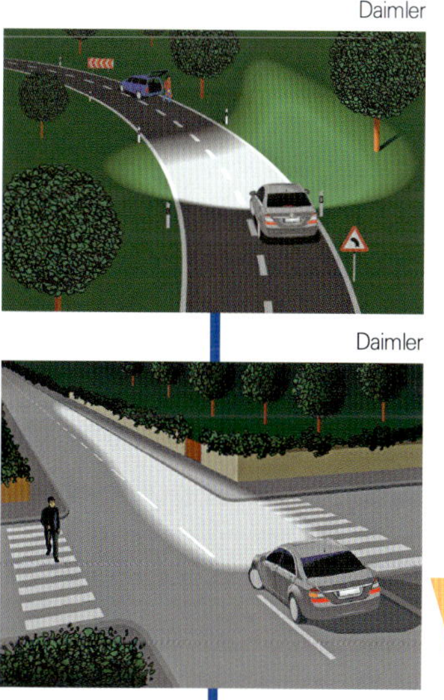
Daimler

Daimler

보도 정비가 잘 되어있는 도시에서도 횡단보도에서는 차와 사람이 일체가 된다. 야간에는 헤드라이트와 도시 불빛이 도움이 된다. 모든 보행자가 GPS를 휴대하고 있다면 차량으로의 통지도 효과가 있겠지만.
도대체 정보처리 측면에서는 어느 정도의 능력이 요구되는 것일까? 어쩌면 그래도 가로등의 설치비용보다는 싸다. 결국, 운전자의 주의력이 최대의 무기인 것이다. 보행자나 자전거를 타는 사람들이「이어폰으로 음악을 들으며 휴대전화로 메일도 하는 등」주위에 대해 부주의한 상황을 어떻게 해서 지기관리를 해 나갈 것인가?

여하튼 ITS화에 있어서는 얼마간의 인프라 정비가 필요하다. 유럽에서의 ITS 사업은「인프라 정비를 최소한에 머물게 한다」는 발상인데 반해 토건(土建)국가 일본은「인프라는 있어야」라는 발상이 아직 뿌리가 깊다. 비용 대비 효과를 명확히 하지 않는 한 과도한 인프라 정비를 하면 안 되지만 정치가는 국민의 합의를 얻으려고도 하지 않는다. 이것이 최대의 문제이다.

분명히 ITS라는 틀이 초래하는 가능성은 클 것이다. 그렇기 때문에 현재는「마주치는 전방 사고 방지」「초등학교 부근에서의 슬로다운」이라는 개별적인 예가 선행되고 있는 상태에서 도로교통과 사회전체의 그라운드 디자인으로 설계도를 확대하지 않으면 안 된다. 우선은 사상성, 콘셉트가 중요할 것이다. 콘셉트가 명확하지 않으면 모처럼의 정보가 운전자의 지력(知力)으로 되지 못하고 정보의 뒤섞임이라는 사태에 이를 위험성도 있다. 이것은 총무성 VS 국토교통성 또는 경찰 VS 총무성이라는 영역 경쟁으로서는 절대로 해결되지 않는다.

단, 진심으로 ITS화를 진행하고자 결정한다면 재원의 문제는 그다지 걱정할 필요가 없다. 일본의 국가 예산은 일반회계가 80조엔(800조원) 정도이지만 특별 회계 등을 합산하면 총예산규모는 200조엔(2000조원)이다. 증세하지 않아도 재원은 있다.

ITS분야의 연구에 종사하는 엔지니어들은「자동차에 대하여 원천 기술을 그다지 갖고 있지 않은 일본이 유일하게 세계를 리드하고 있는 것이 ITS이다. 어느 의미로는 매우 일본적인 것이지만 거국적으로 해 볼 가치는 있다」라고 말한다. 확실히, 해 볼 가치는 있을 것이다. 그 결과 정말로 가치가 있을지 없을지를 검증하는 선택지(選擇肢)도 타당하다. 순서를 말하면 정말로 도로와 자동차간/자동차와 자동차간의 데이터 통신망을 인프라도 포함하여 정비해야 할 것인지 아닌지의 논의가 먼저이지만 운전자의 고령화나 평균적 운전자의 스킬 저하라는 지금 현재의 문제가 있다. 인간의 자기 보존 본능에만 의존하는 것은 위험 할지도 모른다.

Continental

미래에 센서를 가득 탑재한 하이테크 안전 자동차를 타고 드라이브할 때 자차만으로는 어떻게도 할 수 없는 상황에 얼마만큼 마주칠 것인가? 사람은 자신에 있어서 정말로 편리한 것을 무의식화하지만 어떤 장비를 우리는 환영할 것이고 어떤 상황을「위험하다」라고 느끼고 인프라 측에서의 대응을 구할 것인가? 이 페이지에서 소개하는 사례는 2020년에는 모두 보급되어 있을 가능성이 높은 것이지만‥‥‥‥

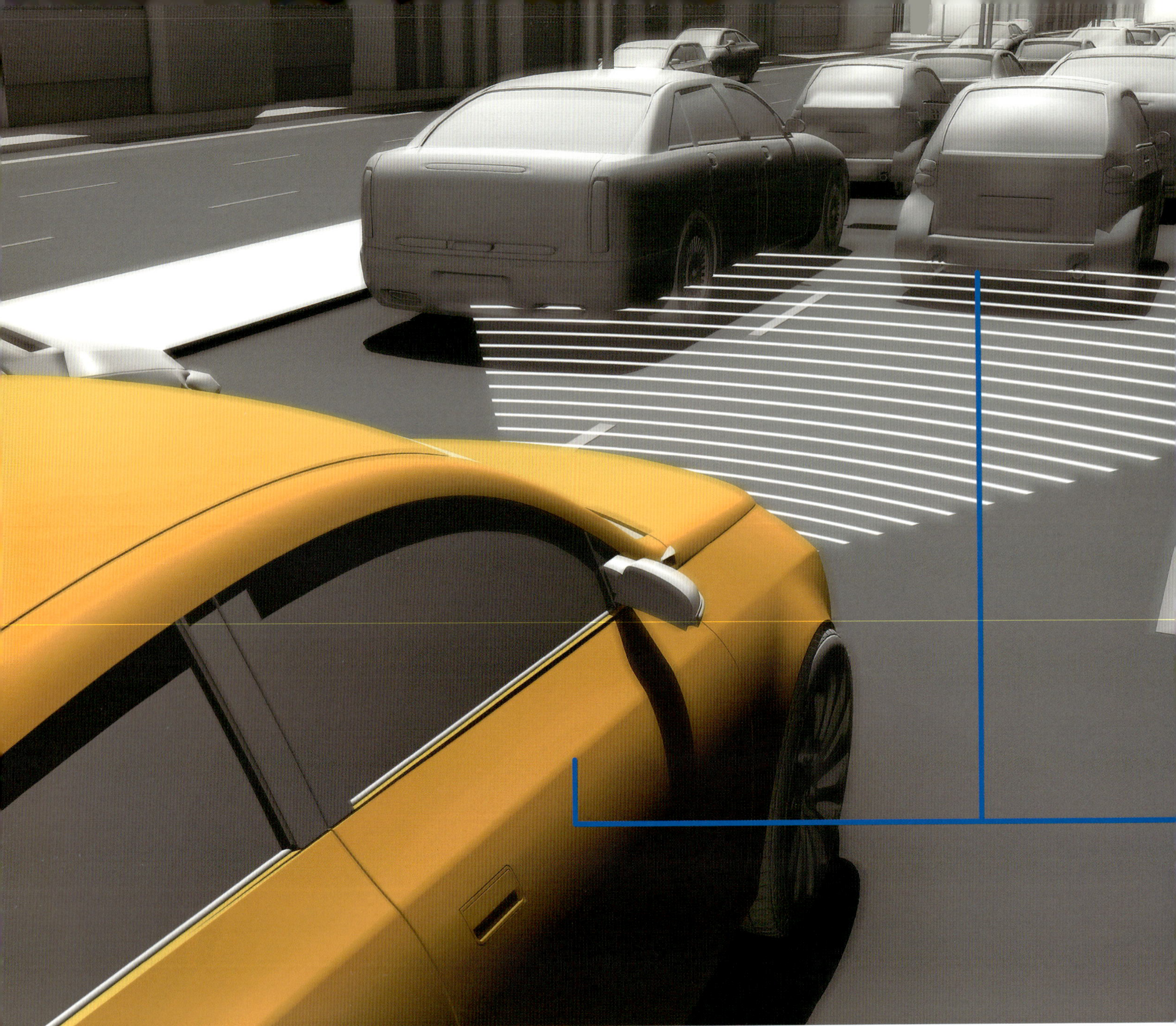

Epilogue

「과신을 불러온다」라는 성악설(性惡說)과
「인간은 실수를 한다」라는 성선설(性善說)
여하튼 매일 사고는 일어나고 있다

충돌 안전성의 분야에서는 무겁고 커다란 자동차가 유리하다.
바꿔 말하면 충돌안전은 EGO이며, 그래서 호환성(compatibility)의 사고방식이 생겨났다.
프리 크래시 세이프티는 충돌 직전의 사고 회피를 「운」에 맡기지 않고 인간이 제어하려고 하는 시도이다.
인간의 행동에는 「반드시 악의가 없는 실수가 따라 다닌다」라고 생각하면 이것은 성선설적인 시스템이다.

글 : 마키노 시게오(牧野茂雄) 그림 : CONTINENTAL / NISSAN

레이더 등 측거(測距) 센서를 이용하는데 있어서의 PCS 자동 브레이크 작동에 대해서는 몇 가지 룰이 있다. 일본에서는 국토교통성이 룰을 「기술지침」으로서 정하고 자동차 메이커 및 수입업자에게 통보하고 있다.

아래의 그래프는 PCS 자동 브레이크의 작동을 어떻게 판단할 것인가에 대하여 나타낸 것이다. 자차와 같은 차선을 주행하는 앞차가 있으며, 그 앞차와의 차간 거리가 짧아져가는 상태의 「한순간」을 추출한 것이다. 어느 순간에 앞차와의 차간거리를 측정하고 거기서 얻어진 데이터를 베이스로 「판단을 한다」는 사고방식이다.

「제동 회피 한계거리」는 운전자가 브레이크를 밟아 충돌을 피할 수 있는 차간거리의 한계를 말한다. 제동거리는 자차 속도의 제곱에 비례하기 때문에 이러한 2차 곡선으로 된다. 자차와 앞차와의 상대속도(속도차이)가 작을수록 브레이크에 의한 추돌을 피할 수 있는 가능성이 높아진다는 것을 나타내고 있다. 어느 순간에서의 상대속도를 알 수 있다면 급브레이크가 아닌 보통의 브레이크(국토교통성은 이렇게 규정하고 있다)로 피할 수 있는 한계는 Vr=상대속도(km/h), T=충돌 예측시간으로 한 「T=0.0167·Vr+1.00」의 식으로 계산하도록 정해져 있다.

다른 하나인 「조향 회피 한계거리」는 운전자가 조향 핸들을

PCS 자동 브레이크는 충돌 시의 피해를 경감하는 것이 목적이고 국토교통성은 「이 시스템이 운전자에게 과신하지 않도록 배려할 것」을 자동차 메이커에게 요구하고 있다. 「앞을 보고 있지 않아도 부딪치지 않는다」라고 과신하는 것을 꺼리는 것이다. 최대의 「과신」은 「위험할 때에는 자동적으로 멈추어 준다」는 것이다. 자동 브레이크 제어는 물리 한계(그래프에 나타난 회색의 영역)보다 바로 앞에서 우선 시작이 된다. 이것으로 안전하게 멈추어지는 것을 알아차리면 운전자는 「브레이크를 밟지 않아도 된다」 「자신은 아무것도 하지 않아도 된다」라고 점점 태만하게 된다. 국토교통성은 그렇게 생각하고 있다. 성악설적이지만 행정 측 입장으로서는 이렇게 생각하지 않을 수 없다는 것도 잘 알고 있다.

그러나 기술 지침에는 「자동 브레이크로 정지해서는 안 된다」라고는 명기되어 있지 않다. 「과신하지 않도록 하는 시스템이라면 시판 자동차에 채용해도 된다」라는 것이다. 그리고 자동 브레이크를 작동시키는 타이밍에서 운전자에게 무엇인가의 「경보」를 한다. 당초에는 이 두 사항이 필수였다.

그 밖에도 자동 개입 브레이크의 감속도가 5.0m/s²(0.51G) 이상이 되지 않으면 안 된다. 라든지 「경보」를 울리는 타이밍은 최종적인 자동 브레이크 개입 개시시점 TTC에 「경보에 대한 운전자의 반응시간」인 0.8초를 더한 수치를

단계에서 국토교통성에 대하여 프레젠테이션을 실시하고 시스템의 사고방식과 실제 기능의 작동 방법의 정보를 공개하였다. 그리고 전세계에 대하여 「동일한 시스템」을 제공할 의향인 것을 전하였다(시스템의 내용은 104~1050 페이지 참조). 다음해 2008년 초, VCC는 VCJ(Volvo Cars Japan)를 통하여 국토교통성과의 절충을 개시하였다. 유럽에서는 그 해 3월에 C/S5를 탑재한 XC60이 발매되었다.

우선 「경보」인데 국토교통성은 자동 브레이크가 작동하기 0.8초 전에 경보를 할 것을 요구하고 있다. 그러나 자차의 속도 30km/h이하에서 기능하는 C/S에 있어서 이 0.8초라고 하는 사전의 여유는 아주 일반적인 운전자가 「추돌 회피 조작을 할 수 있는 영역」에 들어가게 된다. 자차의 속도 100km/h라면 0.8초에 약 22m를 주행하지만 30km/h에서는 약 6.7m밖에 움직이지 못한다. C/S는 자차의 전방 6~8m라는 근거리에 있는 장애물에 대해서만 반응하기 때문에 그 바로 전 7m, 즉 여유 0.8초 이상에서 경보를 하면 장애물 검지 영역의 바로 앞이 된다. 만일 이 차간 거리에서 장애물과의 거리를 측정하도록 한다면 항상 경보를 하고 만다. 「운전자는 경보를 신용하지 않게 되거나 혹은 시스템 자체를 OFF시킨다」라며 VCJ는 국토교통성에 우려를 나타냈다. VCC로부터 여러 가지의 데이터를 가져오도록 하고 그것을

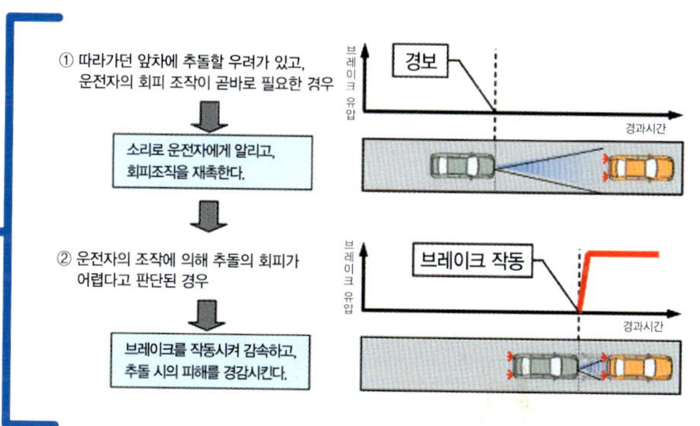

PCS 자동 브레이크의 작동 이미지

「이대로 운전자가 아무 조치도 취하지 않으면 추돌한다」고 판단되면 우선 경보를 한다. 그래도 운전자가 회피 행동을 취하지 않으면 자동적으로 브레이크가 작동된다. 국토교통성의 기술지침에는 자차의 속도가 30km/h이하의 저속 시에는 경보를 하지 않아도 된다.

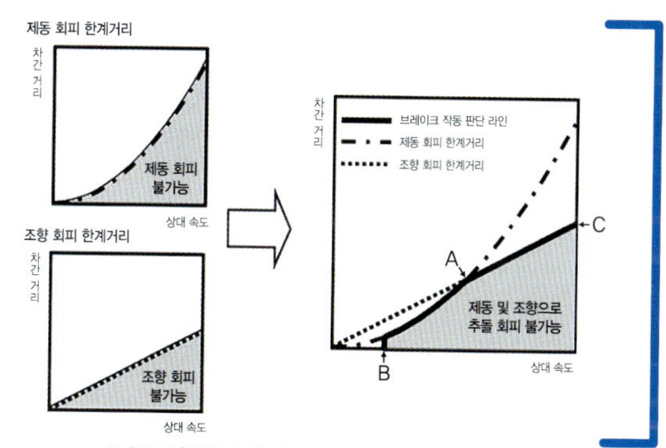

PCS 자동 브레이크의 작동 판단 라인

브레이크로도 조향으로도 피할 수 없다는 물리 한계가 우측 그래프의 회색 영역이다. A점은 TTC=0.6초이다. 자차와 앞차의 속도차이가 대단히 작은 B점 이하에서는 작동 판단은 하지 않는다. 경보 타이밍은 C라인을 그대로 위쪽으로 평행 이동하여 설정한다.

조작함으로써 추돌을 회피할 수 있는 차간거리의 한계를 말한다. 이것도 어느 한순간에서의 상대속도에서 구해진다. 급핸들이 아니라 「보통의 핸들 조작」으로 피할 수 있는 한계를 국토교통성은 「1.4초」로 정하고 있다. 어떤 상대속도라도 일률적으로 「1.4초」이므로 그래프는 직선으로 된다.

이 두 개의 그래프는 「보통면허로 운전할 수 있는 승차정원 10인 이하의 승용차」인 경우이고, 그 외의 카테고리에 대해서는 별도의 수식과 제한이 준비되어 있다. 그리고 자차의 진로에 대하여 앞차가 어떤 정도로 겹치고 있는 지를 나타내는 오버랩율(overlap률)은 40%를 기준으로 하고 있다.

PCS 자동 브레이크의 작동 판단은, 제동 회피 한계거리와 조향 회피 한계거리의 그래프를 겹쳐 양쪽의 「한계」가 겹쳐지는 곳을 대상으로 하고 있다. 브레이크로도 조향으로도 추돌을 피할 수 없는 소위 「물리한계 영역」이다. 다시 말해 제동 한계의 2차 곡선과 조향 한계의 직선이 교차하는 「A」점은 TTC(Time to Crash; 충돌까지의 남은 시간)=0.6초이다. 그리고 상대속도가 지극히 적은 영역에서는 판정을 실시하지 않기 때문에 작동의 판단은 「B」점이 하한이 된다.

밑돌았을 때가 아니면 안 된다 등의 세세한 규정은 있지만 이것들은 1991년에 운수성의 주도로 시작된 ASV(Advanced Safety Vehicle=선진적 안전 자동차) 프로젝트에서의 연구 성과에서 도출된 것으로 과학적인 근거가 있다. ASV는 국책이었다. 일본이 하이테크 장비에서 주도권을 잡으려고 취한 자세였다. ASV에서 파생된 실용 기술인 PCS 시스템의 실용화를 촉구하는 것도 국토교통성의 책무이다.

그러나 기술지침이 완성된 잠시 뒤에 「경보」와 「과신」을 둘러싼 일이 일어났다. 스웨덴의 Volvo Cars(이하 VCC)와 독일의 Continental이 공동 개발한 시티 세이프티(이하 C/S)라는 PCS 자동 브레이크 시스템의 탑재 자동차를 일본에도 입하여 좋을지 나쁠지라는 사안이었다. C/S는 30km/h이하의 저속에서만 작동하기 때문에 경보를 하지 않고 자동 브레이크를 작동시킨다. 더욱이 일정한 조건이 갖추어지면 앞차에 추돌하기 직전에 정지할 수 있다. 국토교통성이 내세우는 「경보를 해야 할 것」 「과신을 초래하지 말 것」의 쌍방을 저촉하는 시스템인 것이다.

이야기는 2007년 3월로 거슬러간다. VCC는 C/S의 개발

국토교통성에 보고하여 절충을 하는 작업이 약 3개월 계속되었지만 최종적으로 국토교통성은 「저속 영역에서의 자동차 브레이크에 대한 경보는 임의」라고 기술지침을 개정하였다.

다시 말하면 일본의 자동차 메이커는 위의 오른쪽 끝 그래프의 물리한계 라인 (C)를 그대로 위로 0.8초 분량 이상을 평행 이동시켜 「경보라인」을 설정하고 있다. 그 라인보다도 아래에 자차가 위치하면 경보를 한다.

경보가 임의로 된 것에 대하여 어느 일본 자동차 메이커의 한 엔지니어는 「지금까지 우리에게는 경보가 필수라고 말했다. 저속이라면 무(無)경보라도 OK라고 하는 것은 감정적으로는 허용하기 어렵다」고 말했다. 그리고 또 다른 자동차 메이커의 엔지니어는 「이전에 Daimler Chrysler가 『24GHz대의 광역 레이더를 일본에서 사용할 수 없는 것은 이상하다. 유럽에서는 인정되고 있다』라고 촉구했을 때도 국토교통성과 총무성은 OK를 하였다. 천문대 전파와 간섭이 되기 때문에 안 된다고 JAMA(일본자공차공업회)는 말하는데도 해외로부터의 클레임에는 대응하였다. 결국, 일본 관청은 내압에는 강하고 외압에는 약하다」라고 말한다. 이러한 일련의 외

압을 정면에서 반론할 수 없다는 의미로는 확실히 저자세라고 해도 어쩔 수 없게 되었다.

다른 하나인 「과신」은 화를 불러온다. 어떠한 상황이 과신으로 이어질지는 정량화 할 수 없다. 원래 VCC는 「인간에게는 반드시 실수가 따른다. 악의 없는 실수는 가급적 구제해 주고자 한다」라는 발상에서 C/S의 성능 요건을 결정하였다. 성선설(性善說)적인 발상이다. 영국보험협회도 「C/S가 인적·물적인 사고 피해 경감에 얼마만큼 도움이 될까」하는 것을 과학적인 데이터로 나타내고 VCC를 후원하였다.

최근 JAMA에서도 PCS 자동 브레이크에 대하여 「운전자가 무엇인가의 조작으로 추돌을 회피할 수 있는 경우에는 경보를 하지 않는 것이 좋다」「저속에서 앞차와의 오버랩율이 큰 경우는 조향으로는 피할 수 없기 때문에 결과적으로 자동 브레이크로써 완전 정지시키는 것은 부득이 하다」라는 견해를 냈다. 「아직 발전도상의 기술이고 기술지침은 점차 재검토되어야 한다」라는 목소리도 있다. 어느 자동차 메이커의 엔지니어는 이렇게 말한다.

「VCC의 시스템을 자세히 알아보니 저속에서는 정지해도 상관이 없다는 것에 자신을 갖고 있다. 국토교통성의 지침에서 PCS 자동 브레이크의 작동 범위가 15~100km/h이지만 저속 영역에서는 형편에 따라 정지시킬 수 있는 수단이 있다면 그것은 그것으로 피해 경감 효과가 있다」

VCJ는 국토교통성에 대해 C/S가 과신을 초래하지 않는 시스템이라고 하는 5가지의 근거를 제시하였다.

우선 「자차의 속도 30km/h 이하의 저속영역에서만 작동한다」는 것. 필자와 같은 사람의 해석으로는 「30km/h 까지는 정신 차려 속도계를 보지만 30km/h 이하가 되면 급격히 태만하게 된다」고 하는 운전자는 아마 없을 것이다.

두 번째는 「자동 브레이크로 정지했을 때는 차간 거리가 아슬아슬하다」는 것. 실제로 C/S 장착의 Volvo XC60을 시승해 보니 자동 정지하였을 때 앞차와의 차간거리가 수십 cm 밖에 되지 않았다. (P105 사진 참조). 자동차를 세워두고 나가보면 정말로 앞차의 바로 뒤이다. 「여유가 없는 긴급 브레이크여서 정지한 위치 자체가 운전자에게 불쾌감을 준다는 것」을 나타낸 것이다.

세 번째는 「자동 브레이크 자체가 불쾌한 급감속 브레이크이다」라는 것. PCS 시스템의 자동 브레이크에는 감속도로 6m/s²(0.6G) 이상이 요구되는데 C/S는 이 수치를 충족하고 있다. ASV연구 중에도 「0.6G 이상의 급제동을 하는 시스템은 운전자가 그다지 원하지 않는다」라는 데이터가 있다. 한 번 경험해 보면 일반적인 운전자는 C/S의 지동 브레이크를 대단히 불쾌하게 느낄 것이다. 정말로 패닉 브레이크이고 오싹한 체험인 것이다.

네 번째는 「자동 정지 후 1.5초 만에 자동 브레이크가 해제되기 때문에 운전자는 어떠한 행동을 하지 않으면 안 된다」는 것. 실제로 1.5초 후에는 자동적으로 브레이크가 해제되어 AT의 creep 현상이 시작된다. 앞차가 정지해 있는 경우 운전자가 브레이크 페달을 밟지 않으면 쿵하고 부딪친다.

그리고 다섯 번째는 「자동 브레이크는 저크(감속도의 시간 미분)가 크고 불쾌하다」라는 것이었다.

상기 5가지를 근거로 VCJ는 「과신은 초래하지 않는다」고

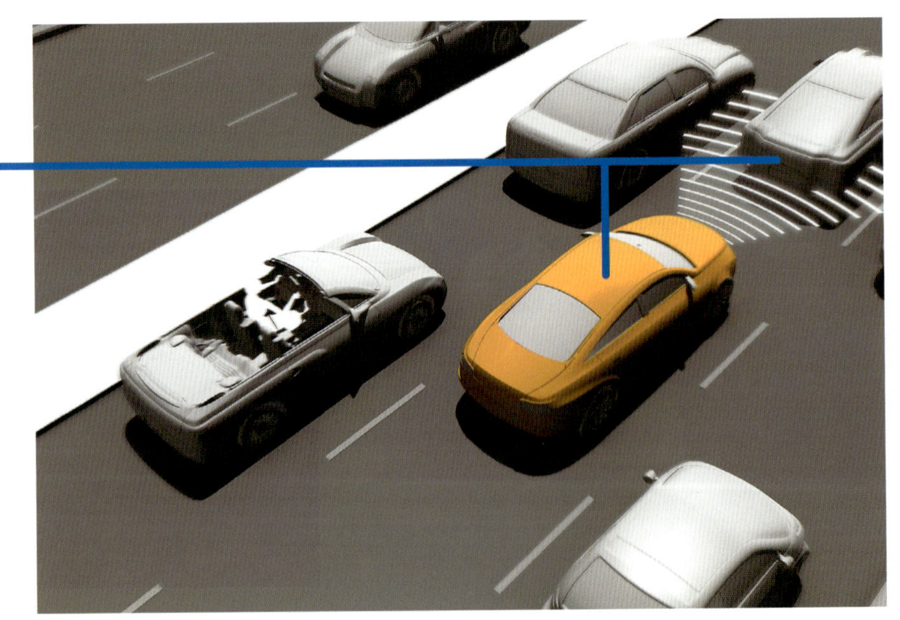

아래의 일러스트와 같은 복수 차선(우측 통행)인 경우 노란색 자동차는 우측 차선을 벗어날 수도 있다. 그러나 비스듬한 우측 후방에 자동차가 있다. 운전자가 조향 핸들을 오른쪽으로 돌리기 시작하는 단계에서 경보를 해야 하는 것일까. 그러기 위해서는 비스듬한 후방 센서가 필요하다.

Test 1 대(對) 정지 차량
　　TTC = 2.1초(자차 속도 : 45mph)

Test 2 대(對) 감속중인 차량
　　TTC = 2.4초(자차 속도 : 45mph, 선행차 감속G : 0.3G)

Test 3 대(對) 저속 주행 차량
　　TTC = 2.0초(자차 속도 : 45mph, 선행 차속 : 20mph)

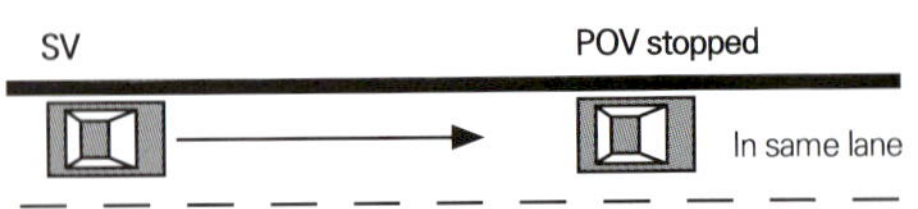

CA NCAP에서의 FCW 시험 방법

미국의 NHTSA(연방고속도로안전국)에서는 CA(Crash Avoidance=C충돌회피)를 위한 FCW(Forward Collision Warning=전방 충돌 경보)를 어떻게 실시해야 하는가에 대해 2011년부터 정보를 공개하고 있다. 이 기술지침을 나타낸 것이다.

설명하였다. 국토교통성은 그 내용을 검토하고 2009년 5월 22일에 「저속용 전방 장애물 충돌경감 제동장치의 기술지침」으로 정리하였다. VCC/VCJ의 주장을 지침에 포함시키고 「저속영역(현재로선 30km/h 이하로 한다)에서만 자동제동이 실시되어질 것」「자동 정지 시에 전방 차량과의 거리가 짧을(현재로선 1m이하로 한다) 것」「감속도는 6m/s² 이상일 것」「자동정지 후 곧바로(현재로선 3초 이하로 한다) 자동 제동을 해제할 것」「저크가 클(현재로선 12m/s³ 이상으로 한다)것」의 5가지를 「과신방지」의 항목으로 포함시켰다.

단, 이 요건을 충족한 「저속용」 PCS 자동 브레이크 시스템은 보다 속도가 높은 영역에서 작동하는 PCS 자동 브레이크 시스템과 병용할 수 없다. 「저속용의 지침에 따른 시스템은 그것 단독으로 사용하시오」라고 되었다. 30km/h 이상에서 작동하는 시스템은 종래대로 「경보」가 필요하고 동시에 「과신」을 초래하지 않는 배려로서 완전 정지는 권장되지 않는다는 것이다.

이러한 기술지침의 개정은 앞으로도 이루어질 것이다. 그리고 새로운 기술지침이 작성될 가능성도 있다. 가령, Toyota가 실용화한 전측방 PCS 시스템에는 지금으로서는 기술지침이 없다.

보행자·자전거를 대상으로 한 시스템도 마찬가지이다.

VCC/VCJ와 국토교통성의 절충은 실제로 실용화된 시스템의 상세한 부분까지 정보가 공개 되면서 국토교통성에 대한 실차 데먼스트레이션(Demonstation)까지 이루어져 얻어진 결과이므로 필자는 이것을 단순히 「외압」이라고는 생각하지 않는다. 이제 막 생겨난 새로운 지침으로서 다수의 관계자가 「보다 좋은 것」으로 갈고닦아야 할 성격인 것이다. 「국토교통성이 양보했다」거나 「VCC가 이겼다」라는 관점은 넌센스이다. 「사고는 매일 일어나고 있다」는 국토교통성의 인식이 저속용이라는 추가지침을 만들었다고 필자는 해석한다. 「활발한 안전 논의를 전개하고 보다 좋은 자동차 사회를 위하여 쌍방이 노력한 결과이다」라고.

운수성(당시)은 1980년대 후반에 자동차의 기준 인증 제도

를 세계적으로 통일하려고 유럽과 미국 각국에 공작을 시작하였다. 오랜 기간 노력의 결과로 현재는 몇 개의 세계 기준이 탄생되었다. 이것은 획기적인 것이다. 세계로 자동차를 판매하고 있는 일본의 자동차 메이커는 커다란 은혜를 입었다. 언젠가 PCS에 대해서도 세계 기준이 탄생할지도 모른다. 저속용 기술지침 건은 거기에 이르는 획기적인 사건이라고 생각하고 싶다. 목표는 자동차 사고에 의한 사회적 손실의 저감이고 Real-world에서의 성과야말로 중요하기 때문이다.

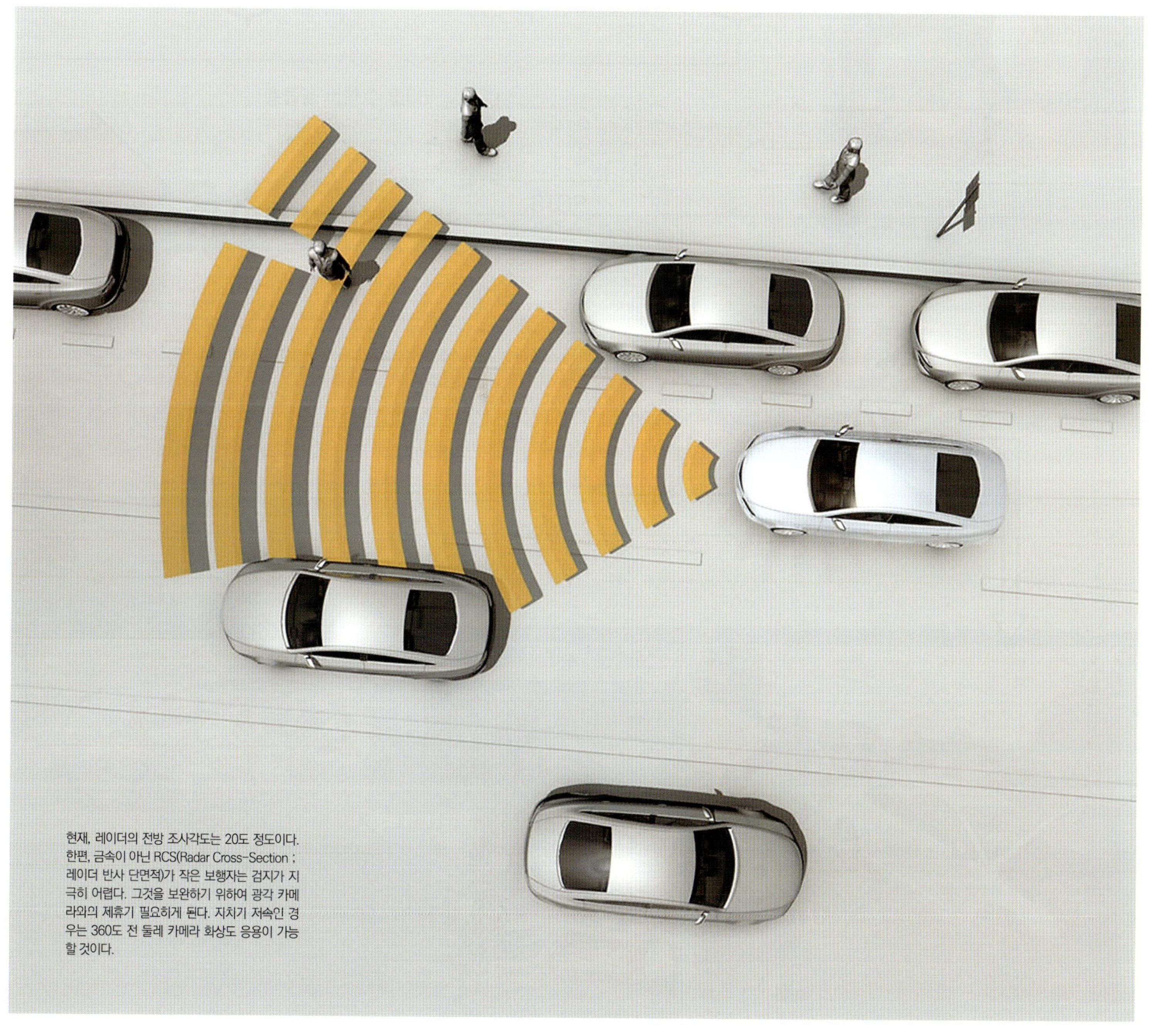

현재, 레이더의 전방 조사각도는 20도 정도이다. 한편, 금속이 아닌 RCS(Radar Cross-Section ; 레이더 반사 단면적)가 작은 보행자는 검지가 지극히 어렵다. 그것을 보완하기 위하여 광각 카메라와의 제휴가 필요하게 된다. 지치기 저속인 경우는 360도 전 둘레 카메라 화상도 응용이 가능할 것이다.